KB199858

풍경식 정원

나남
nanam

한국학술진흥재단 학술명저번역총서
서양편 250

풍경식 정원

2009년 3월 25일 발행
2009년 3월 25일 1쇄

지은이_ 헤르만 F. 폰 퓌클러무스카우
엮은이_ 귄터 바우펠
옮긴이_ 권영경
발행자_ 趙相浩
발행처_ (주) 나남
주소_ 413-756 경기도 파주시 교하읍
출판도시 518-4
전화_ (031) 955-4600 (代)
FAX_ (031) 955-4555
등록_ 제 1-71호(79.5.12)
홈페이지_ http://www.nanam.net
전자우편_ post@nanam.net
인쇄인_ 유성근(삼화인쇄주식회사)

ISBN 978-89-300-8375-1
ISBN 978-89-300-8215-0 (세트)
책값은 뒤표지에 있습니다.

'한국학술진흥재단 학술명저번역총서'는 우리 시대 기초학문의 부흥을 위해
한국학술진흥재단과 (주)나남이 공동으로 펼치는 서양명저 번역간행사업입니다.

풍경식 정원

헤르만 F. 폰 퓌클러무스카우 지음
권터 바우펠 엮음 | 권영경 옮김

나남
nanam

이 한국어판의 번역과 출간에는 1996년 독일 Insel Verlag에서 출간된 다음 책이 출판사의 동의 아래 사용되었음을 밝혀둡니다.

Andeutungen über Landschaftsgärtnerei: Verbunden mit der Beschreibung ihrer praktischen Anwendung in Muskau

von Hermann Fürst von Pückler-Muskau (Autor), Günter Vaupel (Herausgeber)

헌정사

칼프로이센 왕세자 전하

존경하옵는 왕세자 전하!

늘 신사다운 모범을 보여주시며 저희들과 진심으로 함께 해주심으로 감동시키시는 왕세자 전하의 호의에 경의를 표합니다.

예술의 전문가이시자 후원자이시기도 하신 전하, 드높은 예술의 차원으로 정원예술에 대해서도 친히 관심을 보여주시며 근자에는, 여기 이 책에서 다룬 저의 정원에 관해서도 귀한 말씀을 주셨던 그 은혜를 받잡고,

이에, 전하께서 이미 행하신 바와 다름 아닌 시드(Cid)[1]의 시를 올리고자 합니다.

같은 일로 거듭 이름나지 않으려는 건
그것이 진정 걸작이고자 하기 때문이라
Ses pareils à deux fois ne font ne pas connaître
Et pour leur coups d'essai veulent connaître

1) 편주— G. 카스트로(Guillen de Castro)의 희곡을 바탕으로 한 피에르 코르네유(Pierre Corneille, 1606~1684)의 비극 "르 시드"(Le Cid). 르 시드는 에스파냐의 영웅 엘 시드의 이야기를 줄거리로 한 코르네유의 5막극으로 1636년에 초연되었다— 옮긴이 주.

풍경식 정원론에 관한 저의 이런 노력을 전하의 이름으로 장식토록 허락해 주신다면 제게는 그보다 큰 영광이 없겠사옵니다.

전하의 신하

헤르만 퓌클러무스카우 백작[2)]

2) 편주 — 프리드리히 빌헬름 3세(Friedrich Wilhelm III, 1770~1840)를 이어 1840년부터 왕세자 프리드리히 빌헬름 4세(Friedrich Wihlem IV, 1795~1861)가 왕위를 계승하였다. 그 뒤를 이어 1871년 빌헬름 1세(Wihlem I, 1797~1888)는 독일제국 황제가 된다. 퓌클러는 이 책을 프로이센의 칼 왕세자(Prinz Carl von Preußen, 1801~1861)에게 헌정하였다. 이런 헌정의 배경은 칼 왕세자의 무스카우 정원에 대한 관심과 칼 왕세자가 글리니케 정원(Glienicke Park)의 확장계획에 관해 의논했던 1831~1832년간의 서신교환과 관계되어 있다.

옮긴이 머리말

헤르만 퓌르스트 폰 퓌클러무스카우(Hermann Fürst von Pükler-Muskau, 헤르만 퓌클러무스카우 후작, 1785~1871: 이하 퓌클러로 칭함)는 현재 독일 바트 무스카우 시(Bad Muskau) 일대와 나이세 강 건너편에 위치한 폴란드 국경지대를 포함한 영지의 영주였다. 그는 1785년 무스카우에서 태어나 1811년 선친에 이어 백작 작위와 함께 무스카우를 영지로 수여받았다. 그는 자신의 전 영지를 아름다운 환경의 자연경관으로 가꾸기 위해 대대적인 사업을 구상한다. 당시 영국을 중심으로 발전했던 풍경식 정원예술을 직접 체험하고 배우기 위해 영국의 유명정원을 둘러보는 첫 여행에서 돌아온 퓌클러는 자신이 확인하고 경험한 것을 바탕으로 무스카우 정원을 구상한다. 1815년에 정원계획을 반포한 그는 1845년 무스카우 영지와 정원을 매각하고 브라니츠로 옮길 때까지 30년간 정원조성에 몰두한다.

30년 동안의 무스카우 정원조성은 요즘 의미로 보자면 무스카우 시 지역개발 및 경관계획이라고 할 수 있는데, 이 장기적 사업을 진행하면서 퓌클러는 끊임없이 새로운 아이디어를 창조하여 실험하고 관찰한다. 그러나 개인의 힘으로 완성하기 어려운 대규모 개발사업인 데다 계속되는 자금난으로, 1845년 무스카우 영지를 포기하고 선친으로부터 물려받은 영지 브라니츠로 옮긴다. 이곳에서도 그는 풍경식 정원 브라니츠 파크(Branitz Park)를 조성한다.

《풍경식 정원》(*Andeutungen über Landschaftsgärtnerei*, 1834)은 두 가지 특징적인 관점에서 볼 수 있다. 첫째, 저자가 자신의 영지 일대에 대한 도시녹화사업의 경험을 바탕으로 상세하게 정원예술론을 다루었다는 점과, 둘째, 고문헌으로서는 보기 드물게 지역적 풍토에 맞게 논의되었다는 점이다.

정원을 조성하고 관리하는 데 필요한 전문분야의 내용은 물론, 책 곳곳에 언급된 저자의 자연철학관, 지역성과 향토성을 바탕으로 한 논의는 요즘 현대 사회의 주요 관심사인 자연친화적 또는 친환경적 측면에서 많은 생각을 일깨워 준다. 단순히 귀족 취향의 화려한 볼거리를 제공하는 정원이 아니라, 일반인들에게도 개방된 열린 정원을 추구한 퓌클러 정원예술론의 심오한 의미와 상세한 서술들은 자연환경이 어떻게 인간친화적으로 개조되고 개선되며, 지역의 역사와 향토성 그리고 지역경관의 잠재력을 활성화하여 어떻게 지역경제를 살려가는지 보여줌으로써 현대인이 도시 및 생활환경을 개선하는 데 취해야 할 중요한 목표와 내용이 무엇인지를 깊이 숙고하게 한다.

원제목 *Andeutungen über Landschaftsgärtnerei*는 풍경식 정원술에 관해 소견을 피력하거나 두루 공감할 수 있는 이야기를 논한다는 의미를 지닌다. 특히 무스카우 정원이라는 특정 대상을 중심으로 경험한 사실을 서술했다는 점에 유의하면, "무스카우 정원의 경우를 들어 두루 논의한 풍경식 정원론"이란 뜻으로 해석될 수 있다.

이 책은 1834년 처음 출판된 이후, 최근 들어 1980년대에 영인본이 발간되었고 1990년대에 편주를 엮어 문고판으로 발간되는 등 그 동안 두 차례 발간되었으며 영어, 프랑스어, 이탈리아어, 일본어로 번역되었지만 국내에서는 소개된 적이 없었다.

이 번역에서는 영인본과 편주본을 모두 참조하였고, 영인본에서는 도면자료를 주로 참조했다. 편주본 *Landschaftsgärtnerei* (1996, Insel Verlag) 에는 영인본에 없는 몇 가지 자료가 첨부되어 있어 번역 원서로는 편주본을 사용하였다. 흑백의 도판을 포함하여 제 1부와 제 2부로 구성되어 있고, 부록으로 컬러 도판과 편저자의 편주 등을 포함하여 모두 378쪽으로 되어 있다.

이 책의 제 1부는 일반적인 정원예술에 관한 이론으로, 정원조성에 관한 계획이론 및 소재별 각론을 분류하여 주로 정원조성에 필요한 기술적 내용을 다루었다. 제 2부는 무스카우 정원조성의 배경, 첫째 탐방로, 둘째 탐방로, 셋째 탐방로 등의 내용으로 구성되며 제 1부에서 다룬 각 분야별 이론이 실제 정원에서 어떻게 적용될 수 있는지 고찰하였다. 또한 정원을 세 방향의 탐방로를 따라 안내하는 형식을 취하여 무스카우 정원의 전체 경관과 세부장소 및 정원시설에 대한 상세한 설명을 담고 있다.

이 번역서에 관련해 염두에 둘 일은, 제 2부에서 중점적으로 다루어진 무스카우 정원에 관한 내용 중 적지 않은 부분이 현재와는 다른 부분도 있다는 점이다. 이는 저술 당시 아직 시행되지 않은 부분으로 이미 계획된 마스터플랜에 입각하여 저술된 점도 있고, 출판 후 10여 년 동안 계속 조성된 것들 중 상당부분이 2차 대전과 구 동독지역에 속해 있는 동안의 변화, 그리고 세월에 따른 자연적인 변화들로 보인다.

2009년 2월

권 영 경

일러두기

1. 수목의 명칭은 정원조성에서 주로 독일 향토수종을 중심으로 다루었기에 우리 이름으로 적합하게 옮길 수 없는 경우가 적지 않았다. 이 경우에는 가능한 한 우리 이름에 가까운 이름으로 사용하되 그로써도 적절하지 않은 경우는 사전에 따라 명기하는 방식으로 했다.
2. 원저자의 주석은 원저의 형식에 따라 각주로 처리하였고, 편저자의 주 및 번역자의 주는 각각 '편주', '옮긴이 주'로 표시해 구분했다.
3. 원저에 사용된 정원의 용어는 'Park'와 'Garten'으로 구분하여 각각 별도의 의미로 사용되거나 대부분 혼용하고 있다. 이 번역에서는 원저에 따라 각각 파크와 정원으로 옮기는 것을 원칙으로 하되 원저에서 이들을 혼용한 부분에서는 문장에서의 뉘앙스에 따라 임의로 둘을 혼용하였다.
4. 'Badepark', 'Herrengarten' 등 고유명사로 되어있는 명칭에 대해서는 의미전달보다는 지역의 명칭을 전달하는 것을 우선으로 삼아 '바데파크', '헤렌가르텐' 같이 발음대로 표기하고 처음 나오는 곳에 바데파크(Badepark)와 같이 원명을 함께 표기하였다.
5. 원문에는 저자가 개인적으로 강조하고자 하는 부분에 이탤릭체를 사용하였으나 이 번역원고에서는 이를 따르지 않았다.

풍경식 정원

차 례

서론

이제 아름다움에 대해서 이야기해 보자. 사람들은 왜 실용성을 이야기하면서 아름다움은 고려하지 않는가. 도대체 실용적이라는 것은 무엇인가? 단순히 생계를 유지하고 추위와 악천후로부터 우리를 보호하는 것만을 일컫는 말일까? 왜 그런 것들을 실용적이라 부르는가? 인간의 건강과 행복을 충족시켜주기 때문인가? 아름다움은 보다 높은 차원에서 광범위하게 인간의 행복을 충족시켜 주기에 실용적인 것 가운데서도 가장 으뜸가는 것이다.

— 《독일 비망록》[1] 지배의 장에서

지금까지 우리의 지역특성에 맞는 생산적인 일로 무엇이 있을 것인지 생각해 보거나 이를 효과적으로 활용하려는 노력을 해본 적도 없었을 뿐 아니라, 우리에게 잠재되어 있는 특성을 고려하지 않은 채 단순히 예쁘게 장식하는 일에만 몰두해 왔기에 그 의미에 관심을 두려 한 적도 드물었다. 이 두 가지를 두루 충족시킨 경우를 만나기는 더욱 어렵다.

어떤 계층이든 토지를 소유한 사람들 대부분이 이런 문제점들을 안고 있다. 문명 수준이라는 점에서 보면 영국은 우리보다 근 백 년은 앞서가고 있음이 분명하다. 영국에서는 쉽게 되는 것도 우리에게는 여전히 요원한 일일 뿐이다. 이제, 영주나 지주들은 선진문명을 맹목적으로 모방하는 일을 그만두고, 적어도 형식보다는 정신적인 면에 비중을 두어 우리의 지역성을 살피는 노력을 해야 한다. 여기서 영국을 강조하는 것은 유행을 쫓고 영국을 선망해서가 아니라, 아름다움을 찾는다는 측면에서 품위 있고 신사다운 삶(나의 이런 표현을 양해해 주시기 바란다), 특히

---

1) 편주—C. Fr. v. Rumohr 편저, *Deutsche Denkwürdigkeiten*(독일 비망록) Berlin 1832.

전원생활을 포함한 보편적인 쾌적함을 추구하는 삶은 고상한 미적 충족감과 관련된다는 확고한 신념에서 비롯된 것이다. 가난보다는 일상의 습관에서 나온 빈곤함에 무감각해 있는 나쁜 관습과 공상적 아름다움에 푹 빠져든 동양적인 나약함으로부터 벗어나야 한다는 점에서, 영국은 앞으로도 오랫동안 모델케이스가 되어줄 것이다.

풍경식 정원술은 고상한 삶의 방식을 위한 한 차원 높은 교육의 연장선상에서 이해되어야 한다. 예전에는 이를 위한 시간적 여유나 토지도 분명히 없었을 것이며 온통 흐린 날씨에 일조량조차 절대적으로 부족한 곳을, 거친 원석을 세공하고 광택을 내어 최고의 아름다움을 자랑하는 보석을 만들어가듯 창조적 손길로 풍요롭고 매력적인 자연이 깃든 곳으로 가꾸어 왔다. 단순명료한 가운데 심오한 질서를 가지며 때로는 섬뜩하기조차 한 야생의 자연이 지닌 광대함만으로 심오하면서 행복한 감정을 불러일으킬 수 있다고 생각하지는 않는다. 지속적으로 편안한 상태가 되기 위해서는 자연에 대한 끊임없는 관심과 깊은 이해로부터 나온 인간의 노력이 필요하다. 풍경화에서 경관의 생생한 느낌을 주기 위해 인간적인 행동을 연상시키는 무언가를 가미해 주는 것처럼, 실제 경관에서도 사람들이 실제의 상황처럼 편안하게 느끼게 하기 위해서는 두 배로 강조된 모습을 나타내 주어야 한다. 그렇기 때문에 사람들은, 영국에서 익히 보듯이, 화려하고 웅장한 모습의 궁원이나 대규모의 정원뿐만 아니라 나름대로 조화를 이루고 있는 신분이 낮은 소작인들의 소박한 집들에 이르기까지 사람의 손길에 따라 이상화된 자연으로부터 풍경화에서 받는 것보다 두 배 이상으로 강한 느낌을 받는다. 오래된 고목 아래 웅장한 성, 무성한 수풀에 둘러싸여 풍성하고 넓은 초원 위에서 한층 고즈넉함이 풍겨나는 저택. 이처럼 주택은 그곳에 사는 사람들의 마음을 그대로 내보이듯 독특한 모습과 깔끔한 장식으로 주인의 세심한 감성을 느낄 수 있게 해주기도 한다. 가난한 서민이라 할지라도 자신의 초라한 초가집을 꽃으로 장식하고, 부드럽게 깔린 넓은 초원을 갖출 수도 없을 만큼 작지만 생업을 위한 경작 외에 정성스럽게 둘러놓은 담장 너머로 장미 향, 재스민 향 가득한 아담한 정원을 가꾼다.

매일 돼지와 거위를 보며 우리 안을 깨끗하게 하는 유일한 수단으로 바닥에 모래를 뿌려 놓는 것이 전부인 농가들이 점점 늘어간다고 해서 영국과는 사뭇 대조적인 우리 자신을 부끄러워할 필요는 없다.

아주 부유한 사람들, 말하자면 엄청난 규모의 영지를 소유한 북독지방의 영주로서, 영국의 호사스러움이라곤 연상할 수 없는 돼지우리에 불과한 것을 자칭 성이라고 부르며 그럴듯하게 위장해 놓고 사는 경우들을 나는 자주 보아왔다.

귀족의 저택은 또 어떤가!! 흔히 저택 한쪽에 채원을 마련해놓고 한껏 가꾸어 놓았다고 하더라도 기껏 양파밭이나 양배추밭에 경계삼아 둘러놓은 수염패랭이꽃이나 라벤더 몇 그루 정도 장식해 놓은 것이 전부다. 제멋대로 구불구불 휘어있는 과일나무 가로수 길에는 잡초만 무성하고 잡석만이 삭막하게 쌓여 있을 뿐이다. 조상대대로 내려온 오래된 떡갈나무나 보리수 몇 그루가 오랜 세파를 이기며 꿋꿋하게 버티고 서 있다 하더라도, 어쩌다 마음 착한 주인을 만난 양떼들에게 해마다 뜯겨 헐벗은 제물마냥, 마치 항변이라도 하는 듯 앙상한 가지만 하늘을 향해 뻗치고 있을 뿐이다.[2]

보편적으로 알려진 대로, 어쩌다 유행에 따라 소위 영국식 풍경 정원의 아이디어를 본떠보기라도 하면 더욱 한심해진다. 공연히 곡선 길을 만든답시고 똑바로 난 길에 어린 자작나무와 포플러, 그리고 낙엽송들을 여기저기 심어놓아 코르크 마개 따기 모양으로 꼬불거리는 최악의 상태로 만들어 놓는다. 비가 오기라도 하면 아주 진탕이 되어 지나다닐 수조차 없게 되고, 건조한 날씨에 산책이라도 할라치면 발이 쑥쑥 빠져

2) 개화된 나라에서는 반대쪽에 둔다. 농장과 채소밭은 집 뒤에 두고, 초지며 화초 그리고 갖은 식물들을 집 앞에 심어 훤히 시야를 틔어놓아 주변 경관에 어울리도록 해두곤 한다.

들어가는 모래밭에서 진땀을 흘리게 만든다. 발육이 좋지 않은데다 재래종보다 보기도 좋지 않은 외래종 관목들을 어린 가문비나무와 길가에 섞어 심어 놓고 보면, 몇 년도 되지 않아 침엽수들이 길 위에 무성해져 다듬어 주지 않을 수 없게 된다. 게다가 혹 아래쪽에 난 가지들을 잃기라도 하면, 급기야 삭막한 대지 위에는 헐벗은 나무줄기들만 앙상하게 드러나게 된다. 반면, 시야가 트인 곳에 이르면, 잘 관리가 되지 않아 상태가 좋지 않은 풀밭과 외래종 나무들만 무성하여 자연 그대로의 모습도 잘 가꾸어놓은 정원의 모습도 제대로 보여주지 못하는 지경에 이른다.

이런 문제들을 두고 좀더 진지하고 넓은 안목으로 심사숙고해 보면, 수로를 이용하여 눈에 띄지 않게 인공하천을 만들고, 자그마한 시냇물 위에는 자작나무로 만든 거대한 아치형 다리를 세워볼 수도 있다. 숲 사이로 두서너 군데 시야를 열어 멀리 조망할 수 있도록 해두고 곳곳에 예쁘장한 작은 사원이나 폐허로 점경을 이루게 하면 이들은 자연스럽게 다음 점경을 기대하거나 연상하게 해주는 실질적 역할을 해준다.

듣기에 따라서는 다소 빗나간 이야기로 들릴지 모르지만, 좋은 땅들을 경작지도 채소밭도 아닌 별 쓸모없는 것이 되지 않도록 하는 것이 최상의 방안이다.

다소 익살스럽게 빈정대보자면, 잘 해보자던 일이지만 결국 이상한 꼴이 된 격이다. 거듭 말하지만, 막대한 비용과 원대한 포부로 시작했다가 곧 한계에 부딪쳐 거의 손을 놓아버린 듯 미미한 수준에 머물고 있는 것이 요즘 우리 독일의 풍경식 정원예술의 현주소다. 아주 드물게 예외적인 경우가 없지 않겠지만, 훌륭한 영국의 정원에 비견할 만한 우리의 정원을 아직 만나본 적이 없다. 어쩌면 왕실 조원가 레네(Lenē)[3]의 감독 하에 계획되고

3) 편주—Lenē: 페터 요셉 레네(Peter Joseph Lennē, 1789~1866): 뤼티히 지방을 본거지로 해 왔던 레네의 조상들 중에는 조원가들이 여럿 있었다. 이 가족의 이름은 원래 르 낭(le Nain. 불어로 '작은 사람')이었다. 아마도 이 이름은 1665년 본 근교의 포펠스도르프로 이주한 후 바뀐 것 같다. 레네의

아버지(1756~1821)는 1784년부터 브륄에서 왕실 정원사로 일했으며 1811년부터 코블렌쯔에 있는 국립묘포장 감독으로 재직했다.

레네는 1789년 본의 '암 알텐 쫄'(Am alten Zoll)에서 태어났다. 원예학에 관심이 많았던 레네는 1805년에서 1808년 사이 조원사 자격을 취득했다. 그 이후 삼년간 여행을 하면서 학식을 길렀다. 당시 파리 체류 경험은 훗날 그의 조원에 지속적인 영향력을 미친다. 1812년 가을 빈으로 간 그는 그곳에서 전문교육을 위한 준비를 한다. 그리고 2년 후 락센부르크 파크 개조사업을 맡고 '황실 정원기사' 칭호를 얻는다. 하위직이긴 하지만 1816년부터 레네는 포츠담에서 일을 한다. 노이엔 가르텐(Neuen Garten)을 부분적으로 개조하거나 클라인글리니케(Klein-Glienicke)의 플레저그라운드에 관여하고 상수시 정원을 새로 조성하는 일이었다. 1828년 레네는 포츠담 최고 정원감독관에 임명되어 포츠담 전역에 걸친 백 개나 되는 광역공원시설을 관리하게 되었다. 포츠담 도시 자체가 곧 그가 죽을 때까지 관여했던 대표작인 셈이다.

레네와 퓌클러는 양극적 관계다. 퓌클러는 독학의 조원가이자 무스카우의 귀족이었고, 레네는 학식 있는 조원전문가이며 원예가이자 왕실 관료였다. 한편 퓌클러는 포츠담의 이례적인 도시공원화 사업으로써 레네를 높이 인정하면서도 다른 한편으로는 프랑스를 모델로 하는 레네의 작품을 비판하기도 했다. 퓌클러는 1817년 루시 폰 하덴베르크와 결혼 후 프러시아의 관료 직위를 얻고자 애를 쓰지만 이루지 못했다. 그로 인해 관료주의에 억매이지 않고 자유로이 일할 수 있었던 많은 장점에 대해 훗날 자신의 글에서 술회하였다. 레네는 자신의 이상적 정원구상을 실행하기 위해서는 사전에 예산신청을 상신하고 허락이 날 때까지 기다려야만 했다. 퓌클러가 기술한 바와 같이, 정원조성 과정에서 즉각적 시행이 요구되는 개보수 및 유지관리는 레네에게서는 언제나 아주 성가신 주변상황에 의존할 수밖에 없는 일이었다. 당시 거의 비슷한 작품경향의 조원예술가들 사이에서는 플레저그라운드에 대해 일치되는 일반론이 형성되지 않고 있었다. 그런 점에서 퓌클러는 계획과 실행을 스스로의 손에서 쉬 다룰 수 있었던 덕에 자신의 기본 이념을 확고히 할 수 있었다. 프리드리히 빌헬름 3세는 1814년 퓌클러의 장인이자 재상인 하덴베르크(1750~1822)에게 크빌리츠(Quilitz, 현 노이하덴베르크 Neu-Hardenberg)를 하사했다. 노이하덴베르크는 무스카우 외부 지역에 퓌클러가 조성한 최초의 파크였다.

글리니케에서 레네는 재상 하덴베르크 휘하에서 일했다. 여기서 퓌클러가 정원 조성 사업에 적극적으로 관여했는지는 잘 알려진 바가 없다. 1824년 프러시아의 칼 왕자(Prinz Karl von Preußen)가 글리니케를 승계한 후에도 레네는 감독으로 실무를 담당했다.

있는 왕실정원들이 언젠가 포츠담의 도시 전체를 온통 하나의 광활한 공원처럼 에워싸게 될 때쯤이면 그런 좋은 본보기가 되어줄 것이라는 희망을 가져본다.

여기서 나는 정원을 창작해 가는 과정을 가르치려는 것이 아니다. 나의 오랜 동안의 실제 경험에서 나온 것들, 말하자면 나로 하여금 사물에 대해 열정적으로 관심을 갖게 했던 훌륭한 정원예술작품들을 진지하게 관조하는 것, 넓은 의미에서 정원예술의 명작이라 일컬을 수 있는 것들에 대한 진지한 연구, 혹 전문가적 입장에서는 별 의미가 없어보일지라도 나의 관점에 비추어 볼 때 보다 개선할 수 있는 기술적 방안을 제안하는 것까지 포함하여, 어떻게든 유용한 점을 줄 수 있는 것들 그리고 자연풍경을 그린 그림(물감으로 그린 것이 아니라, 실제의 숲과 산, 초원과 강으로 만들어 낸 그림을 예술의 범주에 넣어 볼 수 있다고 한다면) 을 좋아하는 많은 애호가들에게도 호응을 받을 수 있을 그런 것들에 대해 이야기해 보려 한다. 이를 충분히 이해하고 올바로 적용함으로써 정원 조성에 쏟아 붓는 쓸모없이 허비하는 비용과 끝없이 골머리를 썩여야 하는 소모전 없이, 정원사, 기술자, 감독관, 원예사 (또는 다른 어떤 호칭으로 칭해지는 그 계통의 전문가) 들의 기술을 도움받아, 정원을 만드는 데에 그칠 것이 아니라 나아가 한 지역을 아름답게 조성해가며 예술적으로 그 가치를 드러내 줄 작품을 만들어 낼 수 있을 것이다. 이는 옷을 맞출 때 재단사에게 의뢰하는 것과 다름없다.

여기서 다루어진 많은 것들은 잘 알려진 상식의 범위를 넘어선 전혀 새로운 이야기일 수 있겠고, 또 많은 경우에는 전혀 새로울 것도 없을, 어쩌면 이전에 이미 논의되었던 내용일 수도 있다. 물 항아리에 밑도 끝도 없이 막대한 소금을 부어 넣듯 승산 없는 소모전을 펴야할지 모를 영국의 풍경식 정원을 조성할 때 미리 알아 두어야 할 여러 내용을 담았다. 4)

---

4) 이 글이 거의 완성되었을 때, 비슷한 내용을 다룬 정원지침서가 최근 라이프

이미 알려진 사실을 요약 정리해 둔 것에 불과하다 하더라도 독자들께서는 적어도 이 점만은 인정해 주었으면 한다. 나름대로 미미하나마 나의 이 결실은 결코 다른 책에서 베낀 것이 아니며, 모두 개인적 경험에서 우러난 개념이거나 아니면 적어도 실제로 겪은바 나의 확신을 바탕으로 한 것임을 밝혀둔다.

이하 본론에서 다룰 내용을 설명하기 위해 서술방식을 간단히 소개할까 한다. 각 장에는 표제어를 통해 앞뒤의 장이 서로 연계되도록 해두었다. 대부분의 중요한 내용들은 내가 직접 설계하고 시행했던 정원에서 적용되었던 것들로써 이미 상당부분 구체화되고 있는 것들이다. 텍스트를 보다 시각적으로 보여주고 이해를 돕기 위해 필요하다고 생각되는 곳에 그림들을 적절히 삽입해 두었다.

먼저 정원에 대한 보편적 내용들의 원론을 개관하였고, 각론을 다룬 후, 무스카우 정원에 대해 간략한 내력과 정원을 따라가며 관련된 내용들을 설명해 두었다. 이때 전술해 놓은 각론들의 방식들을 되풀이하여 부연 설명해 두었다. 너무 상세한 부분까지 다루지는 않은 대신 실제 적용되어 특별히 연구검토 된 결과를 주로 설명해 두었다. "예시"(*Andeutungen*) 라고 해놓은 제목에서 알 수 있듯이 이 책으로써 완벽한 지침

치히에서 출판되어 나왔다는 소식을 접하였다. 그렇다면 이제 이 집필은 중단해도 좋을 게 아닌가 하고 생각했다. 그러나 그 책을 한 번 읽어보고서는 영국식 정원에 대해 잘못 다루어 놓은 것으로 결코 좋은 서적이 아님을 알 수 있었다. 불루멘바흐가 골상학*에 관해 주의를 환기시키려 했던 말이 바로 이 책에도 그대로 적용된다고 본다. 내재된 진리는 결코 새로운 것이 아니며, 새로운 것은 결코 진리가 아니다. 실상 렙톤은 정원에 관한 아주 유용한 지식을 제공해 주고 있지만 이 책에서는 대부분을 잘못 소개하고 있었다. *편주 — 골상학: 프란츠 요셉 갈에 의해 확립된 이론으로, 퓌클러는 자신의 저서에서 다양한 골상학자들을 언급하고 있으며 특히 파리에 있는 갈을 방문하기도 했다. 〔*Briefe eines Verstorbenen*(《고인의 편지》): 16. 17. 24에서〕; 옮긴이 주 — 《고인의 편지》는 퓌클러의 저서로, 영국을 여행하면서 어느 고인의 유작편지 형식으로 저술한 글.

서를 삼으려 한 것이 아니기에 우리에게 가장 부족해 보이는 부분에 국한시켰다. 그 밖의 것들은 기술자나 전문가에게 일임하고자 한다.

1부

정원예술의 보편적 예시

정원의 기본개념과 구성

대규모로 조성되는 풍경식 정원은 반드시 기본개념을 바탕으로 해야 한다.[5] 기본개념은 일관성이 있어야 한다. 정원이 하나의 훌륭한 예술작품이 되기를 바란다면, 가능한 한 한 사람의 주도하에 시작되고 또 마무리되어야 한다. 물론 다른 여러 사람들의 좋은 아이디어를 수용할 수도 있고 또한 당연히 그래야겠지만, 이 모든 일들을 일관성 있게 다루어 하나로 총화를 이루도록 함으로써 개별성과 통일성을 잃지 않도록 해야 한다. 이 이야기는 정원의 전체 경관이 하나의 기본개념을 토대로 이루어져야 한다는 것으로 이해하면 되겠다. 즉, 닥치는 대로 그때마다 작업을 진행하여 복잡하게 얽혀들게 해서는 안 되고, 크고 작은 모든 부분에서 일관된 개념이 있어야 함을 말한다. 그 지방에 전부터 있었던 지역의 역사라거나, 조상들로부터 이어져오는 가문의 내력으로부터 생겨났을 개개인의 특수한 배경과 같이 작가의 개인적인 삶으로부터 나온 상황들 같은 것이 그 예가 될 것이다 — 그렇다고 해서 미리 정원 조성에 따른 모든 세부구상까지 모두 그렇게 해두거나 그렇게 마련된 설계를 철저히 지켜야 한다는 의미는 아니다. 오히려 그 반대의 경우로 조언해

5) 여기서 개념(이데아)이라는 단어는 근대 철학에서 사용하는 전문용어가 아닌, 우리가 흔히 일상적으로 사용하는 의미임을 양해해 주기 바란다. 보편적으로 조원을 통한 조원예술에도 이처럼 보다 고차원적인 개념이 존재한다. 말하자면 좁은 의미에서 시적 이상으로 창조되어 하나의 집약된 이미지의 자연경관이 이루는 총화 같은 것이다. 이와 같은 이데아는 다른 측면에서는 순수 예술 작품에 존재성을 부여하며, 인간 자체로써 하나의 작은 세계, 소우주를 이루는 것과 같은 것이다.

볼 수 있다. 기본개념에 따라 정원의 전체적 특성을 미리 설정함으로써, 작가로 하여금 계획을 실행하는 동안에도 자유로이 영감을 풀어나갈 수 있으며, 갖가지 새로운 아이디어를 찾아내고 창조할 소재를 끊임없이 찾을 수 있다. 말하자면 야생의 자연이라 하더라도 그가 구상하는 작은 정원 안팎에서 관찰되는 다양한 풍광을 구현하는 대상이 될 수 있으며 (아름다움과 연관시켜 볼 때 명암은 중요한 소재에 속하기 때문에) 경관을 제공하는 원천요인이자 경관효과의 소재가 되는 것이다. 그에 따라 초기 구상된 개개의 구성요소들에 구체적 동기부여가 되어주기도 하고, 혹은 나중에 보다 나은 구상이 나오면 이를 벗어날 수도 있다. 화가는 때때로 자신의 그림 여기저기를 계속 수정해 나가면서 마음에 들 때까지 손질한다. 여기에다가 자연스러운 곡선을 만들까 아니면 반듯한 직선을 만들까, 여기에는 어두운 그림자를 좀 손질해 넣고 저기는 좀더 강조해야지 등. 정원 조성에서도 정원 예술가는 다루기 힘든 재료들을 다양한 이미지로 구성해 자신의 의지에 따라 다시 하나로 통합해가며 모든 것을 완벽하게 시행해 갈 수 있는 것이다!

나의 경험에 비추어보면, 이미 이리저리 많은 시간과 비용을 들였을 뿐 아니라 다시 손질하려면 또 그만큼 많은 비용이 들 것을 우려해 잘못된 부분을 제거하거나 손질하지 않고 전체 정원의 한 오점으로 남겨두는 것은 큰 잘못이다. 모든 작품행위에는 많은 인내가 필요하며, 활용할 수 있는 소재는 항상 부족하다. 그러므로 사전에 미리 목표를 설정한 연후에 하나씩 수정해 가는 것이 좋다. 앞서 조성해 놓은 것을 자주 바꾸는 일은 기본계획으로 수립해 놓은 것에 다시금 수정을 가하는 요인을 유발시키기 때문에 역시 위험한 일이다.

"예술 작품을 만드는 것은 명예를 지키는 일이며 또한 양심의 문제이기도 하다"라는 말은 여기에 아주 적절히 어울리는 표현이다.

그러므로 진정한 예술행위에서 적절하지 않은 것 또는 잘못된 지식에 만족하는 일은 결코 용납될 수 없다. 자연이란, 비록 미물에 지나지 않는 것이라 하더라도 지극정성으로 이루어진 하나의 창조물이며 그 자체로써 이미 온전한 개체이다. 혹 약간의 흠이 있는 부분이 있다 하더라도 있는 그대로 정원 전체의 질서 속에 공존토록 해두는 것이 바람직하다.

무스카우에 정원을 조성하는 동안, 훗날 보다 나은 방향으로 전개시켜가기 위해 애초에 세운 기본 개념을 도외시한 적이 없다고는 했지만, 여러 부분에 대해서는 단순한 수정에 그친 것이 아니라 완전히 바꾸거나 최소 한 차례, 아니면 경우에 따라서는 서너 차례까지 수정을 가했던 것도 적지 않다는 사실을 굳이 부인하고 싶지는 않다. 거듭되는 수정은 자칫 혼란을 야기할 우려가 없지 않다. 일시적 기분에 따라 단순히 좋아 보이도록 고쳐갈 것이 아니라 근원적이고 이성적인 판단에 따라 신중을 기해야 한다. 그 외에도 "9년간의 장기 식재계획의 원칙"을 적용했다. 끊임없이 고치고 다듬어 가는 것이 아니라 가능한 한 훌륭하고 확실하게 뿌리를 내리는 단계에 이를 때까지는 시간이 흘러야 분명히 할 수 있는 일들이 있음을 깨달을 수 있다. 말하자면 다른 예술장르의 작가들은 자신에게 주어진 무한한 권한을 가지고 필요한 재료를 자유자재로 활용해 가지만, 정원을 다루는 일에서 나무를 심어둔 결과를 관찰하고 그 실제 효과를 평가하기 위해 필요한 시간은 무척 오래 걸릴 수 있다는 것이다.

몇 년 전 어느 교양 있는 부인에게 나의 정원을 안내한 적이 있었는데, 그 부인은 내게 조심스럽게 이런 말을 했다. "이 분야에 대해 별로 아는 것은 없습니다만, 그동안 둘러본 정원들은 한결같이 웅장하며 그림처럼 아름다웠던 것으로 기억됩니다. 하지만 이곳처럼 늘 쾌적하고 전체적으로 조용한 분위기로 인상에 남는 곳은 아니었습니다."

결코 아부성의 찬사는 아니었을 것으로 보아, 그것이 어쩌면 내가 일군 작품이 나름대로 성공한 것으로 인정되는 타당한 근거가 될지 모르겠다. 이것은 전적으로 내가 여기서 추구했던 대로 일관된 하나의 기본 개념 하에 움직여 가되, '이전에 잘못되어 있던 부분을 절대 방치하지 않는다'는 양면적 시행원칙 덕분으로 생각한다.

그 지역을 잘 알지도 못하는 설계사로 하여금 며칠이나 몇 주, 또는 심지어는 겨우 몇 달에 한두 차례 불러다가 산책로며 나무는 말할 것도 없고 모든 세부구성까지 정확하게 제시된 종합계획을 만들게 하는 일이야말로 얼마나 잘못된 것인가. 심지어는 흔해빠진 설계사 같은 작자에게 현황도 하나만 보내 놓으면 그 사람은 그걸 가지고 설계를 시작한다. 자연과 인간 사이의 내면적 관계도 고려치 않고, 그 지역의 특수한 조망이나 전망, 산과 계곡, 나무들의 높낮이 효과 등 지역에 대한 정보도 없이 먼 곳이나 아주 가까운 지역이나 상관없이 끈기 있게 아주 깨끗하고 아름답게 보이는 도면을 그려낸다. 하지만 이런 도면으로 조성된 정원은 실제로 매우 보잘 것 없고 천박하거나 어딘지 모르게 어색하며 부자연스러워서 전체적으로는 실패한 것이 되고 만다. 경관을 활용해 정원을 조성하려는 사람은 아주 세세한 부분까지 그곳의 경관에 대해 잘 알고 있어야 한다. 정원을 설계하고 시행해 나가는 일은 화가가 화폭에 그림을 그려나가는 것과는 완전히 다른 과정을 거치게 된다. 경관의 아름다움은 사실적으로 그려 놓은 그림과도 일맥상통할 수는 있지만 결코 설계도의 그림에 의해 평가되는 것이 아니다. 오히려 그 반대로 다음과 같은 사실을 힘주어 논하고자 한다. (멀리 원경의 조망점을 만들 수 없는 완전한 평원의 대지에서는 예외가 되겠지만) 부드러운 모습으로 잘 그려놓아 눈으로 보기에 만족스러운 설계 자체의 미적 효과만으로는 절대 아름다운 자연을 기대할 수 없다. 도면을 통하여서는 아주 조야하고 거친 모습의 자연을 시각적으로 긴밀하게 연관시키는 방안을 찾아야만 하는 것이다.

규모와 확장

반드시 규모가 커야 훌륭한 풍경식 정원[6]을 만들 수 있는 것은 아니다. 거대한 대지라 하더라도 서툰 안목으로 조성되어 아주 조잡해 보이는 경우도 흔히 있다. 이와는 반대되는 경우로, 흔히 대표적인 사례로 논의되듯 거장 미켈란젤로가 판테온을 두고, "여러분이 그 거대함에 경탄해 마지않는 땅 위에 놓인 이것을 나는 저 허공 위에 옮겨 놓아 보이겠소" 라며 상당히 커다란 반향이 일어날 것을 기대했던 잘못을 들 수 있다. 그의 호언장담대로 성 베드로 성당의 천장을 판테온 크기의 돔으로 만들어 놓았지만 그 결과는 한낱 보잘 것 없는 게 되지 않았는가! 판테온의 멋진 궁륭에는 다른 것과의 시각 관계가 잘 고려되어 있기에 천 년을 지나는 동안 오히려 그 숭고함을 더해가고 있음에 비해, 성 베드로 사원의 그것은 허공 높은 곳에 올려져 있으면서 거대한 건물 규모에 비해 상대적으로 왜소하고 쓸모없는 것이 되어버렸다. 거대한 피라미드라 하더라도 몽블랑 꼭대기에 올려 놓인다면 우리의 눈에는 한낱 작은 초소 정도에 불과할 것이며, 제아무리 몽블랑이라 하더라도 멀리 끝없는 평원에 놓인 것으로써 본다면 눈 덮인 작은 언덕에 불과할 뿐이다. 이렇듯 크고 작음은 언제나 서로 상대적이다. 실제의 크기가 어떠한가

6) 옮긴이 주 — 원문에서는 파크(*Park*)로 표기되어 있다. 이해를 돕기 위해 이를 풍경식 정원이라 해두었지만, 원문에서는 풍경식 정원, 영국식 정원 또는 파크(*Park*)를 혼용하고 있다. 이하 원문에 충실하여 파크, 풍경식 정원 또는 영국식 정원으로 그대로 사용하였지만 이들 모두 풍경식 정원을 지칭하는 것이다.

가 아니라 그것이 어떻게 보이는가에 따라 우리는 모든 대상을 판단하게 되며, 정원예술가에게는 바로 이 점이 풀어가야 할 무한한 영역으로 남아 있다. 한 그루의 나무로 예를 들어 보자. 몇 걸음 정도 떨어져 있는 곳의 10 피트 정도 되는 나무는 숲으로 덮이지 않은 들판 한가운데 서 있는 높이 100 피트 정도 되는 나무와 같은 정도의 효과를 낼 수 있다. 경관은 풍부한 면모를 지니고 있기에 주어진 조건을 잘 활용하는 것만으로도 큰 어려움 없이 훌륭한 효과를 기대할 수 있게 된다.

여기서 한 가지 제안을 하려 한다. 영국 각지에서 만날 수 있는 널리 유행하는 보편적 특징을 향토문화와 국토미화의 관점에서 우리의 본보기로 삼고자 한다면, 개개의 세부장소에 따라 행하는 것이 훨씬 나을 것이라는 생각이다. 영국의 대부분의 파크들은 거기에 주어진 자연경관의 장대한 아름다움과는 달리, 이를테면 커다란 스케일의 대상을 인공적으로 축약해 보이게 한다는 점에서 매우 지루하고 단조롭게 만들어 버린 중대한 오류를 범하고 있다.[7] 그로 인해 정원은 주변의 광활하게 펼쳐진 자연풍경을 간과해 버린 결과가 초래되었다. 적어도 그런 자연의 변화무쌍한 풍광은 한 지역의 경관을 예술적으로 승화시키는 데 보다 근접한 경우가 드물지 않게 있다. 많은 영국의 풍경식 정원들은, 부분적으로는 경관적 매력의 포인트로서 또 부분적으로는 대지의 기능적 측면에 입각하여 수많은 가축들의 목초지로 사용되거나 아니면 온순한 야생동물과 소나 양, 말을 기르는 데 필요한 실용적 용도에서 조성해 놓은 관계로 키가 크고 오래된 고목들로 그림 같은 전원풍경을 구성해 놓은 거대한 초원에 지나지 않는다.

광활한 공간은 첫눈에 아주 인상적으로 들어오며 거의 언제나 멋진 그림 같은 풍경을 제공한다. 하지만 한 폭의 그림 같은 풍경이라 하더라

---

7) 변화무쌍하게 가꾸어 놓은 플레저그라운드(*Pleasureground*)나 정원(*Garden*)을 말하는 것이 아니라, 단순히 파크 자체를 두고 하는 말이다. 옮긴이 주— 여기서 파크(*Park*)란 것은 정원(*Garden*)과 구분하는 개념이되, 요즘의 공원과는 다소 구분될 수 있다.

도 어디서나 똑같은 모습으로 반복되다보면 결국 천편일률적인 인상을 줄 뿐이다. 세부적으로 들어가면 더욱 많은 폐단이 드러난다. 나뭇잎은 가축들이 일정한 높이까지 먹어버렸고 (때문에 가위로 전지해놓은 것처럼 일정하게 똑같은 모습이 된 경우도 있다), 관목들은 특별히 방책을 해두지 않으면 살아남을 수 없다. 새로 심은 어린 묘목에는 모두 울타리를 해두지 않을 수 없고, 그 결과 외형상 경직되고 부자연스러운 곳이 많아진다. 필요에 의해 관목으로 작은 숲을 조성해 놓기도 하지만 주변 경관의 조망을 방해하는 결과를 낳게 되고 광활하게 펼쳐진 주요 경관을 여럿으로 분산시켜 보잘 것 없이 만들어버린 경우도 발생한다. 성으로 통하거나 성에서 나오는 유일하게 조성된 산책로도 사람들의 발길이 지나간 흔적 하나 없이 황폐한 풀밭이 되어버린 경우도 있다. 홀로 위엄을 갖춘 성은 풀밭 한가운데 황량하고 쓸쓸하게 서 있고, 소와 양들은 대리석 계단의 텅 빈 테라스까지 올라가 풀을 뜯으며 돌아다닌다. 그처럼 단조롭고 황량한 들판 같은 정원에서라면 혹 스산한 기분이 든다 해도 결코 놀랄 일은 아니며, 인적 없는 이 들판은 문자 그대로 존 불[8] 같은 형상이 되어버릴지도 모른다. 가축이나 야생동물을 일정한 지역에 격리시켜 정원을 이들에게 내맡기는 폐단을 막아야 한다. 하지만 영국인들에게 가축 없는 경관은 어떤 즐거움도 주지 못한다는 고정관념이 있다. 이들에게는 정원을 오가는 사람을 보는 일이 더욱 참기 어려운 노릇일 수 있다. 영국에서는 낯선 이로부터 자유로울 수 있는 폐쇄공간으로 개인의 정원만한 것도 없다. 우리 대륙인들이 지닌 박애정신은 영국인들에게 완전히 낯선 일이 된다. 그러고 보면, 서민들에게 보인 영국인들의 지나친 행동들이 어쩌면 이해가 갈 만도 하겠다.

풍경식 정원을 조성하는 데 반드시 광대한 대지가 필요한 것은 아니라고 앞에서 언급한 적이 있다. 하지만 사실, 끊임없이 새로운 광경을 제공하고 다른 어떤 것도 능가할만한 다양한 매력요소를 제공하며 웅장

---

8) 옮긴이 주—John Bull. 영국을 일컫는 별명.

한 면과의 조화를 별 무리 없이 확보하려면 풍경식 정원의 규모는 충분히 큰 것이 바람직하다. 따라서 자연이 주는 보다 세세한 아름다움도 간과할 수는 없지만, 이런 관점에서 보면, 아무래도 넓게 확장시켜 놓은 광활한 것이 작은 것 보다 나을 수 있다.

우리는 유럽의 다른 어느 곳보다 토지의 잠재적 가치가 뒤떨어지기에, 넓은 부지를 확보하는 일은 상대적으로 용이하다. 가능하면 땅을 넓게 잡아 정원을 확장시킬 것을 권한다. 토지가 넓지 않다면 특별히 정원의 경계를 확정해두지 말고 지역 일대를 온통 보다 개선된 경관으로 둘러싸이도록 해두는 것이 바람직하다. 경비절감에 지나치게 신경 쓰지 않고도 보통 예상하는 것 보다 훨씬 더 쉽고 적은 비용으로 실행할 수 있다. 그러나 같은 길을 되돌아가지 않고 적어도 한 시간 정도 승마를 하거나 말을 달려갈 수 있도록 하며, 혹 다양한 산책코스를 충분히 확보하지 못하여 자칫 한정된 공간에 갇힌 듯한 느낌을 받는다면 금방 싫증이 날 것은 분명하다. 반면 그림처럼 아름다운 거대한 자연으로 인해 그 지역 자체가 이상적인 경관을 이루는 곳, 대부분의 스위스나 이탈리아, 또는 남부독일과 우리의 슐레지아 지방의 일부처럼 자연이 만드는 실루엣에 둘러싸여 그 너머의 무엇과도 무관하게 그 자체로써 위대한 예술작품으로 제시되는 곳이라면, 여태까지 언급한 풍경식 정원으로 형성되는 어떤 종류의 경관도 음식으로 치자면 식욕을 돋우는 전채에 불과하리라. 마치 클로드 로랭[9]의 화려한 풍경화 한 모퉁이에 독특한 모습의 작은 풍경을 덧붙여 그려보려는 것과 별반 다르지 않을 일이다. 이런 경우라면, 좀더 편안해 지기 위해 좋은 길을 내 본다든가 온통 숲으로 빽빽하게 뒤덮인 곳에 나무를 좀 제거하여 주변의 아름다운 모습을 볼 수 있도록 전망이 트이도록 해 본다든가 하는 정도로 고려하면 될 일이다. 집 가까이에는 주변의 다양하고 웅장한 경관과 대비되는 편안하고

---

9) 편주 — 클로드 로랭(Claude Lorrain, 1600~1682) : 유명한 프랑스 풍경화가로 퓌클러는 여행 중에 로랭의 그림 몇 점을 알게 되었다.

쾌적하며 안전하고 고상한 분위기의 조그만 뜰을 만드는 것으로 충분할 것이다. 고전주의 작가들의 연구를 통해 알려진 고대의 정원예술, 그 중에도 특히 플리니우스가 자신의 빌라에 대해 남긴 글을 통해 재현되어 온 15세기의 이탈리아 정원, 그리고 다소 냉랭하고 편안하지는 않지만 이탈리아 정원에 뒤이어 등장한 소위 프랑스식 정원은 자그마한 저택 주변 정원을 위해 좋은 참조가 될 수 있다. 저택에서 외부로 확장되어 정원에 이르게 된 건축술이라 할 수 있는 이처럼 풍요롭고 화려한 정원예술처럼, 풍경식 정원예술은 주변의 자연경관을 바로 우리 문 앞까지 들여놓는 것만으로도 그 목적에 부합되는 유용한 일이 될 것이다. 예를 들어 스위스의 바위산을 생각해 보자. 절벽과 폭포가 펼쳐진 가운데 울창한 가문비나무숲과 푸른 빙하 사이에 있는 고대 건축, 또는 발비 가(街)의 궁전처럼 온갖 화려한 장식으로 꾸며진 건축, 주변의 높은 테라스, 장미 넝쿨이나 포도 넝쿨 그늘에 드리워져 형형색색의 꽃들이 넘치는 넓은 화단, 정교한 대리석상과 시원하게 솟아오르는 분수들로 활기찬 정원 — 이런 정원 너머로 화려한 자태를 과시하는 준령이 멀리 사방으로 뻗어나고 있다. 한 발자국만 옆으로 비켜 숲 속으로 들어가기라도 하면, 마치 요술방망이로 두드린 듯 성과 정원은 순식간에 사라지고, 숭고한 자연의 고요한 정적과 야생이 자리한다. 한참 후에야 길이 굽어지면서 전혀 예상치 못한 탁 트인 아름다운 전망이 눈앞에 펼쳐진다. 더 멀리 나아가면, 마치 동화 속의 요정의 꿈이 실현된 듯 어두침침한 소나무 사이로 불쑥 솟아나온 조각품 하나가 황금빛 저녁노을 사이로 반짝이며 혹은 화려한 불빛아래 어두운 계곡 위로 떠오른다. 이와 같은 광경이야말로 하나의 장관이 아닐 수 없을 것이며 바로 자연과 예술의 뚜렷한 대비에서 비롯된 것이 아니겠는가?

한편, 자연이 별다른 소재를 거의 제공하지 않고 넓은 황야의 오아시스처럼 정원 자체만으로 대지와 경관을 이루어갈 수밖에 없는 곳에서는 전혀 다르게 다루어져야 한다. 어느 경우에나 아름다움을 다룬다는 점에서는 동일한 법칙이 적용되지만, 각각의 경우에는 매우 다양한 변용이나 동기가 부여될 수 있다. 앞서 언급한 경우처럼 바람직하고도 원활한 조화를 위한 뚜렷한 대비효과를 기대할 요건이 갖추어지지 않을 경우라면 특히 그 점에 주시해야 한다. 그래서 이런 때에는 아주 멀리 있어 거의 눈에 들어오지 않는 대상이라 하더라도 정원과 일체를 이루도록 해 주어야 한다. 전술한 경우에서는 주변에 있는 자연경관을 정원 조성의 목적에 맞게 효율적으로 활용하는 일에 전념해야 했던 것이라 한다면, 이 경우는 만족스러운 작품이 되도록 하기 위해서 무엇보다 새로운 공간을 확보해야 하는 정원의 규모가 중요한 요건으로 작용한다. 이들 양극단적인 사례의 중간 정도에 해당되는 경우라면, 양면을 적절히 고려하거나 또는 그 지역의 특성에 맞게 잘 판단할 일이다. 그 어느 경우이든 이 장에서 언급한 내용들을 기본으로 적용해 갈 수 있다.

경계 울타리

풍경식 정원이 추구하는 자연이라는 개념에 위배되는 것으로 파크[10] 외곽에 둘러치는 경계울타리보다 더한 것이 없다는 이야기를 종종 듣곤 한다.

내 생각은 그와 달리, 모든 풍경식 정원에 세심하게 울타리를 치는 영국인들에게 전적으로 동조한다. 다만 이러한 울타리는 다양한 방법으로 거의 눈에 띄지 않도록 해야 한다. 근본적으로 울타리는 미적인 면보다는 효율성에 비중을 두게 되지만, 그렇다고 미적인 면을 무시하고 싶지는 않다. 야생의 자연에서도 절로 분명한 경계가 형성되는 경우가 드물지 않다. 그런 경계부분에서 자연의 아름다움이 배가(倍加) 되는 경우를 종종 만날 수 있다. 울창한 숲이나 다가갈 수 없는 바위로 둘러싸인 계곡, 또는 사방으로 물에 둘러싸인 섬은 우리에게 평온한 느낌을 주고, 때로는 완전한 소유의 감정이나 외부의 어떤 침입이나 방해도 받지 않을 것 같은 안정감을 주어 아주 편안한 기분으로 주변의 아름다움을 누리도록 해 준다. 이와 마찬가지로 풍경식 정원의 울타리는 외부의 불청객으로부터 방해받지 않도록 해준다. 그렇다고 우리 자신이 밖으로 나가는 데 어떠한 걸림돌이 되는 것도 아니므로 울타리는 보다 효율적이면서도 때로는 안정적이고 긍정적인 보호역할을 해주는 것이 분명하다. 반면 오늘날 확대되어 가는 자유사상에 의해 이런 가상의 울타리를

---

10) 파크란 원래 동물을 방사해 놓은 티어가르텐(*Tiergarten*)을 의미하지만, 대규모로 조성된 풍경식 정원을 축약하여 부르는 것으로 일반화되어 있다. 후술한 파크와 가르텐(*Park & Garten*) 항을 참조하기 바람.

허물어뜨리거나 아예 장벽이란 의미를 내포한 이름 자체를 싫어하는 잘못된 생각에서 일부 반대 견해가 생길 수도 있다. 이미 언급했던 것처럼, 영국에서는 모든 풍경식 정원 뿐 아니라 가축용으로 필요한 모든 것들, 관목이나 어린 묘목들에까지 모두 방책을 둘러놓는다. 때로는 너무 많아 방해가 되는 경우도 없진 않지만 여기저기 둘러있는 울타리는 지역의 특성에 변화를 주기도 하여 종종 그림처럼 아름다운 점경물이 되어주는 곳도 있다. 정신적으로 쇄신의 계기를 마련해주고 안정을 위한 공간을 제공해 준다는 생각이다.

높고 튼튼하게 마련된 안전한 울타리를 위해서는, 세심하게 안내해주는 조리법에 따라 프랑스 요리를 해가는 것과도 같이, 주어진 규칙을 따를 필요가 있다. 예를 들어 조리방법을 설명하기 전에 으레 "잉어 한 마리, 자고 한 마리 등등"을 준비할 것을 일러주듯, 나의 조언 역시 소재와 지역성이 허용하는 한도 내에서임을 전제로 한다. 여기서 울타리란 정원 전체에 걸쳐 둘러가거나 부분적으로 구획하는 경우 모두를 의미한다. 울타리가 탄탄히 구축될수록 외부로의 좋은 조망은 보장받을 수 없다. 즉 울타리 벽면이 조망의 끝점이 되어 그 너머의 경관을 상상할 수 없게 만드는 경우가 종종 발생한다. 이럴 경우에는 빽빽하고 넓게 나무를 심어 울타리의 대부분을 은폐시키기도 한다. 통나무를 세워 거의 장식 없는 목책으로 할 경우, 좋은 조망이 펼쳐지는 지점들에는 움푹 들어가게 아하(*Aha*)[11]를 조성해 울타리가 눈에 띄지 않으면서 시야를 확보하도록 한다. 부자연스러운 경관이 드러나는 곳에는 눈에 두드러지는 각종 나무를 심어 가려주는 방법을 취한다. 길은 아하 가까이로 내

11) 편주 — 공원 가장자리에 움푹 들어간 곳으로 이를 통해 경관이 중단된 사실을 느끼지 못한 채 멀리 내다볼 수 있다. 강바닥이 보이지 않는 강변의 전망도 이와 유사하다. 퓌클러는 아하를 공원 주변에 설치해서 야생의 자연이 외부에서 공원 내부로 들어오지 못하게 했다. 갑자기 나타난 웅덩이 바로 앞에서 놀라 외치는 '아하'에서 유래되었다. — 옮긴이 주: 원래 영국에서 이 단어는 '하하'(*haha*) 이지만, 퓌클러는 원문에서 'aha'로 표기하고 있다.

도록 하고 작은 다리를 놓아 그 위를 지나도록 하여 바깥으로 출입할 수 있도록 해 둔다. 울타리용 식재 방법은 아주 다양해야 한다. 어떤 곳에는 울타리 길이를 이삼백 보 정도 또는 그 이상으로 하고 교목의 숲을 이룰 만큼 넓게 조성한다. 또 때로는 비교적 낮은 관목으로 좁고 나지막하게 덤불을 이루어 그 너머로 얼핏얼핏 멀리 원경이 내다보이도록 해 놓으면, 어떤 곳에서는 덤불이나 교목 숲 위로 멀리 바라보이는 원경을 확실히 보장해 줄 것이다. 풍경식 정원에 울타리를 칠 때는 끝없이 이어지는 곳곳에 다양한 변화를 줄 수 있다. 덤불이나 몇 그루 나무들로 부분적으로 처리할 수도 있다. 아주 좋기로는 머루나 담쟁이덩굴로 둘러놓되 제 마음대로 뻗어나가게 해 두고, 경우에 따라서는 건물이나 회랑을 타고 넘어가게 해 두는 방법도 있다. 이렇게 해두면 굳이 손질을 하거나 관리할 필요도 없이 자연스럽게 보일 수 있다.

다소 생소할지 모르나, 지역성을 고려하여 우리 기후에 맞는 풍경식 정원의 경계울타리를 구획하는 방안을 제안해 보고자 한다. 나의 정원에서 일부 시행해 보았던 것으로는 다음과 같은 것이 있다.

어디에서든 들여다보이지 않도록 하고자 할 경우라면, 정원 둘레를 빙 둘러 넓게 한 60 cm 깊이로 골[12]을 만들어 여기에 인목이나 아카시아 씨앗을 촘촘히 뿌려 놓는다. 그렇게 몇 년이 지나면 보통 수준의 일반적인 토질에서도 빽빽한 덤불이 형성된다. 이런 덤불 가까이에 (좋은 전망을 위해 시야를 열어 줄 것을 충분히 염두에 두고) 침엽수를 심어 정원 전체를 둘러싸도록 하며, 여름 한철의 색채변화를 고려하여 군데군데 활엽수와 관목을 약간씩 심어 둔다. 나지막하게 해두어야 할 곳에서는 우리의 기후풍토를 감안해 노간주나무나 주목, 아니면 그렇게 높이 자라지 않는 가문비나무 종류를 택하는 것이 좋겠고, 흔히 볼 수 있는 일반 가문비나무나 독일가문비나무 같은 경우는 전정을 하게 되면 쉽게

12) 편주 — 1 루테 정도 깊이로 땅을 파거나 지면을 고르면서 지표층을 갈아 엎어 준다. 1 Rute는 약 60 cm.

덤불숲처럼 보이게 할 수 있다. 이렇게 해둔 곳을 따라 때로는 넓게 또 때로는 좁게 녹지대를 만들되 폭을 3 루테(약 1.8 m) 이상으로 하지 말고 이들 녹지대를 따라 24 피트 정도 폭의 잔디밭 길을 낸다.[13] 거기서부터 정원 안쪽으로는 이를테면 단조로운 침엽수를 대부분 가려주기 위해 활엽수를 중심으로 혼효림을 만들어 누구든 바깥을 내다보고자 할 때면 이곳으로 찾아올 수 있도록 해둔다. 이렇게 해놓으면 아무리 추운 겨울에도 정원에 생기를 줄 수 있다. 눈이 쌓이고 사방이 얼어붙은 헐벗은 계절에도 이 잔디밭 길은 아주 편안히 산책할 수 있는 가로수길이 되어준다. 여름이든 겨울이든 경계울타리 일대는 항상 녹음이 덮여 있어 사철 푸른 배경에다 자연의 색채로 가득 채워놓을 수 있다. 잘 계획된 풍경식 정원에는 별다른 색상을 고려하지 않더라도 적절히 구성된 형상만으로 사계절 항시 경관의 아름다움을 유지할 수 있다. 따라서 어떤 자연의 조화도 기대할 수 없는 겨울이라 하더라도 나무와 잔디 그리고 수면이 어우러진 한아름의 경관을 이룰 뿐 아니라 이들이 함께 일구어낸 물가의 산책로며 호안선이 만들어 놓은 수변경관 역시 흥미로운 장면을 연출해 준다. 침엽수로 경계울타리용 식수를 계획할 때는 자연의 모습처럼 보이도록 하는 것은 자명한 일이며, 이에 관해서는 "식재" 장에서 상세히 논의할 것이다. 우선은 그림 1의 스케치를 통하여 내 생각을 보다 시각화해 두었다. 그림 I의 a는 녹도를 가능한 한 가려지도록 해둔 경우이며, b에서는 이 길을 사실상 열어두었지만 덤불 안으로 숨어드는 분지처럼 처리한 것이다.

영국의 수많은 풍경식 정원, 그 중 특히 오래된 정원들은 (가히 조원계의 셰익스피어라고 할 수 있는) 브라운[14]이 설계한 것들이다. 그는 어

---

13) 침엽수가 가지를 충분히 뻗어 낼 수 있는 정도의 공간을 확보하는 것을 말한다.

14) 편주 — Lancelot Brown(1716~1783) : 캐퍼빌리티 브라운 Capability Brown이라는 별명을 지닌 영국의 유명한 조경가로 특히 Chilham / Kent, Blenheim / Oxfordshire와 Hampton Court의 조원을 담당했다. 퓌클러는 영국여행 중 이 정원을 방문했다(《고인의 편지》 1826년 10월 3일 자에서).

정쩡하거나 구석진 외진 곳, 쓸데없이 돌출되어 보이는 여러 곳들을 높은 안목으로 잘 접목시켜 갔다. 간혹 제자들이 자신의 실패작을 그냥 모방해 놓은 탓에 미적으로 높은 수준에 이르지 못하게 된 곳은 벽을 따라 날씬한 수형의 혼효림으로 좁다랗게 둘러놓았다. 벽을 따라 설치해 놓은 수림대를 따라 마차 길을 빙 둘러놓아 울타리의 상당부분이 수림대 나무줄기 사이로 얼핏얼핏 보이도록 되어있다. 이것과 내가 제안한 내용을 혼동하지 않기를 바란다. 내가 제안한 잔디밭 길은 여름철 푸른 초지와 함께 이어지면서 초지에 파묻혀 길의 형태는 시야에서 사라지지만 매섭게 추운 우리의 겨울이 오면 그 용도가 되살아난다. 풍경식 정원을 조성하기 시작한 초창기 정원에서는 규모를 중시하여 가능한 그 광대함

그림 I a, b; 침엽수로 조성한 경계식재

이 한눈에 드러나도록 하려 했다. 그러나 예술을 통해 감추어 가야 했을 그런 자만심을 버리지 않은 한 정도(正道)를 찾을 수 없다.

보호용의 이런 에워싸기 용도 외에, 멀리 조망되는 경관처럼 항상 흥미로움을 제공해주는 대상들을 정원 안으로 끌어들여 정원 어디에서든 우리 모두의 시선을 그 한곳으로 집중시키는 외연적 확장은 정원의 가치를 무한하게 승화시켜 준다. 멀리 있는 초점경관이 되는 대상들은 우리가 위치한 곳 사이에 놓인 긴밀한 관계가 쉬 감지되지 않은 듯이 다루고, 또 때로는 이들이 정원의 영역에 포함시키기에는 너무 멀리 떨어져 있는 것처럼 해놓는다. 또한 원경을 조망하는 장소는 가능한 한 거의 같은 지점에 놓이지 않도록 하여 비슷한 모습으로 비치지 않도록 고려한다. 예를 들면 산은 한 번에 드러나 보이는 전체 파노라마가 아닌 한 언제나 자신의 어느 일부분만을 보여준다. 마찬가지로 하나의 도시도 부분적으로 나누어 동일한 면이 자주 보이지 않도록 한다. 은닉시키거나 시각적으로 확장시키는 일을 잘 해내는 것은 드러내어 보이도록 하는 것보다 훨씬 힘들다. 정원을 감상하던 어떤 사람이 경탄해 마지않을 아름다운 경관을 발견하고는 거기에서 좀더 오래 머무르다가, 저기 큰 나무가 앞을 가리고 있어 정말 유감이며 그 나무만 없다면 훨씬 전망이 좋을 것 같은데, 혹 그 나무를 제거하는 게 어떨까 라는 생각을 했다면 그건 극히 제대로 본 일일 수 있다. 그런데, 그의 이런 생각을 실천에 옮겨, 고맙게도 도마 위에 올랐던 그 나무를 베어버리고 보니 이제 눈앞에 어떤 무엇도 없이 공허한 모습만 남게 되었다면 사람들은 또 얼마나 놀랄 것인가. 즉 풍경식 정원처럼 규모가 큰 곳은 작품전시를 위한 갤러리와 같고 그림에는 반드시 담아줄 액자를 필요로 하는 것과 같은 이치다.

그룹화와 건축물

새로 조성하게 되는 거의 모든 것들은 규모의 크고 작음에 관계없이 서로 일체가 되도록 해주어야 한다. 물론 여기서 가장 확실히 요구되는 점은 타고난 섬세한 판단력이다. 그 밖의 좀더 전문적인 것들에 대해서는 나중에 몇 가지 경우로 나누어 다시 언급하기로 하고, 여기서는 보편적인 경우로써 대략 제시하고자 한다. 회화에서는 화폭 어디에나 빛과 그림자를 적절히 배치해 가는 것으로써 대상들을 일체화시켜 갈 수 있다. 초지나 하천 또는 들판은 그 자체만으로는 그림자를 드리우지 못하므로 다른 대상들을 끌어들여 더불어 처리해야 한다. 초지, 하천 그리고 들판은 조경가의 작업에서 밝은 바탕 면이 되어주고, 나무와 숲 그리고 건축물들은 (물론 바위도 포함시킬 수 있지만) 그늘을 드리우는 역할을 한다. 이런 개개의 대상들을 다룰 때는 밝은 바탕을 자주 끊어 자칫 불안정하고 산만해지기 쉬우므로 여기 저기 너무 산재되지 않도록 할 필요가 있다. 그렇다고 몇몇 거대한 그림자로 바닥면을 온통 어둡게 해서도 안 된다. 초원이나 수면 위에 넓고 텅 빈 거대한 그림자가 떨어지지 않도록 하며, 여기저기에 간간이 그늘이 드리워지도록 하거나 어두운 바닥에 점점이 밝은 빛이 투과되어 나타나도록 해둔다. 건축물은 전체 모습이 완전히 드러나지 않도록 한다. 자칫 보기 흉한 얼룩처럼 되어 주변의 자연과 어울리지 못한 채 이방인처럼 동떨어져 보이게 될 수 있기 때문이다. 반쯤 가려진 건물은 훨씬 아름답게 보일 수 있고, 뭔가 상상할 여지를 간직한 모습이 될 수 있다. 멀리 가물거리며 서 있는 단순한 굴뚝, 끝없이 펼쳐진 들판 숲 속에서 하얀 연기구름을 푸른 하늘로 피어 올려 보내는 굴뚝은 시선방해를 전혀 하지 않으면서, 사방 어디로부터도 훤히 눈에 띄는 성이나 그 어디에도 자연과 어우러진 고향 같은 친근감을 주지 못하는 저택보다 더 편하게 느껴질 수 있다.

건축물은 언제나 경관과 함께하면서 서로 밀접하게 엮여간다는 사실은 정말 중요하다.[15] 그럼에도 불구하고 많은 독일의 건축가들은 이런 특성에 거의 관심을 가지지 않고 있다. 예를 들자면, 도시의 건축물들은 정원의 건축보다 훨씬 다양한 기법으로 다루어진다. 어떤 것들은 건물 그 자체로써 존재하지만, 다른 어떤 것들은 도시를 이루는 중요한 구성요소의 하나가 되어 도시경관을 이루는 작은 역할을 하고, 다시금 도시경관으로부터 자신의 특성을 되돌려 받기도 한다. 그러므로 이런 건축물들은 건물 자체의 이미지는 물론 도시경관이라는 차원에서 어떻게 보여지는가 하는 이미지도 확실히 고려되어야 한다. 일반적으로 정원의 건축이라 해서 자연과 잘 어우러지거나, 보다 쾌적한 환경이나 전원적인 아름다움이 요구되는 등 별도로 정해진 어떤 규칙이 있는 것은 아니다. 숭배의 장소로서 사원은 예술과 연관되어 있는 극장과 박물관과는 달리 엄격하고 대칭적인 형식을 갖춘 분명한 이미지를 필요로 한다. 그에 비해 궁성이나 시골의 저택은 쾌적함이나 적절한 외형적 효과를 광활한 외부경관을 통해서 비교적 자유로이 기대할 수 있다. 옛 빌라나 전원풍의 저택들 같은 역사유적들에서도 같은 원칙이 준수되고 있었음을 알 수 있다. 여기에 잘 어울리는 대표적 예로는 티볼리의 하드리안 빌라를 들 수 있다. 15~16세기 전성기 시절의 이탈리아에서도 그런 흔적이 자주 나타난다. 반쯤 가려진 건물, 서로 엇갈리게 배치된 건축물,

---

15) 이미 언급한 대로, 뚜렷한 대비효과는 전체적 특성을 이루는 요소가 되며, 여기 제시된 예들처럼 자연이 지닌 야생 그대로의 자연스러움과 수려한 예술작품은 언제나 조화를 이루어야 한다. 즉 조잡스러운 별장이라면 결코 야생의 자연과 적절히 대비되지 못할 것이며, 폐허처럼 만들어 놓거나 무언가를 덧붙여 놓는다고 해서 주변 자연과 조화를 이루는 것은 결코 아니다.

벽면에 뚫어놓은 크고 작은 창문들, 측문, 들쭉날쭉한 모서리면, 높고 밋밋한 벽면, 첨탑들, 눈에 띄게 돌출되어 나온 지붕과 비대칭의 발코니처럼 한마디로 웅장한 모양으로 사방에 산재되어 불규칙하게 널려 있으면서도 결코 부자연스럽지 않은 형상은 어떠한 규칙성에 얽매이지 않으면서 동시에 자유로움을 드러내 보이거나 충분히 예측될 수 있는 모티브로 갖가지 환상을 불러일으킨다.

하지만 건물이 입지한 곳의 환경도 충분히 고려해야 할 요건이 된다. 예를 들어, 라이프치히 근교 마허른(Machern)의 밀밭 한가운데 덩그러니 놓인 성이나, 밝은 자작나무 숲과 목가적 분위기의 들판 한가운데 만들어 놓은 이집트식 피라미드, 혹은 프랑스식 자수화단을 둘러놓은 초가집처럼 아주 우스꽝스럽게 될 수도 있다. 이런 것들은 서로 조화를 깨뜨리는 바람직하지 못한 대비의 예다. 끝이 뾰족한 고딕식 건축은 가문비나무나 롬바르디아의 포플러처럼 뾰족한 수형의 나무와 결코 잘 어울릴 수 없다. 이런 건축물에는 오래된 떡갈나무나 너도밤나무, 유럽산 소나무와 같이 굽이치는 실루엣을 주는 것들이 제격이다. 가문비나무나 포플러는 오히려 수평적인 선을 지닌 이탈리아식 빌라와 잘 어울린다.

아름다운 조화를 논의하는 것은 곧 그 모습으로부터 건축의 용도를 짐작할 수 있는 목적성과 합치되도록 형태를 갖추어 가는 것을 의미한다. 예를 들자면 고딕식의 건축을 원하기 때문에 별다른 의미 없이 단순히 고딕식으로 지은 저택은 그 이상의 아무 것도 아니며 그로부터 별다른 느낌을 기대할 수 없다. 그것은 오르되브르(*hors d'aeuvre*), 즉 주택으로서는 불편할 따름이다. 전혀 실용성 없는 불필요한 장식에 불과할 뿐 아니라, 어떠한 동기도 기대할 수 없는 건물이 되어버리는 것이다. 먼 산의 오래된 고목 사이로 고딕식 첨탑이 우뚝 솟아 있는 모습을 보고, 한눈에 그것이 가족묘지의 교회인 것을 알아차리거나 혹은 실제로 누군가를 위해 예배 올리는 사원을 연상하기라도 한다면, 이는 곧 건축물의 형식과 연관된 적정한 목적성을 만날 수 있는 경우가 되어 흡족할 수 있다.

궁성 바로 근처에 서민들의 오두막들이 경계를 이루고 있을 정도로 작고 보잘것없이 빈약한 영지에 둘러싸인 거대한 궁성도 마찬가지다. 끝없이 광활하게 펼쳐진 정원에 볼품없는 오두막 정도가 주된 점경물이 되어 있는 것도 그리 좋아 보일 리 없다. 아무리 화려하게 꾸며진 궁정이라 할지라도 창문을 통해 바깥의 소 떼가 내다보이는 그런 꼴불견에 관해서는 앞서 언급한 바와 같다.

건물은 주변 환경과 서로 어울려야 하며 반드시 그 용도에 부합되어야 한다. 예로부터 토속적이거나 이교도적인 의미를 지녀온 사원, 또는 특별한 의미를 지니지 않은 유적으로서, 깊은 감동을 주는 것은 아니지만 고대 어느 유목민족이 남긴 것일지도 모를 그런 것들에도 주의를 기울여야 한다.

오늘날 고대 신화학 분야에서 자행되고 있듯이 이러한 것들을 완전히 무시해 버리거나 특성상 정해진 장소에 얽힌 특별한 감정이 기록된 것일지 모르는 비문의 글귀마저도 간과해 버리는 일은 낡은 사고방식이며 아주 잘못된 일이다. 그런 비문들이 바이마르에 주재하고 있는 괴테와 같은 명인에게서 나온 것이라면 그런 글들은 그의 작품을 통해 이미 잘 보전되어 있지만, 이름 없는 비문 같은 글들은, 예를 들면, 어느 갈림길 길목에서 언제나 그 도움 되는 정보에 감사하게 되는 이정표 역할을 하는 기록으로서 유용할 수 있다. "비문"에 관한 논의에서 매우 흥미로운 일은 조원 잡지에서 예쁜 그림과 함께 추천되곤 하는 벤치와도 같다는 것이다. "오레스테스와 필라데스"[16] 처럼 등받이에 우정의 문구를 새긴 벤치가 있고, 그 옆에는 간단한 문구가 새겨진 정자가 서 있어서, 지나가던 나그네는 "삶을 기뻐하며" 라는 그 글귀를 읊조리게 된다면, 편협

16) 옮긴이 주 — 이들은 그리스 신화에서 아가멤논의 아들 오레스테스와 그의 사촌 필라데스를 말한다. 오레스테스는 사촌 필라데스의 도움으로, 클리타임네스트라와 정부 아이기스토스에 의해 살해당한 아버지를 위해 어머니 클리타임네스트라를 죽인다.

하고 고루한 것으로부터의 일탈을 깨닫게 해 주는 훌륭한 교훈이 되는 것이다.17)

영국에서도 역시 정원의 장식품이 주변 환경과 어울리지 않는 황당한 경우를 볼 수 있다. 런던 부근의 어느 아담한 빌라에서 하얗게 채색된 통통한 목조 아모르(사랑의 신) 상을 덤불 속 나뭇가지 사이에 밧줄로 걸어놓은 것을 본 적이 있다. 포동포동한 뺨을 한 이 조각상은 지나가는 사람들에게 사랑의 화살을 겨누고 있다. 스무 걸음 정도 더 가면 역시 나무로 만든 원숭이 몇 마리가 뛰어 놀다가 화석이 된 것처럼 풀밭에 놓여있다. 알아 봤더니 이렇게 재미있는 빌라를 만들어 놓은 집주인은 최근에 결혼하여 부인과 함께 유럽 대륙에서 막 돌아온 젊은 양조업자라는 것이었다. 주인은 사랑의 신 아모르와 원숭이 상이 어디서 나온 건지 상세히 설명해 주었다.

정원에서 가장 중요한 건물은 물론 저택이다. 저택은 주인의 주변 환경은 물론 신분과 재산, 심지어는 그의 직업과도 잘 부합해야 한다. 뾰족한 톱니 모양의 성첩(城堞)과 탑이 있는 넓은 성은 상인에게는 잘 맞지 않지만, 가문의 영광을 수 세기 동안 물려받은 고상한 귀족들, 즉 그들 조상들의 안전을 보장해주었을 성채에 거주지를 정하려는 귀족들에

17) 여기서 나는 결코 그런 작품을 만들어 독일 대중들을 위해 세운 열정적인 이 사람의 큰 공적을 축소할 생각은 없다. 몇 가지 부족한 점을 감수한다면 이 작품은 유용한 점이 많고 수천 가지의 다른 아이디어를 주는 계기가 되었음이 분명하다. 그리고 존경해마지 않는 데사우의 노 영주(1740~1817, 안할트데사우의 레오폴드 프리드리히 프란츠 후작을 말하며, 1764년 뵐리츠에 바로크풍의 풍경식 정원을 설치했다: 편주)가 실용적으로 제시한 전례들만큼이나 그 시대에 세련된 정원예술을 광범위하게 보급하는 데 유익한 작용을 하였다. 비록 그 이후로 예술의 발전은 이런 시도들을 더욱 가속화시키기는 했지만, 어쨌든 대중들이 이것을 만족스럽게 인식하고 있다는 것은 그것의 재정적 성공이 가장 잘 입증해 준다. 그에게서 직접 들은 바에 의하면, 우리의 친애하는 동료는 이를 통해 60,000 Rtlr. 〔라이히탈러(*Reichthaler*) : 옮긴이 주〕 넘게 벌었다고 하는데, 이는 독일에서 결코 흔하지 않은 일이다.

게는 썩 잘 어울릴 수 있다. 렙톤[18]은 브리스톨의 어느 무역상에게 모든 사업에서 물러난 그 사람의 입장을 고려해서, 그가 기울인 한평생 동안의 무대를 봄으로 해서 불쾌한 과거가 떠오르지 않도록 시내가 바라보이는 곳에 나무를 심어 차폐하라는 아주 극단적인 조치까지 취했던 것이다. 자신의 소유가 아닐지라도, 아무리 그림 같은 아름다운 것들이라 하더라도 집으로부터 조망되는 것들을 차폐하려는 수많은 영국인들의 이기적 경향, 이것이야말로 정말 영국 특유의 방식이다. 이렇게 극단적으로 이야기하는 것은 결코 꼬투리를 잡으려는 것이 아니라 주택으로부터의 전망은 가능한 한 개인의 취향에 맞추어 결정해야 한다는 사실을 확실히 하려는 것이다. 저택이 어떤 외양을 가지도록 할 것인가 하는 것은 저택으로부터 조망되는 상황을 고려한 다음의 일임을 염두에 두어야 할 일이다. 반면 정원을 구성하는 건물의 경우에는 대부분 그 반대 현상이 일어날지 모른다.

그 외에 주의를 환기시키고자 하는 것은 저택의 향을 잘 고려해야 한다는 것이다. 우리가 사는 곳과 같은 기후풍토에서, 서향집에 사는 사람은 폭풍우가 사납게 몰아치는 소리며 주변의 모든 것들이 흐릿한 베일에 휩싸여 보이는 것도 일체 감내해야 한다. 반면에 창문을 남동쪽으로 열어 놓게 되면 오랫동안 청명한 하늘과 아름답고 환한 경관과 마주할 수 있을 것이다.

오랜 세월동안 가문이 지켜오던 〔단순히 오래된 고성(古城)과 같은 모습으로 새로 지은 것이 아닌〕 실제 옛 궁성이 존재하는 곳이라면, 노력을 통하여 보다 살기 좋고 매력적인 곳으로 만들되 혹 훨씬 더 아름다운 모습의 새로운 형상이 상상될 수 있다 하더라도 옛 특성을 가능한 살려야

---

18) 편주 — Humphrey Repton(1752~1818): 브라운의 제자이자, 조원에 대한 약 3,000개의 스케치를 담은 《레드북》(*Red Book*)의 저자. 조성 전과 후의 경관들을 겹쳐보며 비교할 수 있도록 했다. (그림 II. 와 XI에서 언급) 정원시설로 벨벡(Welbeck, 1790), 코스헴 (Corsham, 1797), 아팅엄(Attingham, 1797), 어파크(Uppark, 1805)가 있다.

한다는 것이 나의 견해다. 과거에 대한 기억, 세월의 위엄은 그만한 가치가 있다. 모든 점에서 생동감이 없는 우리 시대가 파괴한 진정 불행했던 한 장일 수도 있다. 그런 이유로 해서 바로 얼마 전 여기서 아주 가까운 곳의 어느 최고위층 귀족 소유의 훌륭한 옛 성이 많은 비용을 들여 철거되었다. 평범한 건축가가 만든 삼각형 모양의 새로 지은 이 건물은, 건초무더기와 상자 외에 겨우 잡동사니 같은 것만 모아 놓았을 법한 라이프치히 측량기구 창고처럼 되어버렸다.

영국에서는 이런 어리석은 일에 책임을 질 만한 사람도 없으며, 예로부터 전해내려 오는 것을 좀더 종교적으로 보존하고 자랑스럽게 간직한 곳은 어디에도 없다. 그렇지만 6세기경으로 부터 비롯되어 계속 후손들에게로 이어지면서 근본적으로 변화하지 않고 옛 모습이 잘 남아 있는 소박한 시민계급들의 가옥들도 많이 보인다. 그런 예를 들어보면, 탈봇 가문의 종가인 아일랜드의 말라하이드(Malahide) 같은 곳에서는 목조로 된 온갖 장식들이 회색 톤의 방 전체와 어우러져 고풍스러움을 풍겨낸다. 옛 것을 경외하는 낭만적 감정이나 이런 위엄 있는 웅장한 건물의 뛰어난 아름다움에 대한 열정 같은 감성이 없이 어찌 천 년 된 육중한 탑과 함께 한 워윅[19] 성의 화려함이나 너섬버랜드(Northumberland) 대공의 왕좌를 대할 수 있겠는가!

그와 대조적으로 새로운 유행을 따라 중세 성채 같은 모습의 저택으로 개조하는 것은 큰 오류를 범하는 것이라 생각한다. 이런 예로는 사소한 것 하나를 만들기 위해 수만금을 낭비한 영국의 이튼홀(Eatonhall)과 애쉬리지(Ashridge) 같은 곳을 들 수 있다. 주위에 온통 화훼원이 펼쳐진 가운데 거대한 성채에는 포대와 무수한 망루가 세워졌고, 아래쪽 유리온실에는 이국적인 관상용 식물로 가득 채운 터무니없는 장면을 연출했다. 성주(城主)는 마치 자신이 중세 기사인양, 돈키호테처럼 갑옷

19) 편주 — Warwick Castle: 버밍엄 남동부에 위치한 중세의 성(《고인의 편지》, 9번째 편지, 1829년 12월).

에 창을 들고 다니며 플레저그라운드를 거닐었을 것이라고 한 어느 여행가의 재미있는 이야기는 실로 맞는 일이리라.

이렇듯 치기어린 고딕으로의 열망은 결코 권할 일이 아니다.

파크와 가르텐

파크(*Park*)와 가르텐(*Garten*)은 서로 아주 다른 의미를 가지고 있다. 그럼에도 내가 알고 있는 모든 독일의 영국식 정원에서 이들 간의 차이를 전혀 인식하지 않는 것은 중요한 오류이며, 이는 뮐러[20]의 말처럼, 예술과 난센스를 동일시하는 것에 버금가는 일인 것이다.

넓은 의미에서 파크는 거주를 위한 일체의 대지를 지칭하여 거기에 펼쳐있는 자연과 주거를 포함한 것으로, 좀더 사실적으로 말하자면 플레저그라운드[21]와 가르텐을 포함한 매우 광범위한 대상으로 이해할 수 있다. 파크는 인간의 손길이 거의 닿지 않은 원시의 자연상태 그대로 두며, 원시자연과 분간되는 것으로는 자연과의 편안한 만남을 매개해주는 최소한의 길과 건축물 정도만으로 이루어진다. 많은 사람들이 원하는 바대로, 이런 것들마저도 없애 버리고 야생 그대로의 자연의 환상적인 면을 그대로 간직하기 위해서는 무성하게 높이 자란 수풀을 지나가야 하고 숲 속에서 가시에 찔려 피가 날 정도의 무성한 야생의 자연 자체가 되어야 한다. 호감이 가는 집과 피곤에 지친 몸을 잠시 쉴 수 있는 벤치나 휴식할 만한 장소조차도 없으면 너무 무미건조해진다. 설령 루소

---

20) 옮긴이 주 — Adolf Müller(1774~1829) : 삼월전기(三月前期)(청년 독일파) 시대의 유명한 저널리스트이자 연극 평론가.

21) pleasureground는 독일어로 옮기기가 아주 어렵다. 그래서 영어 표현을 그대로 쓰는 것이 더 바람직하다. 이것은 저택(*Haus*)과 긴밀하게 연계되어 잘 장식된 뜰을 구성하고 둘레에 울타리를 두른 지역이다. 가르텐보다는 비교적 큰 규모로 운영된다. 파크와 가르텐 사이를 잇는 중간 역할을 한다.

가 원시의 자연을 주창했다고 하더라도 그런 곳은 역시 자연이긴 하되, 사람들이 필요로 하는 것을 어느 정도 갖춘 자연이어야 하기 때문이다. 파크 내에 경작지가 딸려있는 농장과 물레방아, 그리고 공장[22] 등을 끌어오거나 설치할 수 있다면 보다 활기차고 다양한 것을 제공해 주게 될 것이다. 이런 다양성은 매우 권장할 만하지만 지나치지 않도록 주의해야 한다. 이를 피하기 위해서는 대상들을 엄선하여 전체 배치계획을 세울 때 이들이 서로 뒤섞여 어지러이 보이지 않도록 잘 고려해야 한다. 이미 언급한 대로, 예를 들어 경작지는 농장주변과는 달리 전체 파크에 걸쳐 여기저기 보기 흉하게 산재되지 않게 분포시켜야 한다. 경작지는 때로는 진입로 상에서 전이공간의 역할을 하기도 하여 파크의 인상 깊은 특징을 보여주는 구성요소가 되기도 한다. 그러나 온갖 대상들이 서로 너무 가까이 밀집되어 있거나, 과장되고 복잡하게 보이는 것을 피하기 위해 서로 다른 용도의 대상을 수용해두면 자칫 어디에서나 볼 수 있는 특징 없는 경관이 되어버릴 수 있다. 예를 들면, 강의 지류 한 곳에 형성된 호숫가의 어느 대규모 파크[23]에서 해놓은 것처럼 높은 떡갈나무에 비스듬히 기대어 있는 어부의 오두막을 만날 수 있게 할 수도 있다. 비교적 높은 가파른 강변 옆으로 200걸음도 채 안 되는 곳에 밀 표

22) 옮긴이 주 — 당시의 공장은 오늘날처럼 혐오시설이 아니라 지역 활성화를 위한 일종의 매력요소로 여겨졌을 수 있을 것임.

23) 다시 한 번 반복하자면, 내 개인 소유의 파크에서 자주 예를 드는 것은 결코 자만심에서가 아니라 다만 나의 이론을 뒷받침해 줄 보다 적절한 증거를 찾지 못했기 때문이며, 단시간에 간단명료하게 마무리하기 위해서 불가피한 일이라 여겨지기 때문이다. 즉, 일반적 사례를 들어 논의된 이런 글이 출판되려면 10년은 더 기다려야 할지 모를 일이며, 그 때가 되면 (나 역시 그렇게 되기를 바라는 바이지만) 이런 일은 이미 별 소용이 없는 시대가 될지도 모른다. 부득이한 경우, 아직 완성을 보지 못한 것을 다룬 경우도 있지만 내가 글을 쓰는 동안에도 이미 많은 것들이 실현된 경우도 있었고, 최소한 내가 인용하는 한에서의 모든 내용들은 이미 충분히 실험이 되었기 때문에 확실하다고 보아도 좋을 것이다(무스카우 정원을 조성하면서 경험한 것들을 말함: 옮긴이 주).

백장도 있고, 바로 그 근처에는 얼음 창고와 정원관리사의 집도 있다. 그 쪽으로 좀더 나아가, 꽤 멀리 떨어진 강 건너편에 있지만 실제 보기에는 상당히 가까워 보이는 곳에는 영국식의 농가가 있다. 이 오두막(작은 별장) 뒤편으로는 우뚝 솟은 교회 첨탑과 함께 초가집으로 이루어진 취락이 있다.

실제로 서로 가까이에 인접해 있는 것도 있지만, 대부분 그리 밀집되지 않았더라도 길에서 바라보기에 따라서는 서로 중첩되어 보이기도 하기에, 용도에 따라 제각각 세워진다면, 아무리 좋은 말이라 하더라도 지루하게 이어지는 연설처럼, 좋지 못한 결과가 되기도 한다. 이런 일을 피하기 위해서는 시골분위기가 나는 마을의 모든 건물들을 위시하여 그 지역에서 주요 특성을 이루는 아주 미세한 뉘앙스를 주는 것까지 잘 보존해 두는 것이 필요하다. 영국식 농가, 어부의 오두막, 밀 표백장, 얼음 창고마저도 짚이나 다른 거친 재료로 지붕을 덮어 놓은 마을과 조화를 이루도록 지붕을 덮어준다. 이제는 그 모든 것들이 파크를 구성하는 각각의 개별 구성요소가 되어 전체적으로 조화를 이루어 강 좌우의 잘 사는 사람들의 넉넉한 마을이 되어 보일 것이다. 20채 가량의 건물들이 전 지역에 흩어져 마치 스무 가지의 다양한 형상을 보여주고 만여 채 가옥들이 하나의 도시를 형성하듯이, 다양한 구성요소를 통한 전체적인 통일은 그렇게 얻어진다.

어쨌든 이질적인 다양한 대상들을 결점 없이 펼쳐 보이게 할 수도 있겠지만, 그것으로 당대에 이름난 파크에서 만날 수 있는 그런 상상적 경관은 결코 이끌어낼 수 없다. 중국식 탑, 고딕 양식의 교회, 두 세 개의 그리스식 사원, 러시아식 통나무집, 폐허, 네덜란드식 농장, 그리고 분화구도 하나 정도 덤으로 하여 그 모든 것을 하나의 장면에 축약해 놓고는 이를 만족스럽게 되도록 하 수도 있겠지만, 그런 아름다운 환경에서 우리들의 이성은 분명 예술적 상상에 대한 소화장애로 괴로워하게 될 것임이 틀림없다.

플레저그라운드와 가르텐을 조성하기 위한 근본적인 원칙들은 그와는 현저히 다르다. 특히 가르텐의 경우 화훼원, 온상원, 과수원, 포도원, 채원 등 예상할 수 있는 이상의 다양한 것을 포함할 수 있다. 영국에서는 이국풍의 정원을 비롯해 중국식, 미국식, 심지어 수도사정원이나 심지어 도자기원까지도 만날 수 있다.

앞서 사용했던 개념을 여기서 다시 한 번 변용해 말할 수 있을 것 같다. 파크가 축소되고 이상화된 자연이라면 가르텐은 확장된 주택이라고 할 수 있다. 가르텐에서는 장난스러운 재미나 자유로운 환상까지도 포함하여 온갖 종류의 개인적 취향을 펼쳐갈 여지도 있다.[24] 장식적인 것, 편안함을 주는 것, 차분한 분위기, 그리고 많은 화려한 치장 같은 모든 것이 조원 수단이나 매체로 동원된다. 잔디는 아주 아름답고 희귀한 외래종의 갖은 식물의 꽃(자연 또는 기술이 이런 식물의 번식을 가능하게 할 수 있다는 가정 하에)으로 수놓인 부드러운 양탄자 같고, 기이한 동물이나 아름다운 조류,[25] 훌륭한 휴식처로서 기분을 상쾌하게 해주는 분수, 그리고 울창한 가로수의 서늘한 그늘, 규칙적인 모습과 변화무쌍한 풍부하고 다양한 모습들을 마치 저택 내부의 각종 살롱들을 모두 각양각색으로 꾸미듯이, 하늘을 거실의 푸른 천정으로 삼고 여기에 구름이 만드는 끊임없이 변하는 형상으로 천정 그림으로 드리우게 하고 해

---

24) 그렇다고 이것이 이상하게 변용되어서는 안 될 것이다. 예를 들어 빈의 어느 브라운 식 정원에서는 큰 통모양의 집을 볼 수 있는데, 거기에는 거대한 디오게네스 상이 놓여 있어서 보는 사람들에게는 멋있어 보이겠지만 판지로 만들어놓았기에 그래서 등불은 꺼 두어야 할 것 같다. 아니면 다른 어떤 곳에서 만난 휴식용 벤치는 그에 한 수 더 떠서 잠시 앉아 있다 보면 목덜미로 찬물이 흘러내리게 되어 있는데, 그 외의 부적절한 요인도 넘치도록 많다.

25) 너무 지나치지 않도록 주의해야 한다. 특히 불결해 보이지 않도록 할 것과 나쁜 냄새가 나지 않도록 돌보아야 한다. 그렇게 관리하지 않을 것이면 차라리 동물원에 맡기는 것이 낫다. 아무리 감탄할 만한 귀한 동물이라 하더라도 코를 막고 있어야 한다면 편안히 즐기도록 마련된 장소에는 결코 적절하지 않을 것이기 때문이다.

와 달로써 영원히 빛나는 등불로 삼아 일련의 여러 광경을 야외공간에 확장시켜가도록 해준다. 세세하게 구성해 가는 세부기술에 대해서는 전문 정원사들이 주인의 개인적 취향에 맞춰 더 잘 알아서 할 것이며, 거기다 사랑스러움을 창조하는 여성들의 상상력과 부드러운 감각은 아주 중요한 역할을 해줄 것이다.

그와 관련해 몇 가지 일반적인 사항을 언급하려고 한다.

정원을 구성하는 여러 영역 중 특히 플레저그라운드를 파크와 별도로 구획해두는 것은 비용이 많이 드는 데 따른 안전조치로써 필수적 요건이다. 지면을 약간 높여서 테라스를 이루도록 하거나 아하(*Aha*) 같은 것을 둘러둔다면 플레저그라운드를 위한 아주 훌륭한 경계가 될 것이다. 경계의 선형을 별도로 숨겨 놓을 필요도 없이 눈에 띄게 구분된 경계를 이룬 이들의 규칙적인 선들은 예술 작품으로서의 가르텐을 위한 형상화를 위해서도 매우 추천할 만하다.

이런 방식의 구획은 풀밭에 방목해놓은 가축이나 야생동물을 정원으로부터 완전히 배제시키기도 하고, 건초수확용의 초지와 분명히 구분하기도 하며, 감상하는 사람들로 하여금 다양한 형상과 다양하게 꾸며놓은 화훼장식과 정성을 다해 손질된 녹색의 양탄자 같은 잔디밭으로 주변의 쾌적한 분위기를 가까이서 즐기게 해 주기도 한다. 그 너머로 펼쳐지는 넓은 자연경관, 그 곳의 높고 거뭇하게 무리를 지은 수목군의 인상적인 모습, 야생화만이 소박하게 피어있는 넓게 펼쳐져 있는 초원에 혹 바람이라도 불어 사랑하는 사람의 휘날리는 머리카락에 휩싸인 젊은 이처럼 이들을 흔들어 대거나 혹은 흥겹게 풀을 베는 인부에게 상큼한 풀냄새가 익살을 부리고 간간이 태양이 미소 지으며 반짝이는 햇살을 들이기라도 하면 참으로 아름다운 정경이리라. 인공으로 만든 장식과는 달리 야외의 자연은 그런 식으로 우리의 기분을 두 배로 기쁘게 해 준다. 인공과 자연은 서로 분명히 구분되지만, 그런 웅대하고 흥겨움으로 구별되는 특성으로 해서 둘은 다시금 서로 상반되지 않는 조화로운 경관으로 융화된다.

온갖 다양한 소주제의 정원(소주제의 정원이 많으면 많을수록 더욱 다변화된 조화를 기대할 수 있다)들을 배치하는 데는, 저택 부근의 한 곳에 모아놓고 저택과 썩 잘 어울리도록 해 둘지, 아니면 전체 파크에서 분리시켜 따로 떨어뜨려 놓을지는 그 지역의 사정에 달려 있다. 나의 파크에서는 따로 구획하지 않고, 말하자면 성 주변을 빙 둘러 플레저그라운드를 확장시켜 두었다. 영국에서는 저택 한쪽으로만 플레저그라운드가 이어지도록 하는 것이 보편적 관례로 되어 있어서 나의 파크에서 보이는 것 같은 그런 경우는 거의 볼 수 없다. 먼저, 플레저그라운드 내에 화훼원을 만들어, 온실을 살롱에서 이어지는 곳 창문 아래 바짝 붙여 놓는다. 그 다음 좀 떨어진 곳에는 오렌지원, 온상원, 속성재배실과 채원 등 특별히 서로 연관성 있는 것들을 배치해 놓는다. 하지만 과수원과 포도원, 그리고 종묘재배원은 성과 많이 떨어진 곳에 두어 파크와는 분리시켜 둔다. 그 외에 다양한 기호에 맞춰 여러 소정원들을 파크에 있는 주요 건물들과 어우러지도록 해 둔다. 이에 대한 것은 나중에 상세하게 다루게 될 것이다.

이렇듯 여러 작은 가르텐들은 꽃으로 장식하여 여기저기 흩어놓은 것이지만, 이 모두가 화훼원을 중심으로 각각의 다양한 모습들을 만들어 준다. 반복한다면, 그런 정원의 분할과 배치는 대부분 개인적 취향에 맡겨져야 하는 것이지만, 아주 보편적으로는 다양한 종류의 꽃을 한 곳에 심는 것 보다는 같은 품종의 꽃들을 다량으로 한군데 모아 두는 것이 좀더 훌륭한 효과를 준다. 색조를 맞추는 것처럼 미세한 뉘앙스에 관해서는 너무나 다양하고 수없이 실제 적용해 보아야 하는 일이기 때문에 오랜 연습과 경험을 통해서만 그 방면의 전문가가 될 수 있다. 주변의 주어진 여건에 따른 꽃의 배치가 중요하다. 그늘에 있는 장미와 양지에 있는 장미는 아주 다른 색상으로 나타난다. 푸른 색조의 꽃일 경우 이런 차이는 더 심하다. 그늘이 드리워진 곳에, 여러 색의 꽃 중 하얀색 꽃에

그림 I c; 침엽수로 조성한 경계식재

밝은 햇살이 비쳐들게 해주어 하얀 빛깔을 더욱 화려하게 드러나도록 하는 것은 특히 뛰어난 배합이다. 흰 꽃이 보다 잘 드러나도록 하고 뚜렷한 대비효과를 만드는 데에는 종종 색깔이 있는 꽃들을 하얀 색상의 꽃으로 구분하는 것도 좋은 방법이다.

겨울정원은 그 이름대로 상록수로 구성되어야 하며 우리처럼 추운 지역에서는 변화를 시도하기가 매우 힘들다. 오렌지원과 온실, 조각입상에 물이 얼더라도 아름다움의 효과가 그대로 남아 있는 조형 분수 같은 것으로 온상원에 활력을 주는 것이 좋다. 고대의 정원이나 그것에 뿌리를 둔 프랑스식 취향의 정형적인 정원이 여기에 아주 잘 어울린다. 잔디 같은 효과를 내고 싶으면 상록의 만경식물이 유용하게 활용될 수 있고, 아니면 아름다운 연두 빛의 월귤나무 류가 좋은 효과를 준다.

다시 부연하건데, 여기서는 이 모든 것들은 극히 간략하게 다룰 수밖에 없다. 대부분이 파크 전반에 걸쳐 다루어질 수많은 세세한 것들이기에 이 저술을 통해 다루고자 했던 범위 밖의 일이기도 하지만, 또 상당 부분은 M파크[26]에서 아직 몇 가지 해결책을 찾아 가야 할 일로 남아 있기 때문이다.

그러므로 나는 이 장을 과수원과 텃밭에 대해 간단히 제시하면서 끝맺을까 한다. 이런 정원들은 일반적으로 실질적 용도로 쓰이는 것이기는 하지만, 잘 배치된 화단이나 시렁에 올린 과수 재배, 또는 격자지지대를 함께 엮어 올린 울타리(그림 I c), 넓은 화단으로 둘러싸인 편안한 소로(小路) 같은 것이 잘 어울린다. 가능한 한 청결을 유지하고 단정하게 관리한다면 아주 쾌적하게 머물 수 있는 장소가 되어 줄 것이다. 봄이면 기꺼이 따뜻한 햇살을 찾고 가을에 나무와 수풀에서 신선하고 엄선된 과일을 직접 딸 수도 있는 곳이다. 영국에서는 워낙 모든 것을 입맛에 맞게 잘 응용하곤 하지만, 힘들게 허리를 굽히지 않고도 손이 닿을 수 있도록 길가에 테라스 식으로 딸기밭을 만든다. 마찬가지로 버찌와 사과가 산책하는 사람들의 입 높이에 맞춰지도록 과수원 길을 높여 놓기도 한다. 채소원에는 울타리를 여럿 만들어 놓고 어디에서나 음지와 양지를 마음대로 이용할 수 있도록 해두어 갖은 종류의 과수들을 적절하게 다양한 방식으로 관리할 수 있도록 아주 실용적으로 해 놓았다. 그럼에도 들판에서 익어가는 영국의 과일에는 따뜻한 햇볕이 많이 부족하다. 가장 잘 있은 과일은 로라게 공작 시대처럼 여전히 구운 사과일 뿐이다.[27]

---

26) 옮긴이 주 — M…r Park: "Muskauer Park", 즉 무스카우 정원을 뜻함.

27) "qu'en Angleterre il n'y avait de poli que l'acier, et de fruits murs que les pommes cuites." 편주 — "영국에는 철 외에는 반짝이는 것이 없고, 구운 사과 외에는 익은 과일이 없다"는 프랑스 속담을 말한다.

초지 조성에 대하여

옛 성화(聖畵)의 금빛 바탕이 진실 되고 아름다운 성인의 얼굴을 더욱 우아하게 해 주는 것처럼, 잘 가꾼 초지는 경관의 신선하고 풍부한 바탕을 이룬다. 잔디는 자연경관에 신선함을 더해 주고 볕이 잘 드는 쾌적한 휴식공간을 제공하지만, 메마른 잿빛 나대지는 땅속에서 썩어 없어지는 거적처럼 황량함을 펼쳐놓는다. 푸른 잔디가 가득하다 해도 습한 땅으로 되어 있다면 불편해서 그냥 바라보기만 할 뿐 발을 들여 놓을 수는 없다. 때로는 단단한 표토도 없이 너무 부드럽고 성긴 땅에서는 산책하는 사람들의 발이 푹 들어갈 정도가 되거나, 말이나 마차가 한번 지나가기라도 하면 몇 달 동안이고 잔디밭을 보기 흉하게 만들어 놓는다. 잔디를 입힌 지 얼마 안 된 때에 특히 비가 오면 이런 경우를 피할 수 없다. 잔디를 잘 다루면 어느 정도 푸석거리는 땅이더라도 곧 단단한 표토로 만들 수 있다. 나의 영지에서 여러 해 동안 적용해 본 결과 다음과 같이 간단히 해 볼 수 있는 방법을 추천해 본다.

첫째, 초원이나 목초지, 플레저그라운드의 잔디를 조성할 경우, 한 종류의 잔디로 파종하는 것은 적절하지 않다. 다년생이든 아니든 한 종류의 잔디만으로는 탄탄한 잔디밭을 얻을 수 없다.

둘째, 앞의 두 용도(초원과 목초지)의 초지를 위해서는 최상의 한정된 종자를 충분히 잘 혼합하여 사용하되, 경험을 통해 토질에 따라 가장 적합하다고 생각되는 종자를 많은 비율로 한다. 잔디의 절반이나 삼분의 일만 그렇게 하고, 나머지는 예를 들면 습지에는 티모텐그라스를 중심으로, 경질토질에는 래이그라스, 점토질에는 노란 클로버와 프랑스 래이그라스, 연질토질에는 허니그라스, 그리고 고지(高地)에는 하얀 클로버 등등 다른 여러 종류로 다양하게 섞어 사용한다.

셋째, 잔디를 파종하려는 곳이 건조한 땅이면 매우 유리하다. 우선 두 삽 정도 깊이로 고랑을 만들어 두고, 땅바닥이 적절한 상태라면 배양토만 다시 표면에 뿌려두면 된다. 지표 아래층이 아주 나쁜 상태거나 순사질토일 경우는 진흙이나 퇴비 또는 농경지의 흙을 활용하면 이를 다소 개선할 수 있다. 물론 토양을 개량할 필요가 있을 경우에 한하여, 고랑 파는 일이 너무 비용이 많이 든다고 해도 적어도 두 배로 깊이 땅을 갈아주어야 한다. 밭을 그렇게 일구어 놓았다가 약간 촉촉한 날씨에 넉넉히 파종을 하고 (우리 북독일의 경우는 8월 중순에서 9월 중순이 가장 좋다) 곧 땅을 단단히 다져 둔다. 경질토양에서는 건조해지는 날까지 기다리도록 한다. 10월 말이면 아름다움이 절정에 달한 푸른 풀들이 새로운 초원을 덮을 것이다. 골고루 자랄 수 있도록 다음 해 봄 내내 초원의 풀을 완전히 베어주고 빠진 곳에는 씨를 덧뿌려 둔다. 그렇게 되면 이듬해 모두가 원하는 대로 촘촘한 초지가 될 것이다. 이제 벌초를 할 때마다 초지의 상태에 따라 매년 힘들게 고르는 일도 더 이상 필요 없다. 매 삼사년 마다 상태에 따라 퇴비와 밭 흙이나 진흙 또는 현지에서 손쉽게 취할 수 있는 신선한 거름을 시비해 준다. 이런 방식으로 나는 모래질의 콩밭을 많은 관리인들이 놀랄 정도로 풍부한 초원으로 바꾸어 놓았다. 사람들이 우려했던 것과는 달리 이 초원은 근 10년이 지나는 동안 나날이 좋아지고 있다. 금전적으로도 내게 많은 도움을 주었다. 4년째 되던 해부터 투여한 금액 이상의 소출을 낼 수 있었기 때문이다.

넷째, 습한 땅은 완전히 건조하게 만들어야 한다. 이를 위해서는 속이 빈 오지벽돌로 만든 영국식의 지중 배수로를 많이 만들고 거기에다 잔가지나 퇴적물로 막히지 않을 작은 수로를 여럿 만들어 둔다. 배수되는 물이 넉넉하고 흐름을 신속히 하기 위한 충분한 경사를 둘 수 있으면, 이들 수로를 가지고 멋진 실개천을 만들 수 있어서 효과적인 배수설비를 마련할 수 있을 뿐 아니라 동시에 조원효과도 커진다. 이 경우 실용적이면서도 자연스러워야 한다. 그렇지 않으면 아주 볼품없게 되어버린다. 그런 작은 실개천에 대해 충고하자면 굴곡이 크고 대담해야 한다는 것이다. 수변(水邊)의 대지 단면 모서리는 둥글게 마무리하는 것보다는 각 지게 하는 것이 좋고, 가능한 한 평지에 가깝도록 평탄하게 하는 것이 좋다. 그래야 초지를 쓸고 가지 않고 토양 유실도 최소화 할 수 있게 된다. 그런 다음 하상(河床)의 흙을 여기저기 제거하여 때로는 개천 위 모서리 부분에, 또 때로는 아래 모서리 부분에 덤불이나 자연석 또는 수초를 이용하여 꼼꼼하게 해 준다. 무스카우 정원에는 물이 넘쳐날 정도로 풍부하고 거의 표고차가 없이 기복이 많은 이탄토의 초원이 펼쳐져 있어서 배수를 위해 많은 도랑이 필요하다. 하지만 도랑이 너무 많아지면 경관상 좋지 않은 영향을 미칠 수도 있으므로 삼각주 같은 것을 만들기로 했다. 삼각주에는 다양한 갈대류와 수초를 심어 각종 물새들이 모이게 한다. 이렇게 자연스럽게 보이는 일체의 수변경관을 조성한 다음, "다양성 속에서 통일성을 얻는다"는 앞에서 제안한 원칙이 실현되기를 희망해 본다.

이와 함께, 저수나 관개시설은 일시에 덮치는 연중 범람 때나 봄날 며칠 동안, 풀을 벤 후 인력조달이 가능한 시기 그리고 더운 여름 동안의 매일 같은 관개 작업 등 연중 필요한 때에 맞춰 미리 주도면밀하게 준비해 두는 것은 당연하지만, 이런 일에 대해 실제로 그리 큰 걱정을 한 적은 거의 없었다.

다섯째, 플레저그라운드와 여러 소정원에 잔디를 입힐 때는, 땅의 상태에 따라 여러 종류를 혼합하여 사용하되 허니그라스, 프랑스 래이그라스 또는 오리새 같은 거친 잔디 종류는 피하는 것이 좋다. 영국에서는 영국 래이그라스, 김의 털, 그리고 흰 클로버를 흔히 사용하며, 필요에 따라서는 레이그라스 대신 각종 아그로티스 종류와 고운 잔디들을 사용한다. 우리의 토지와 기후에는 가능한 한 단시간에 좋고 단단한 잔디표토를 만들어 줄 필요가 있는데, 이를 위해서는 밭두렁이나 숲 가장자리 곳곳에서 쉬 찾아 볼 수 있는 고운 목초용 잔디가 알맞다. 가늘고 길게 떠내어 말아 두었다가 미리 준비해 놓은 땅에다 다시 깔고 나무판자로 다져준다. 혹시 사이에 공간이 생기면 작은 조각으로 빈틈을 채우고 좋은 정원 흙을 그 위에 뿌려준다. 여기에다가 앞서 언급한 여러 종류를 혼합한 잔디 종자를 덧뿌려주고는 마지막으로 롤러로 잘 다진 다음 물을 준다. 이렇게 하면 확실히 원하는 대로 좋은 결과를 얻을 수 있다. 종종 경험한 일이지만, 한 두 곳에 잔디가 마르면 잔디를 떠내어 서로 자리를 바꾸어주면 양쪽의 잔디가 모두 푸른빛으로 무성하게 잘 자란다. 사후에 잘 관리해 주는 것 역시 짧게 자란 잔디를 오랫동안 아름답게 간직할 수 있는 중요한 일이다. 비 오는 날에는 매 여드레 마다, 건조한 날씨에는 보름에 한번 잔디를 베어 주며 잔디 고르는 일도 적어도 그만큼 자주 해주어야 한다. 용도에 따라서는 잔디 고르는 일을 베는 것보다 먼저 해야 한다. 우선 작은 바위나 울퉁불퉁한 땅 주위를 날을 세워 밀어 넣거나 눌러 내리며 다듬고, 그 다음에 잔디를 다질 때 남은 롤러 자국이 여러 날 동안 남아있어 보기에 안 좋으면 깎아서 없애 준다. 잔디용으로는 흔히 사용하는 추수용 낫을 그대로 사용할 수 있다. 어쨌든 일정한 모양이 나오도록 작업하기 위해서는 많은 숙련이 요구된다. 잔디 가장자리가 남는 것을 피하기 위해서는 매 줄마다 오르내리며 두 번 깎아 주어야 한다. 날씨가 좋은 날이면 이슬이 남아 있는 아침 시간을 이용하는 것이 가장 좋다. 이런 규칙을 정확히 지키면 꽃이나 잡초 등의 침입자를 제거하는 일이 거의 필요 없게 된다. 이런 침입자들은 곧 말라 죽게 되고 그렇지 않더라도 평평한 잔디는 이들이 번식하는 데 불리한 조건이 되기 때문이다. 잔디에 끼는 모든 종류의 이끼를 미리 없애버리는 것도 좋은 방법이다. 이끼는 종종 풀이 자랄 수 없는 나무 그늘에서 부드럽기로는 우단 양탄자 같고 신선하기로는 잔디를 능가한다. 영국의 와이트(Wight) 섬에서 이런 종류의 이끼 잔디가 넓은 구역에 펼쳐져 있는 것을 본 기억이 난다. 이끼 잔디는 탄력성과 부드러운 푸른 색상, 빈틈없이 빽빽하다는 점에서 영국의 잔디밭에서 볼 수 있는 모든 면을 능가했다. 나도 높이 자란 나무 아래를 이처럼 안락한 장소로 만드는 데 성공했다.

잔디를 깎은 후에는 바로 짧게 잘려나간 잔디와 아주 미세한 티끌을 갈퀴로 긁어내고 방처럼 깨끗해질 때까지 길고 예리한 빗자루로 위아래 일정하게 쓸어준다. 그렇게 하면 잘 포장된 길보다 더 편하게 걸을 수 있는 잔디밭이 된다. 잔디밭에 들어가지 못하게 금줄을 두르거나 금지 푯말을 세워놓을 필요도 없다. 조금도 상처를 주지 않고 하루 종일 그 위에서 공놀이도 할 수 있다. 너무 건조해 잔디가 시들어 있을 경우 플레저그라운드에 물을 줄 것에 대비하여 성 근처 호숫가에 설치해 둔 양수기에 수백 보 정도 길이의 가죽으로 만든 소방호스를 연결해 두었지만 실제 이를 통해 그리 많은 덕을 보지는 못했다. 햇살이 뜨거운 몇 달 동안 잔디가 타 들어갔다고 해도 가을이 되면 다시 소생할 것이고 양수에 드는 엄청난 비용관계도 있고 해서, 이 시설은 결국 더 이상 사용하지 않았다. 유난히 가물 경우에는 아무리 물을 많이 준다 해도 햇빛에 노출된 잔디들은 말라들기 마련이다. 하여튼 그렇게 뜨겁고 더운 날씨가 계속되는 동안에는 잔디를 베거나 다져 주는 일도 하지 않는 것이 바람직하다. 이런 경우를 제외하면, 잔디를 깎고 다져 주는 시기는 신록이 돋는 것과 함께 시작되어 서리와 눈이 올 때 끝난다. 잔디를 지속적으로 관리하는 데는 많은 비용이 든다. 그래서 영국에서는, 특히 주인이 부재중일 경우, 집 앞뜰 한 곳과 그 밖에 플레저그라운드의 길 가장자리만 짧게 잔디를 관리하는 경우가 많다. 나 자신 여러 차례 경험했지만, 잔디를 계속 베어주지 않으면 짧고 촘촘하게 유지하거나 양질로 관리하는 데 큰 지장을 받는다.

대규모의 풍경식 정원에서는 오로지 잔디 깎는 작업을 위해 여러 사람들을 전문적으로 훈련시켜 놓는 것이 좋다.[28] 이들로 하여금 지속적으로 아침 시간에 잔디를 깎게 한다. 마지막 잔디밭 일이 끝나면 곧 처음 장소로 돌아가 다시 시작한다. 그렇게 해서 가능한 한 여러 차례 잘라주게 되면 정원은 언제나 깔끔하게 보일 수 있다. 넓은 지역을 하루나 이틀 아침나절 동안 한꺼번에 고르고 깎고 쓸어내는 일은, 특히 일꾼들이 느리고 타성적인 경우 엄청난 인원을 필요로 하며, 또한 대부분의 일꾼이 적어도 그런 타성에 익숙해져 있기 때문에 작업의 질에 있어서나 작업 상태로도 좋지 않기 마련이다.

나는, 독일에서 어느 누구도 더 이상 소홀히 하는 사람이 없게 되기를 기대하는 단순한 동기에서 이런 내용들을 다루려는 것이며, 실제로도 정원 일을 잘 모르는 많은 이들이 여기에 관심을 기울일 것으로 보인다. 나의 영지에서, 우리도 봄, 여름, 가을에 영국과 똑같이 아름다운 잔디를 유지할 수 있다는 사실을 입증해 보였다. 다만, 영국에서는 보통 초겨울에 잔디가 가장 아름답지만, 우리의 경우는 추운 겨울날씨 때문에 그런 아름다운 잔디를 유지하기는 어렵다. 진홍색과 푸르고 노란 색으로 초록빛 잔디를 거의 보이지 않을 정도로 뒤덮은 예를 든 적이 있었다. 이처럼 문자 그대로 아름다운 꽃으로 수놓인 정경은 초원이 광활하고 풍요로운 곳에서는 다소 모자란 점이 없지 않겠지만, 화려함에 있어서는 결코 뒤지지 않을 수 있다.

■ 참조

좀더 관심 있는 독자라면, 내가 수석정원사 레더에게 기록해 두게 했던 것으로, 내가 사용했던 보편적이면서 쉬 적용할 수 있는 잔디파종을 위한 지속적인 관리방법에 대해 흥미를 가질 것이다. 다음과 같다.

---

28) 가능한 많은 일꾼들을 지속적으로 그 일에 종사하도록 하는 편이 좋다. 그들은 단시일 내에 보다 효율적이고 보다 빨리 보다 즐겁게 일을 해 나간다.

초지를 계획해 놓은 곳에 일이년 전부터 구근류의 야채를 경작하게 한다. 많은 양은 아니지만 야채를 무상으로 인부들에게 주기로 하고 그들로 하여금 거름도 주고 경작토록 한다. 그렇게 밭을 갈고 경작을 하고 보면, 밭고랑과 그 밖의 울퉁불퉁한 곳이 대부분 사라지게 된다. 그런 연후라 하더라도 토질 상황과 경작지의 지표를 잘 살펴 동질의 토질을 지닌 땅 10 모르겐[29] 을 얻기는 매우 힘들다. 비교적 연질토양인 곳에는 점토와 이회토를, 경질토양의 모래땅과 연질토양의 경작지에는 이탄토와 탄닌산이 많은 참나무 등의 수피를 뿌려두고 전 지역을 다시 한 번 삽으로 골고루 편다. 그렇게 해서 평탄하지 않은 곳은 파내어 구덩이나 이랑에 메워 넣는 방식으로 하여 전 대지를 롤러를 굴릴 수 있도록 정리해둔다.

잔디 씨앗을 뿌리기에 가장 적절한 시기는 8월이나 9월로 잡는다. 날씨만 허락한다면 8월에 파종하는 것이 더 좋다. 여름 파종의 장점은 다음 세 가지다. 첫째, 가을에는 봄보다 비가 오지 않는 때를 많이 기대할 수 없기 때문에 식물들은 겨울이 오기 전에 비축해 두는 게 가장 좋고 또한 그렇게 함으로써 강한 종자를 얻을 수 있다. 둘째, 가을에 파종한 목초지는 훨씬 더 풍부하고 튼튼한 종자가 나온다. 셋째, 그렇게 해 둔 후 시간을 충분히 잡고 경작지를 일군다. 즉 봄의 농경작업과 다른 급한 일들을 끝내고 나서 평탄하게 고르는 정지작업을 해 갈 수 있다. 사람과 수레를 끄는 짐승들이 일할 수 있는 최적의 시기와 기회를 갖는 방법이다.

우리처럼 일당 노임이 그렇게 높지 않는 곳에서는 일찍이 언급한 방식으로 갈아놓고 준비해 놓은 대지를 유월 즈음의 적절한 시기에 평방루테[30] 단위로 파 일구어 놓는다. 우기가 막 시작되고 흙이 반쯤 건조되면 땅바닥이 들어붙지 않도록 써레로 한 번 길게 끌어주고 나서 그 위에 일정비율로 혼합된 잔디 씨앗을 파종한다.

영국 레이그라스, 프랑스 레이그라스, 오리새, 페스투나 프라텐티스, 허니그라스와 티모텐그라스를 같은 곳에, 마그데부르크 모르겐 단

29) 옮긴이 주 — Morgen: 두 필의 소가 오전 중에 갈 수 있는 땅 넓이. 약 2에이커에 해당함.

30) 옮긴이 주 — 약 14㎡.

위 당 이분의 일 젠트너[31] 정도의 깨끗한 씨앗이 적당하리라고 계산하고 있다. 일거리가 많아지기 때문에 보통 직접 생산한 씨앗은 그렇게 깨끗하게 정리해 둘 필요는 없다. 씨앗을 깨끗이 하려면 보통 곱절의 일이 되고, 연질의 땅에서는 세 배가 되기도 한다. 티모텐그라스 씨앗은 알이 곱고 무겁기 때문에 다른 종자와 잘 섞이지 않는다. 그래서 이것 10 파운드에 흰 클로버 1파운드, 붉은 색 글로버 1파운드, 노란 잔개자리클로버 1파운드, 그리고 노란 전동싸리 1파운드를 섞는다. 무게가 비슷한 씨앗들을 섞은 다음, 가벼운 씨앗을 혼합하여 뿌려 놓은 땅위에 덧뿌려 준다. 그 다음 경작지를 가로 세로로 써레질을 해 주고 골고루 편편하게 해 준다.

다음 해 여름 씨앗의 상당 부분이 여물면, 초원의 풀을 깎아주기 전에 갈퀴나 작은 장대를 이용해 먼저 이런 씨앗을 솎아준다. 싹을 틔우지 못했던 씨앗도 어느 정도 적절한 날씨가 되면 대부분 싹이 튼다. 그렇게 하면 파종해 놓은 다른 초지에서 몇 년 동안에도 기대할 수 없을 만큼 상당히 촘촘해진 잔디 표토를 얻을 수 있을 것이다. 그 외에도, 물론 수확을 하고 잔디씨앗을 타작 하는 일은 비용이 많이 들기도 하거니와 어느 정도 힘도 들고 날씨에도 매우 제약을 받긴 하지만, 뿌린 종자보다 3배의 종자를 얻을 수 있다.

— 레더 (Rehder)[32]

---

31) 옮긴이 주 — Zentner : 100파운드의 중량 단위로 약 50킬로그램.

32) 편주 — 연대기 1759년, 1817년, 1836년 참조. 레더 (Rehder)의 유일한 저술인 것으로 추정됨.

대형수목의 처리와 조합 특히 식재에 관하여

온갖 종류의 다양한 식생은 경관을 이루는 첫째 조건이다. 산과 강, 눈부신 햇살과 하늘에 절정의 아름다움을 더해주고, 암반을 드러낸 절벽과 적막한 호수, 그리고 초원에 수천수만의 다양하고 풍요로운 수목의 실루엣이며 나뭇잎으로 층층이 겹쳐진 아름다운 녹음을 드리워 준다. 우리들의 조상은 고산지의 삼림과 홀로 오랜 세월을 견디어 온 떡갈나무, 너도밤나무, 보리수 고목들을 잔인한 도끼의 만행으로부터 보호하여 거대한 유산을 우리 북부 유럽 지역에 내려준 것이리라. 어찌 경이로움과 기쁨 없이 바라볼 수 있겠는가. 하지만 더욱 각별히 여겨지는 것은 이 모든 것이 돈과 힘을 만들기 때문이다. 어느 가난한 나무꾼의 손에 일단 베여진 뒤에는, 크뢰수스도 알렉산더[33] 도 결코 떡갈나무의 천년 고목의 위엄을 다시 만들어낼 수 없다. 인간의 힘은 파괴할 때는 끔찍하고 빠르지만 다시 되돌리는 데는 너무나 미약하고 불완전하다! 친애하는 독자 여러분, 자연을 경건한 사랑으로 감싸는 여러분께 이들 오래 된 고목은 성스러울지 모르나, 전체를 위해 개체들을 희생시켜야 할 경우도 생긴다.

지극히 드물기는 하지만, 나무 개체로는 아름다운 경우라 하더라도 전체 녹지의 조화와 목적에 대립되는 경우라면 희생시켜야 할 수도 있

33) 옮긴이 주 — 크뢰수스(Crösus, BC 595~BC 547?) : 리디아의 부유한 왕; 알렉산더; 마케도니아의 알렉산더 대왕(Alexander, BC 356~BC 323).

다. 계획을 조금만 변경했더라도 이들 값진 베테랑 나무들을 보호할 수 있었을 경우도 없지 않았지만, 유감스럽게도 나 자신의 경험상, 그런 노련한 판단력이 생기기 이전에는 불가피한 일이었다. 하여튼 나무를 제거하기 위해 손도끼를 실제로 갖다 대기 전까지는 오랫동안 수없이 심사숙고하게 된다. 내가 나무에 기울인 과할 정도의 신중함이 다른 사람들에게는 우습게 보일지 모른다. 하지만 진정한 자연애호가는 나를 이해할 것이며, 지금도 몇 번씩 죽은 나무들에게 양심의 가책을 느끼곤 하는 나의 입장을 인정할 것이다. 반대 입장에서, 다른 나무들을 대담하게 제거함으로써 많은 이점을 얻을 수 있음과 동시에 큰 아름다움을 취할 수도 있으며, 손실을 감수함으로써 얻는 것은 비교할 수 없이 크다는 사실로 스스로 위로할 수밖에 없다.

백 년 동안 수천 그루의 나무를 심는 것보다는 하루에 큰 나무 한 그루라도 덜 제거하는 것이 때로는 더 많은 영향력을 줄 수 있다. 설사 나무 한 그루를 제거하여 가리고 있던 수많은 나무를 드러나게 함으로써 눈에 띄는 나무가 백배로 많아 보일 수 있더라도, 나무를 제거하는 데서 오는 손실을 과하게 평가할 것만도 아니다. 나의 무스카우 정원에서 제거해 버린 오래된 고목들은 그리 많지는 않지만 그래도 80년 된 나무를 몇 그루 제거함으로 해서 남은 전체 나무들이 전 지역의 거의 모든 방향에서 열 배로 많아 보이게 된 것은 분명하다. 여기서 소위 말하는, "나무로 가려있는 숲은 보이지 않는" 경우가 종종 발생한다. 이미 언급한 대로 정원 조성에는 비교하여 판단할 수 있는 경우가 많지 않아 예술적 성과를 이루어가기가 몹시 힘들다. 즉, 똑같은 대상에 대하여 재시도할 수 없으며, 적어도 지금까지 전혀 예상하지 못했던 새로운 결과가 전개될 수 있다. 그림 II의 두 개의 동판화는 궁성 앞에 있던 20년 된 보리수를 몇 그루 제거한 전후의 결과를 서로 비교해 본 것이다.

그림 II 1. 성 앞의 스무 그루 보리수, 몇 그루를 제거하기 전의 모습

그림 II 2. 성 앞의 스무 그루 보리수, 몇 그루를 제거하고 난 후 모습

나무가 크지 않다면, 방해가 되는 이런 나무들을 다른 곳으로 옮겨 심는 방법도 있다. H. 스튜어트 경이 자신의 정원 조성을 통하여 자신 있게 내보인 이론(그의 조원 안내서[34] [35]는 독일국민들에게 추천할 만하지는 않다)에 따르면, 오래 된 고목이라도 이식하기 위한 조건을 갖추어 간다면 비용이 다소 들더라도 옮겨 심을 수 있으며, 그렇게 해서 3년이나 4년 정도 되면 나뭇가지 하나 잃지 않고 다시 예전과 같은 아름답고 싱싱한 모습을 되찾게 된다고 한다.

거기서 언급된 특징은 다음과 같은 세 가지로 요약된다. ① 거친 바람에 익숙해지도록 수피를 가능한 한 오랜 동안 원상태로 둘 것, ② 뿌리가 사방으로 골고루 뻗어나가게 할 것, ③ 마찬가지로 수관도 사방으로 풍부하게 뻗어나가도록 할 것. 수관을 그렇게 해 주는 것은 그만한 정도의 뿌리와 함께 적절한 균형을 유지하도록 해주기 위함이며, 이렇게 균형을 유지해 주면 나무가 폭풍우에도 흔들리지 않는 확고한 버팀목 역할을 한다. 나무를 옮겨 심을 때는 나무가 옮겨가야 할 땅의 특성에 맞춰 신중하게 준비하여 세심히 배려하는 것이 요구된다. 가능한 한 예전에 서 있던 곳보다 나은 곳을 선택하고, 봄이나 가을에 옮겨 심은 나무의 가지와 뿌리는 가능한 한 모두 그대로 두어야 한다. 그렇게 하기 위해서는 옮겨 심는 과정에 수레를 이용하여 그냥 단순한 방법으로 옮기

---

34) *The planters Guide etc.* : 헨리 스튜어트 경(1759~1836)이 쓰고, 에딘버러 존 머레이에 의해 런던에서 발행된 이 책에 다루어진 내용은 일반적으로 잘 이해되지 않는 것이어서 영국에서조차 거의 이용되지 않는다.

35) 편주 — 퓌클러의 저술 중 아직 충분히 검토되지 않은 문헌자료에는 다음과 같은 것이 기록되어 있다. 조원 안내서; 혹은 나무에 직접적 효과를 주는 최상의 방법에 대한 실용서, 큰 나무와 그 아래 덤불을 제거해 줌으로써 수목 재배를 위한 공간을 확보하려는 시도. 식물병리학적 일정 법칙, 일반 재배와 사실적 경관의 전개를 고찰한 책이며, 원래 스코틀랜드의 풍토에 관한 안내책자이다. 헨리 스튜어트 경에 의해 2판은 상당히 개정되었으며 영국의 에딘버러에서 존 머레이에 의해 1828년 출판. 그는 퓌클러가 런던에 체류하던 동안 알버멀 가(Albemarlestreet)에 살고 있었다.

는 것이 아니라 보다 다양한 기술적 요령과 수단이 필요하다. 그 방법들에 대해서는 여기서 상세히 언급할 수 없고 서적을 직접 참조해보기를 권한다. 거기서 여러 방면의 매우 흥미롭고 교훈적인 것들을 만날 수 있을 것이다. 저자는 지시된 방법대로 4년 동안 하나의 파크를 일구었는데, 그곳을 방문해 본 사람이면 누구나 이 정원은 적어도 50년은 관리해 온 곳처럼 생각하게 된다. 장차 영국의 부호들에게서는 어쩌면 이런 종류의 정원을 일구는 데 그렇게 오랫동안을 인내할 필요 없이 그냥 눈 한번 찡긋하는 한순간에 아르미다[36]의 정원이 생기는 것으로 여길지도 모를 것 같다. 오래된 거목들을 취향에 따라 그 자리에 놔 둘 수 없다면, 앞에서 말했던 것처럼 수령 백년이 넘는 떡갈나무들도 막강한 기계의 도움으로 다른 곳으로 옮겨 놓으면 된다. 오늘날도 그렇게 하는 것이 가능한데, 장차는 어떤 독선적인 부호의 명령 한 마디에 새로운 버남 숲이 던시난이 아니라 런던까지 내달려올 수도 있겠다.[37] 보통의 경우, 특히 우리의 제한된 수단, 말하자면 시간적인 면을 고려할 때(영국에서는

36) 편주—Armida: 이탈리아 작가 타소(Torquato Tasso, 1544~1595)의 작품 《해방된 예루살렘》(*La Gerusalemme Liberata*)에 나오는 마녀.

37) 편주—Birnamswald, Dunsinan: 윌리엄 셰익스피어(1564~1616) 영국 희곡 작가, 퓌클러가 여기서 인용한 내용은 《맥베스》(1606)에서 유래한 것이다. 독일어권에서는 빌란트(Ch. M. Wieland)에 의해 최초로 번역된 이후 1771년과 1779년 사이 비버라하, 빈, 라이프치히 등에서 상연되었다. 1831년 도로테아 틱(Dorothea Tieck)에 의해 다시 번안되었다.
맥베스는 뱅쿼(Banquo)를 살해한다(III. 3). 왕관을 쓴 아이는 피투성이가 된 채 손에 나무를 들고 예언을 한다. "맥베스는 절대 정복당하지 않을 것이다. 던시난(Dunsinan)으로 향하는 거대한 버남 숲이 악의에 가득 차 뻗어 오를 때까지"(IV. 1). 맬컴(Malcolm)은 군대를 이끌고 맥베스의 요새 'Dunsinan'을 공격한다. 요새 앞에 있는 버남 숲에서 맬컴은 위장에 사용할 가지를 친다. 맥베스의 전령(사자)이 이렇게 말한다. "버남이 보여요, 보세요, 숲이 움직이기 시작했어요(…) 걸어가는 숲, —정말"(V. 5). 퓌클러는 1827년 11월 28일 런던에서 〈맥베스〉를 보았다. 셰익스피어 연극에 대한 평론 "맥레디(Macready)의 맥베스 역할에 대하여"(《고인의 편지》, 20. 22. 23) 참조.

1년 중 6개월 이상 식수를 하지만, 우리의 경우 기껏해야 평균 두 달 정도이며 한 달이 채 안될 때도 많다) 줄기의 둘레 4 피트에 높이 50 내지 70 피트 되는 큰 나무를 이식하는 것은 아주 극단적인 경우가 될지 모르나 어느 정도는 성공적으로 이식할 수 있다고 권유할 수 있다. 이미 우리에게는 오래 된 나무를 이식할 수 있는 기술이 있기 때문에 예전에 아주 힘들게나마 시도하려 했던 것보다 훨씬 더 많은 가능성을 기대할 수가 있다. 그러나 이 경우에는 이식할 나무를 말뚝처럼 뿌리뿐 아니라 가지의 대부분을 쳐내야 한다. 그렇게 수난을 겪은 나무들은 결코 예전과 같은 아름다움을 되찾을 수 없다. 기껏해야 한 무리의 군식된 숲 한가운데를 약간 높이 솟아있도록 해놓는 것 외에는 아무 역할을 할 수 없다. 이런 나무들을 저 혼자서 독립수로 서 있게 해두면 주변 지역을 장식하는 것이 아니라 아주 볼품없게 만들 뿐이다. 자부하는 것은, 스튜어트의 명작이 나오기 오래 전에, 아니면 그것이 적어도 내게 알려지기 전에 이미 나 자신 직접 관찰하고 경험해서 스튜어트가 상세하게 제시하고 학문적으로도 증명하려 했던 것과 거의 동일한 정도에 와 있었다는 사실이다. 그가 겪었을 것과 마찬가지로 나 역시 전문가들의 선입견과 끊임없이 싸워야 했다. 직접 눈으로 확인하고서도 그들은 여전히 고개를 저었다. 내가 번역해 보여준 권위 있는 문헌으로 확인할 때까지 그들은 회의적인 태도를 바꾸려 하지 않았다. 덧붙여 말하자면 대부분의 사람들은 권위만 따르려 한다. 나 혼자로서는 논리적으로 분명히 이해시킬 수 없어서 똑같은 말을 제 3자로 하여금 설명하게 함으로써 비로소 해결할 수 있었던 일도 얼마나 많았는지 모른다. 개인적인 소견에 동조해주는 사람은 그리 많지 않다!

그 전에는 우리 정원에서도 상당히 많은 고목들을 옛날부터 해오던 잘못된 방식으로 겨울에 볏짚으로 이식용 분을 뜨고 가지와 뿌리를 강전정(强剪定)하여 이식하곤 했었다. 대부분 살아남기는 했지만 거의 쓸모가 없게 되었다. 여러 해 전부터는 전술한 방법으로 여러 그루의 나무들(높이 80 피트에 이르는 것도 꽤 있다)을 가지와 뿌리를 자르지 않고 옮겨 심어 왔다. 실제 우리 정원에는 원래 그 자리에서 자란 것이 아님을 알아보지 못할 정도로 잘 자라고 있는 것들이 여럿 있다.[38)]

그렇지만 이런 이식 방법은 많은 비용이 들기 때문에 실제 대규모 정원에서는 몇몇 대표적인 곳이나 특정한 몇 군데의 수목에 한하여 시도할 수 있을지 모른다. 적어도 다른 나무에도 적용할 수 있음은 물론이고 그렇게 이식한 나무는 어쨌든 예전보다 더 많은 뿌리와 수관을 가지게 된다. 매일같이 정원사들이 시도해 온 모습을 보아 온 것을 토대로 예전부터 해 오던 관례들을 면밀히 검토해보면 나이가 든 거목을, 예를 들어 밀집되어 성장하던 숲에서 들판으로 옮겨 심는 일은 결코 성공할 수 없다는 것이다. 특히 그늘과 안정된 환경에서 이루어진 매끈하고 반짝이는 수피와 가늘고 삐죽한 수형의 나무는 별 쓸모가 없다. 반면 숲의 외곽에서 자란 나무들은 강한 햇살과 온갖 악천후를 이겨내며 단련된 줄기로 앞으로의 어떤 상황에도 꿋꿋이 잘 자랄 것이 충분히 입증된다. 아주 어린 나무는 이와는 사정이 다르다. 어린 나무를 이식할 경우에는 오래된 거목과는 분명 다른 점이 있음을 염두에 두고 다루어야 한다. 시간이 흐르면서 나무의 본성이 주변상황에 따라 완전히 변하기 때문인데, 예를 들면, 고목은 이식을 하더라도 주근을 잃지 않지만 4년생 나무는 주근을 상하게 해서 잃어버릴 수 있다.

보다 쉬운 방법으로 나는 요즘도 가끔 시간과 운송비용을 절약하기 위해 그리 폐쇄되지 않은 환경에서 자란 큰 나무들은 겨울 분뜨기로 옮기는데, 이런 나무들은 첫 일 년간 임시로 비교적 어린 나무들과 함께 배식하는 데 활용한다. 그렇게 함으로 해서 좀더 크고 외관상 보기도 좋기 때문이다. 어린 나무들이 수관을 얻게 되어 목적한 바가 달성되면 그때 이 나무들을 다시 베어 낸다. 가지가 잘려나간 나무들을 대여섯 그

38) 이런 나무들은 이식한지 2년 만에, 최근 20년 동안의 가장 강한 태풍을 만났지만 버팀목 없이 안전하게 견디어 내었다.

루씩 가까이 배식해 놓으면 원경으로 멋진 하나의 무리를 이루기는 하지만 오래 잘 보전해 놓고 싶은 아름다운 그림이 되기에는 여전히 부족해 보인다. 중간 크기의 나무들을 잘 보존하기 위해서는 어느 정도의 숙련과 감각이 필요하지만, 스튜어트 식에 따르면 뿌리와 가지 일부를 보전(뿌리와 가지는 언제나 비슷한 모습으로 서로의 관계를 유지하고 있어야 한다) 하는 데 드는 막대한 비용을 모두 사용하지 않고도 좋은 모습을 유지할 수 있도록 단점을 보완하여 장차 자연스럽고 우아한 모습을 갖추어 갈 수 있다. 여기에다 일반적으로 조원에 널리 적용되는 것처럼 나무를 전정하되 10년 후의 모습을 미리 살핀다는 관점에서 행하며, 나무 각각에 일어날 수 있는 결점을 다른 나무들과 무리지음으로 해서 개선할 수 있다는 점을 고려하는 등 자연 자체에 대해서도 어느 정도 연구를 해야 한다.

배식(配植) 을 하는 데 쓸 이식하기 적당한 큰 나무를 준비하기 위해서는 정원 조성 초기에 바로 수목원[39] 을 마련해 놓는 것이 가장 좋다. 이를 위한 좋은 장소는 숲에서 찾는 것이 가장 빠른 방법이다. 그리 밀집되지 않게 자란 30년생까지의 비교적 중간 정도 수령의 나무가 잘 확보될 수 있기 때문이다. 나무를 솎아 주어 햇빛을 잘 볼 수 있도록 해 주면서 이웃한 다른 나무를 간섭하는 일이 없도록 하는 효과도 있으며, 조심스럽게 전정해 주어 마음에 드는 좋은 수형으로 만들 수도 있다. 그 다음, 나무 주위에 크기에 따라 나무줄기 둘레 3~5 피트 정도에 2 피트 정도 너비의 적당한 깊이의 구덩이를 만들어 뿌리 주변을 모두 둥글게 차단하고 여기에 다시 낙엽이나 거름을 준 흙으로 채운다. 그렇게 준비된 자리에서 나무는 곧 그물망처럼 촘촘한 흡수근을 형성하게 된다. 이렇게 서로 엉키어 있게 해두면 뿌리는 오랫동안 구덩이 영역을 넘어가

---

39) 옮긴이 주 — 원문에는 'Baumschule' 또는 'Baumuniversität'라는 표현을 해놓았다. 이는 수목원의 규모와 수목의 종별 다양함이라는 측면에서 학교(*Schule*) 차원과 보다 더 나아가 대학(*Univeraität*) 이라는 차원에 비견한 표현으로 생각할 수 있다.

지 못하게 된다. 그렇게 3~4년 정도 지나면 이식과정에서 오는 스트레스로부터 완전히 회복되고 가지가 사방으로 왕성하게 퍼져나가게 되므로 별 제약 없이 겨울 분뜨기보다 적은 비용으로 쉽게 이식할 수 있다. 이렇게 준비된 나무를 이식하게 되면 성장이 거의 후퇴하지 않는다는 점에서 그 어떤 다른 방법보다 큰 효과를 볼 수 있다. 스튜어트가 말한 대로 이미 나무에 외부환경에 대해 자신을 보호하는 모든 특성이 인공적으로 부여되었기 때문이다. 자연 상태에서는 이런 특성을 빠짐없이 갖추기가 어렵지만 그 모든 것을 견디어낼 것 같은 특별한 나무도 없진 않다. 예를 들면, 대부분의 아카시아 종류, 주엽나무, 캐나다 포플러, 그리고 롬바르디아 포플러 같은 것들이다. 당연히 경제성은 언제나 주요하게 고려할 사항이며 시간과 비용을 절약하기 위해서도 이런 나무들에는 크게 신경 쓸 필요가 없다.

아무리 강조해도 과하지 않을 또 하나의 중요한 문제는 다음과 같다. 비교적 큰 나무들을 이식할 때는 원래 있던 곳보다 깊이 심어서는 안 된다. 그 반대로 지면에서 좀더 높이 드러내 주는 것은 상관없지만 이 경우 예전에 흙으로 덮여 있던 나무줄기 중 공기에 노출되는 부분을 소홀히 해서는 안 된다. 첫 일 년은 주변을 빙 둘러 작은 둑 모양으로 흙을 느슨하게 돋아 준다. 그렇게 해두지 않으면 쉽게 얼어 죽는다. 예전에 나는 이런 점을 등한시했다가 비싼 나무들을 많이 잃은 적이 있다. 첫 일 년 동안 나무줄기 전체를 이끼로 감아 주는 것은 원래 흙으로 덮여 있던 줄기에 한하여 필요하다.

비상수단으로서 조언하자면, 나무를 겨울 분뜨기로 이식하려면 봄이 오기 직전 마지막 추위에 하는 것이 좋다. 한겨울 서리가 심한 경우에는 뿌리 뿐 아니라 가지들도 이겨내기 매우 힘들다. 마로니에를 옮겨 심으면서 전지(剪枝)를 했다가 이를 전혀 이겨내지 못하는 것을 보고 알아낸 사실이다. 그러나 스튜어트 식으로 하면 아주 쉽게 뿌리를 내린다. 보통 알고 있는 것처럼 새로운 곳으로 이식하는 나무는 예전에 서 있던 곳과 같은 방향이어야 한다는 사실은 선입견에 불과하다. 매우 타당한 근거를 토대로 스튜어트는 오히려 그 반대되는 경우를 추천하고 있다. 모든 나무는 해가 있는 방향을 바라보는 경향이 강해서 외관상 한쪽으로 약간 치우칠 수 있기 때문에 반대 방향으로 자리를 잡도록 해 주어 음지에 있던 곳도 햇빛을 볼 수 있도록 해주는 것이 더 낫다는 의미다. 그렇게 되면 이식을 하고 나서 시간이 지나면서 보다 아름답고 균형 잡힌 형태를 유지하게 될 것이다. 이 글 곳곳에서 제시하고 있듯이 이런 일들은 나의 경험상으로도 확신할 수 있었으며 이 방법에서 다른 어떤 단점도 발견하지 못했다.

나무를 이식할 때는 그에 맞는 토질을 가진 곳을 선택하며, 자연 상태에서 찾기 어렵다면 인공적으로 조성해주는 것이 무엇보다 중요하다. 그 어느 경우든 원래 자리하고 있던 곳의 토양보다 더 나쁘지 않은 곳에 이식하는 것이 중요하다. 나무마다 특히 어떤 토양을 다양하게 섞어줄 필요가 있는지 심사숙고하는 것은 물론 중요하다. 진지하게 관심도 가지지 않고 심지어 기분에 따라 나무 종류를 선택하는 일이 다반사다. 정말 우습게도 나무를 심는 대부분의 사람들은 참으로 무지한 경우가 많다. 지극히 평범한 농부조차도 이런 사실을 밭의 농작물을 가꾸며 알아내고 매일 곡식을 관찰하는데, 정원에 나무를 심는 사람들은 기껏해야 소위 말하는 좋은 땅과 좋지 않은 경질의 점토와 사질토의 땅 정도만 겨우 구분해내는 정도다. 더 이상 논의하는 것은 자칫 내가 의도하는 목적을 훨씬 넘어서는 일이 될 것 같아 이 정도로 해 둘까 한다. 가축의 분뇨퇴비를 약간 주고 짚을 깔아주는 일 외에도, 이탄토와 모래, 점토가 있는 곳과 적절한 가격으로 석회를 공급할 수 있는 곳에서는 흙에 적당히 퇴비를 섞어주는 것만으로 불모의 땅을 큰 비용들이지 않고 기후에 적응하는 모든 나무 품종들이 잘 자랄 수 있는 토양으로 바꾸어 놓을 수 있다. 굵은 자갈이나 물이 침투하기 힘든 좋지 않은 하층토로 된 곳은 어디에나 있을 수 있는데, 물론 이런 경우에는 앞의 모든 노력이 헛수고가 된다. 종종 보아왔던 바와 같이 경질의 점토질 토양에 보리수를, 이회토에 마로니에, 이탄토에 떡갈나무, 그리고 모래밭에 플라타너스를 심고자 한다면 나무를 키우는 게 아니라 기형의 나무를 길러내게 될 것이 틀림없다.

이상은 한 그루씩 이식하는 경우들이다. 이제 나무의 특성에 따라 군집시키는 기술에 대해 덧붙이고자 한다.

의미 있게 모아 놓은 몇 그루의 나무들이 잔디밭 여기저기 흩어져 서 있는 모습은, 때로는 푸른 잔디에 떠 있는 섬 같아 보이기도 하고 또 때로는 광활한 시야에 펼쳐있는 넓은 평지 위에 손이 닿을 듯한 한 줌의 그림자를 떨어뜨려주며 산비탈에 기대어 있으면서 햇빛이 잘 드는 계곡 위로 긴 그림자를 드리우기도 하면서 묵직한 납덩어리를 올려놓은 것 같은 이미지의 큰 덩어리를 이루어 우아하고 그림 같은 효과를 연출해준다. 참고 기다릴 준비가 되어 있다면, 풍경식 정원의 대부분을 그런 식으로 무리를 지어 식재하는 것은 가장 장기적이며 목표지향적인 일이 될 것이다. 무리를 지은 나무는 서로 보호를 받으며 훨씬 더 아름답게 보기 좋게 자라서 10년 후면 비로소 온전한 그룹으로 성장한다. 여기에 나무를 둥글게 깎고 다듬으면 최상의 모습을 형성하게 된다. 나무를 한 그루씩 각각 심어갈 때는 결코 쉽지 않은 일이지만 그곳을 자연스러운 모습으로 형성시켜 가는 데 큰 어려움을 겪지 않을 수 있다. 무리를 짓게 하되 나무 각각의 거리를 균등하게 하지 않도록 하며 너무 인위적으로 모아놓거나 너무 떼어놓아 고립되어 보이지 않도록 해야 한다. 한 무리에서 다른 무리로 옮아가는 사이 공간에는 한 그루씩의 나무에로 시선이 이어지도록 하여 가시덤불이나 관목을 심어두면 일률적인 단조로움을 피할 수 있다. 어떤 정원 비평가들은 초원 여기저기에 관목 무리를 흩어 놓는 것을 싫어 하지만, 나는 그들과는 다른 생각이다. 잔디가 자라 무성해 있는 동안은 관목들로 연출해 내고자 하는 효과가 드러나지 않는 것이 사실이지만, 일반적으로 초원들은 목초지 역할만 하는 것이

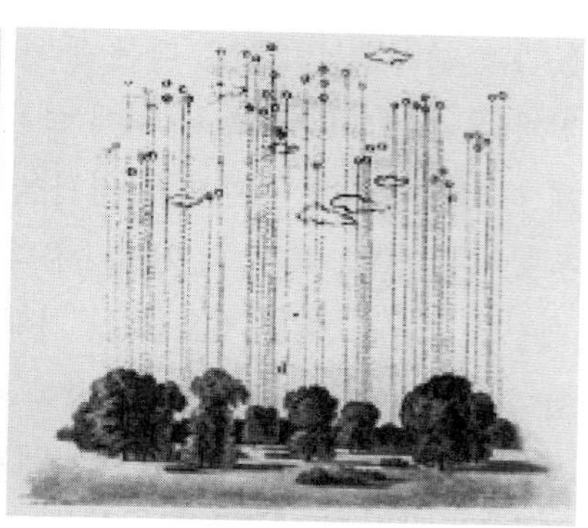

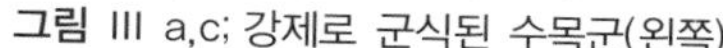

그림 III a,c; 강제로 군식된 수목군(왼쪽) b,d;자연스럽게 군식된 수목군(오른쪽)

대부분이고 건초생산을 위해 벌초될 것으로 예상해보면 관목 주변에 풀이 무성해지도록 방치될 시간은 극히 짧은 동안에 국한될 뿐이기 때문이다.

여러 그루로 무리 짓는 나무들은 같은 구덩이에 아주 밀집되도록 해두고 때로는 대여섯 그루를 한 번에 거의 일직선상에 놓이게 하여 포크모양으로 여러 갈래로 해 놓는 것도 좋다. 둥글둥글 모아 놓은 그룹은 결국 일률적으로 널려있는 가로수만큼이나 단조로울 수 있다. 첨부한 그림 III의 a와 b는 같은 수량의 나무로 식재해 놓은 두 가지의 유형으로, 모아심기의 좋지 않은 예와 보다 나은 예를 평면배치와 함께 예시해 놓은 것이다. c는 다소 인위적으로 보이는 경우며 d는 자연스럽게 모아 놓은 경우를 보여준다.

비탈에는, 앞에서 언급한 것처럼 길게 드리우는 그림자 때문에 여러 그루의 나무를 모아 놓은 것 보다는 따로 한 그루씩 식재해 놓은 것이 더 좋다. 평지에서는 한그루씩 따로 식재해 두는 것보다는 가능한 한 몇 그루를 모아 놓도록 하되, 때로는 넓게 펼쳐지도록 하고 때로는 아주 좁혀 놓아 촘촘히 보이도록 하며, 또 때로는 둥그렇게 모여 있기도 하고 때로는 길게 뻗어 있어 얼핏 보기에 이들이 어느 정도 연관성이 있어 보이면서 너무 뚜렷하게 구획되지 않도록 한다. 자작나무와 오리나무, 수양버들과 떡갈나무처럼 서로 다른 두 종류의 나무는 같은 구덩이에 모아 심거나 한 그루의 나무를 물 위에 걸쳐 거의 수평으로 휘어 비스듬히 자라게 해놓으면 정말 아름다운 경관을 만들어준다(우리 정원의 플레저그라운드에는 실제로 그런 그림처럼 아름다운 모습이 펼쳐져 있다). 이런 사소한 기술로 효과를 내는 것은 자연 자체에서 찾아내어 여건에 잘 맞춰주는 것이 필요하다. 또 한 가지 중요한 조언을 하자면, 한 그루씩 서있는 특정한 나무들은 약간 높여서 식재해 두면 높이 돋우어진 대지 위로 나무의 우아한 모습이 비교적 잘 드러난다. 그 자리에서 종자가 싹을 틔워 저절로 성장한 오래된 나무들도 거의 그런 엇비슷한 언덕 위에 서 있곤 한다.

그룹으로 모아 심으려면 그 작용을 미리 판단할 수 있도록 잘라낸 나무나 잔가지들을 꽂아놓고 살펴보는 것도 좋은 방법이다. 무르익은 리듬감이 느껴지고 미리 계획한 정원의 풍경이 머리에 정확히 그려져서 확실한 형상이 생겨날 때까지 이를 반복하도록 권한다. 이들 군집형상들 모두가 사방 어디서든 반드시 잘 어울려보여야 하는 것은 아니다. 그렇게 되기는 거의 불가능하므로 중심 되는 조망지점을 정해 거기서만 면밀히 검토를 하고, 감상하는 사람들의 발길이 불필요한 곳으로 향하지 않도록 동선을 유도하도록 한다.

비교적 큰 나무에 둘러싸여 있는 어린 나무들은 다음과 같이 관리하고 관찰한다. 토양이 아주 푸석푸석한 모래질이라면 반드시 미리 정해놓은 장소에 적어도 2 피트 깊이로 고랑을 파놓는 준비를 갖추어 두어야 한다. 고랑으로 인해 발생되는 토양의 화학적 작용과 그와 함께 생겨나는 토양의 수용력은 기대 이상으로 믿을 수 없을 정도로 증대된다. 굵은 입자의 모래땅에 4 피트 깊이의 고랑을 파두고, 기껏해야 자작나무와 소나무만 무성하게 자랄 것으로 생각되었던 밋밋한 언덕에 울창한 떡갈나무, 단풍나무, 그리고 보리수와 히말라야시다를 심어두었는데, 지금까지 12년 동안 그 싱싱함을 잃지 않는 것을 확인하였기에 이제는 더 이상 나무 심는 일을 두려워하지 않게 되었다.[40] 고랑을 만들기 적합하지 않은 가파른 산비탈에서는, 산림관들이 종종 하는 방법으로, 개별적으로 만들어 놓은 작은 구덩이에 여러 그루의 나무에 둘러싸인 어린 나무를 각각 식재하기도 하는데, 이는 반드시 필요한 경우에만 적용한다.

큰 비용이 들 것 같은 곳에는 가능한 한 원래의 토양을 유지시켜 어느 정도 개선하는 방법을 강구한다. 그러나 여간해선 성공하기 힘이 들므로 잘 자랄만한 수종을 고른다. 시간이 허락한다면 고랑을 파놓은 땅에 먼저 거름을 주고 일 년간 감자를 경작토록 한다.

어디나 가능한 한 빽빽하게 나무를 심도록 많은 신경을 쓴다. 첫째, 그래야 나무가 모두 잘 번창하기 때문이며, 둘째 모든 나무를 나중에 수목원에서 이식용으로 재배한 어린 나무들과 오랫동안 함께 이용할 수 있기 때문이다. 그렇게 해마다 너무 빽빽해진 곳의 나무 중에서 최종 목적에 맞게 다시 선별해 간다. 포플러, 오리나무, 아카시아 등 성장속도가 빠르고 키가 큰 나무들은 토양의 상태에 따라 여기 저기 분산해 놓는다. 처음부터 전체적으로 비교적 완성된 모습을 보여주기 위해서인데, 나중에는 아래층 가지를 제거하고 그 자리에 떡갈나무, 보리수, 너도밤나무, 마로니에 등 비교적 아름다운 수형의 나무로 자리 잡게 한다. 잘 자라도록 하기 위해서나 시간의 낭비를 피하기 위해서도 너무 작거나 어린 나무를 심는 것은 효과적이지 않다. 그래서 나는 5~6 피트 이하 크기의 나무들을 심는 일은 특히 삼간다. 수목원으로부터 충분히 공급되고 또한 곳곳에 있는 많은 나무들이 있기에 작은 나무를 대신하여 무성한 관목을 이용하면 된다. 정원을 조성해 가는 데 최상의 다양한 나무를 제공해 줄 것이므로 광대한 규모의 수목원을 최우선 조건으로 삼는다거나 반드시 정원 근처에 있어야 하는 것은 아니라고 생각한다.[41]

---

40) 위에는 1 피트 정도의 배양토를 아래에는 완전히 모래를 깔아주고, 어린 나무의 뿌리가 배양토에 닿을 수 있도록 고랑을 그리 깊이 파지 않는다.

41) 여기서 포츠담의 훌륭한 왕립수목원을 언급하지 않을 수 없다. 그리고 이런 조원 분야에서 우리에게 많은 영향을 미치고 부단한 노력을 기울인 점에 설립

여러 방문객의 말처럼, 우리 정원의 나무들이 대개 2~3년이 지났음에도 마치 10~15년생 나무처럼 보이는 것은 순전히 내가 시행해온 아주 단순한 관리방법 덕분이며 오랜 기간 동안 수목원을 잘 관리한 덕분이라고 해야겠다.

식재 후 2~3년 동안은 나무 주변의 잡초를 제거해주고 깨끗이 갈퀴로 긁어준다. 이후에는 새로 나온 어린뿌리들을 안전하게 보호해주기 위해서나 비용을 절감하기 위해서도 더 이상 그렇게 하지 않는다. 나중에는 나무들을 완전히 내버려 두고, 이미 말했듯이, 어떤 것은 아예 제거하고 어떤 것은 아래층 가지를 쳐줌으로써 천천히 지속적으로 가느다란 수형을 갖추게 한다. 이제 시간을 가지고 약간의 노력을 기울이면 그렇게 가꾸어 놓은 나무들을 가지고 자유자재로 다양한 형상을 조형할 수 있다. 때로는 들여다보이지도 않을 정도로 빽빽한 숲을 이루거나 또 때로는 날씬한 나무로 무리를 이룬 작은 숲으로 무럭무럭 자라게 할 수도 있다. 한그루의 개별적으로 서 있는 독립수가 되게 하여 무성한 활엽의 수관으로 깊은 맛을 주기도 하고 주변에 초지를 둘러놓아 자그마한 숲 속의 빈터를 만들게 하며 아름답게 파도치듯 나뭇가지를 아래로 늘어뜨려 놓기도 한다. 때로는 이런 모든 것들이 한데 어우러지도록 해준다.

파크에서 나는 보통 국내산이나 완전히 풍토에 적응이 된 나무, 관목들을 이용하며 외국의 관상용 수종들은 피한다. 이상화된 자연은 언제나 파크가 자리한 그 지역의 특성이나 기후조건과 잘 맞아야 하기 때문이다. 그렇게 되면 파크의 인위적으로 가꾼 모든 식생들이 자연스럽게 저절로 자란 것처럼 보일 수 있다. 우리 독일에서는 야생으로 자라는 아주 아름다운 관목들이 많다. 이런 관목들을 다양하게 이용하는 것이 좋다. 하지만 중국 라일락 또는 그 야생군락은 대단히 방해가 될 수 있다. 다만 이들이 차단된 공간에 한정되어 따로 떨어져 있을 경우, 예를 들어 오두막 근처 울타리가 쳐진 작은 채원처럼 그 자체로써 또한 인간의 문

자이자 정원감독인 르네(Lené)에게 진정으로 경의를 표하고 싶다.

명과 가까이 된 것임이 충분히 드러나는 경우라면 예외이다. 스트로브잣나무, 아카시아, 낙엽송, 플라타너스, 주엽나무, 붉은 너도밤나무 같은 일부 외국산 나무들은 토착화된 귀화종으로 간주할 수 있다. 그러나 아무래도 우리 향토수종으로서 보리수(*Linde*),[42] 떡갈나무, 단풍, 너도밤나무, 오리나무, 느릅나무, 마로니에, 서양물푸레나무, 자작나무 등을 으뜸으로 친다. 성장속도가 빨라서 초기에 속성수로 사용한 포플러 종류는 시간이 지나면 그 대부분을 제거한다. 잎이 너무 불규칙하고 잿빛이 도는 초록빛으로 매우 우울해 보이기 때문이다. 육종된 수종은 큰 비용을 들이지 않고 사용할 수 있다. 예를 들어 은백양은 침엽수와 훌륭하게 대비될 수 있으며, 오래 된 캐나다 포플러는 수관 하부에 아름다운 천개(天蓋)를 이루어주고 위층 부분의 수관은 눈을 끄는 형상을 만들어 준다. 롬바르디아 포플러는 파크에서는 아예 배제시키는 것이 좋지만, 플레저그라운드에서는 상당수를 빽빽하게 밀집시켜 놓으면 때로 그렇게 나쁘지 않다. 한 그루씩으로는 그 수형이 너무 뻣뻣하고 아름답지 않으며 가로수로 사용되면 정말 보기 흉하다.

각 장소마다 토양에 가장 잘 맞는 한 종류의 나무가 주종을 이루도록 전체적으로 키가 큰 나무들을 배식한다. 하지만 개인적으로는 무리지어 놓은 군집 전체를 같은 종류의 나무로만 구성하는 것은 좋아하지 않는다. 독일의 여러 정원에서 즐겨하는 식재 방식으로 여러 수종의 나무를 침엽수와 활엽수 별로 각각 무리 짓거나 한데 섞어 꼼꼼하게 잘 구분해 놓는 경우가 있는데, 이런 것들은 이 나무에서 저 나무로 콜레라와 같은 전염병을 옮길지도 모르며, 그다지 훌륭한 모습도, 화려한 색상도 보장할 수 없이, 결국 내가 보기에는 익살꾼들의 광대옷 같은 것에 불과할 뿐이다. 그런 배식방법은 자연의 어디에도 근거하지 않는다. 파크처럼 비교적 작은 공간에 자연의 상태로 놓아두거나 동일한 기후조건에서

42) 옮긴이 주 — 정확히는 찰피나무(*Tilia*)라 부르는 것이 맞지만, 일반적으로 일컫는 바에 따라 보리수로 통칭함.

나타나는 수천 종의 나무와 관목 종자를 파종해 두었다면 오히려 훨씬 다양한 혼효림이 형성되었을 것이 분명하다. 곳곳에 동일한 수종으로 형성된 자연스러운 작은 숲이 나타나게 할 수도 있겠지만 이런 것을 지속적으로 만들어가는 것은, 내 생각에 경관을 형성시켜가는 방식에서 자연의 방식을 거슬러 가는 것으로 다만 인간의 아이디어 속에서만 가능할 뿐이다. 수백 가지 색상으로 변화무쌍하게 변하는 숲, 햇살이 잘 들고 무성하게 잘 혼합된 어린 숲보다 아름답고 자연에 잘 적응될 수 있는 것은 없다. 여기에 한 무리의 히말라야시다, 저기에 길게 늘어선 낙엽송, 그리고 여기에 다시 자작나무, 저기에 또 포플러나 떡갈나무를 흩어놓은 사이를 지나 한 천 걸음을 걷고는 다시 그렇게 둥글둥글 모아놓은 나무 사이를 반복해 가야 하는 것만큼 단조롭고 답답할 일이 있을까. 거목이 서있는 커다란 숲에서라면 사뭇 다르다. 숲 속에서는 인간 세계와 마찬가지로 우세한 종자가 상대적으로 약한 종자를 압도한다. 그러나 야생 상태에서나 비옥한 토양에서는 항상 히말라야시다는 떡갈나무와, 자작나무는 오리나무와, 너도밤나무는 보리수와, 그리고 가시덤불은 모든 활엽교목들과 잘 어우러져 있는 것을 볼 수 있다. 후자에 관해서라면, 나는 언제나 훌륭한 조원가 렙톤 씨의 방식을 떠올린다. 지나다니는 사람들을 보호하기 위해서라도 가시 있는 나무는 쓰지 않는다. 이것으로 적당한 문구를 한 번 만들어본다면, '관상용 배식에서 안전만큼 중요한 목표지향적 배려는 없다' 라는 것이 아닐까.

야생의 과수, 가시덤불, 들장미, 작약, 마가목, 매자나무과 관목, 산라일락 등 꽃을 피우고 열매를 맺는 모든 식생들은 가능한 한 길가 쪽 가장자리에 심거나 눈에 잘 띄게 해주는 것은 별도로 강조할 필요가 없겠지만, 다만 한 군데에 너무 많이 몰려 있어서 고의성이 확연히 드러나지 않도록 한다. 마찬가지로 우리의 정원사들이 으레 해오는 것처럼 일단 가장 큰 나무를 한가운데에 배치해 놓고는 몇 종류의 관목들을 가장자리를 따라 나란히 식재하는 일은 피하도록 한다. 이와는 반대로, 날

씬하게 다듬어진 나무들로 길가에 힘차게 서 있도록 하거나, 때로는 약간 뒤에 물러서 있으면서 무성한 잎이 드리워지게 하여 수림의 외곽을 따라 바짝 붙어 이어지는 산책로를 잠시 침범하도록 해 놓는다. 자리가 충분히 여유가 있는 곳에서는 초지 여기저기에 흩어져 있는 관목과 교목을 가지고 소홀하게 된 부분을 보완해 볼 수도 있는데, 이 경우 자연은 모방하기 어려운 스승이 되어준다. 조만간에 좀더 상세히 설명하게 되겠지만, 그런 식으로 플레저그라운드에 묵직한 덩어리를 이루게 함으로써 식생의 다양한 변화만 고려하는 것이 아니라 주로 나무의 형상과 위치를 고려하는 등 가능한 많은 변화를 시도한다. 이미 말한 대로, 여기서도 큰 나무를 가운데에 두고 작은 나무들은 점차 가장자리로 가도록 해서 큰 나무 주위를 빙 둘러놓을 필요는 없다. 그 반대의 경우가 훨씬 더 자연스럽게 보일 수 있다. 관목들이 지표면을 덮고 있는 가운데, 가장자리에 우뚝 솟아있는 키 큰 교목의 활엽 나뭇잎이 만드는 그림 같은 실루엣은 때로 양 옆으로 커다란 곡선을 그리며 둥그스름하게 떨어지는 군락의 큰 공간에서 보다는 아주 작은 공간에서 더 아름답다. 이런 방식으로 몇 그루의 나무를 모아심어 작은 군락을 만드는 것은 여기저기 변화를 주기 위해 시도해 볼만 하다. 그림 IV는 좋지 않은 방법과 권장할 만한 방법에 따른 결과를 보여준다. a와 b는 길가에 수림을 조성하는 방식에 관한 그림이고, c와 d는 잔디 가운데 관목들을 재식하는 그림이다.

어디까지 그림자와 색상의 농담(濃淡)을 고려하여 예술적으로 다루어야 할지 나로서는 쉬 판단할 것이 아니다. 거기에는 상당한 어려움이 있을 뿐 아니라, 지금까지의 경험상 적어도 나는 별도로 그런 시도를 했던 적은 없었다. 자세히 설명해 보자면, 전혀 고려하지 않았던 일인데 혼효림에서 나무들은 종종 우연과 자연을 통해서 뜻밖의 매력을 발휘하는 경우가 있어, 마치 중환자를 낫게 해 주었지만 도대체 어떻게 되어 완치가 되었는지 전혀 감을 잡지도 못하는 많은 의사들처럼 나의 의지와는 전혀 무관하게 나의 예술작품에 대한 찬사를 내게 안겨주었다. 나 자신 육종에 관한 어떤 규정을 크게 따른 것이 아니며 아주 편안히 중도를 따랐을 뿐임을 고백한다. 의도대로 통제를 할 수 없는 광활한 자연의 여러 성격의 토양에서는 종종 발육상태가 좋지 않은 나무의 잎에서 예상한 것과는 사뭇 다른 분위기의 색조가 나오기도 한다. 예를 들어 어두운 단풍나무로 그늘진 곳을 만들고자 했는데 놀랍게도 밝은 잎의 단풍나무를 얻게 되는 경우 같은 것이다. 파크에서나 플레저그라운드에서나 일반적으로는 삼가지만, 어두운 색의 수피(樹皮)에 연초록빛의 잎, 또는 활엽의 넓은 잎과 깃 모양의 잎을 대비시키는 것처럼 과도하게 눈에 띄게 하거나 잦은 변화를 주는 것도 시도해 볼 수 있다. 부연해 보자면, 디테일을 위한 확실한 원칙을 세우기 어려운 곳에서는 주인의 개인적 취향이 가장 좋은 지침이 되어준다.

나무를 다루는 일 중에서 가장 어려운 일 중 하나는 실루엣 윤곽, 말하자면 자연스러우면서도 눈으로 보기에 기분 좋은 선형을 만드는 일이 아닐까 싶다.[43] 영국에는 숲을 조성하는 훌륭한 본보기가 될 정원들이 많다. 컵햄[44]에 있는 단래이(Darnley) 경의 파크가 꼽힐 만하다. 이 파크는 덧붙여 설명할 어떤 부족함도 없으며 정원을 연구하려는 모든 외국인들에게 추천할 만하다. 그런가하면 플레저그라운드의 식재계획에 관한 한, 유명한 건축가 나쉬[45]가 아주 간략하게 올바른 방법을 보여준다고 생각한다. 버킹엄 궁의 여러 정원, 버지니아워터의 신 왕궁의 정

---

43) 보통은 좁은 간격으로 땅에 꽂아 놓은 막대기로 수목군의 배치할 윤곽을 만들어 본다. 좀더 확실하게 형태를 잡고 판단해 보기 위해서는 잔디위에 꽂아 놓은 막대기를 따라 선을 그어가며 형태를 만들고 선을 따라 땅에 고랑을 파는 것이다. 그렇게 해 가면서, 어떻게 배식을 함으로써 잘 어울리는 멋진 그림을 장면을 얻게 될지 판단해 가며 잘못 된 부분도 쉽게 고쳐갈 수 있다. 화가들이 하는 비슷한 방식으로 정방형의 방형구를 치고 배치해 보기도 한다.

44) 편주—Cobham. 런던 남부 서레이(Surrey) 공작령에 속한 도시(《고인의 편지》, 25번째 편지).

45) 편주—John Nash(1752~1835)(《고인의 편지》, 3번째 편지 및 16번째 편지).

그림 IV a, b; 도로변에 숲을 조성하는 일반사례와 대체사례
c, d; 초지에 조성한 관목 군식의 일반사례와 대체사례

원 같은 곳에서도 훌륭한 예를 만날 수 있다. 나는 윈저 파크를 버지니아워터[46]에 있는 새로 조성된 여러 파크들과 함께 영국에서 가장 훌륭한 정원 중의 하나로 꼽는다. 광대함에서나 다양함에서 이 정원은 완벽하고 멋진 경관을 이루고 있다. 근자에 고인이 된 왕은 그의 궁과 궁원으로써 그의 너그러움과 화려함을 과시하며 지상에서 가장 강력한 군주의 위엄 있는 명성을 얻게 되었다. 아쉽게도 조지 4세 재위 시절, 궁 안의 가장 아름다웠던 정원은 들어가기가 무척 어려웠었지만 지금의 자유분방한 군주에 의해 사정이 달라졌다. 고인이 된 왕은 다른 사람의 시선에 노출 되는 것을 매우 두려워해서 약간이라도 그런 무분별한 시선이 닿을 만해 보이는 여러 곳에 궁원 둘레로 나무판자 울타리를 둘러치게 하였고, 3층 높이로 때로는 심지어 4층 높이로 힘들여 못을 박아 올려놓았다. 친족으로서 가까운 사람이 아니거나 각별한 관계로 친분이 있지 않았던 사람으로서, 혹 버지니아워터를 보기 위해 거의 술수에 가까운 시도로 애쓴 어떤 사람도 이 신성한 장소에는 근접조차 할 수 없었으니, 정원 애호가에게는 무척 애석한 일이었다. 평소 왕을 존경하던 사람들의 말대로라면, 왕은 나라 제일가는 신사였을 뿐 아니라 가장 매력 있는 경관 전문가의 한 사람으로 꼽힐 만했기 때문이다.

유리한 기후조건이 영국인들에게 상당히 도움이 된 것은 분명하다. 영국의 기후에서는 온갖 종류의 상록수들, 철쭉, 월계수, 호랑가시나무 류, 아르부투스, 바이버넘, 회양목, 서양닥나무, 라우레올라 등 언제든지 짧은 기간에 관목 숲의 풍성함과 꽃 그리고 멋진 그늘을 제공하는 이런 나무들의 월동이 가능하다.

치즈윅[47]이나 다른 유명한 장소조차 지금까지 관례적으로 이루어져 온 식재 방법에 따라 아직도 타원형이나 원형의 작은 무리를 이룬 수목

---

46) 편주 — 윈저 파크(Windsor-Park)와 버지니아워터(Virginiawater)에 관하여(《고인의 편지》, 16번째 편지 및 17번째 편지).

47) 편주 — Chiswich, 런던 남동부 교외에 있는 파크.

군을 잔디밭에 펼쳐 놓거나 때로는 길을 따라 불규칙한 물결모양의 구릉을 길게 이어놓기도 한다. 이런 구불구불한 선형은 잔디와 맞닿는 경계부에 반드시 예리한 절단선을 남기게 된다. 잔디밭 너머로 돋우어 놓은 비탈면이 거뭇하게 나지(裸地)로 드러나면 갈퀴로 깨끗하게 정돈해 놓기도 하고, 근처에 한 그루씩 따로 식재되어 있는 관목들은 매년 잘 전지해 놓아 서로 닿지 않도록 해 놓는다. 관목 사이 여기저기에는 꽃을 심어 놓아 나무들이 좀더 화려하게 보이도록 한다. 그래도 전반적으로는 아직 초록이나 다른 색상만큼이나 거뭇한 나지의 땅이 드러나게 되고, 도처에 인위적으로 다듬어놓은 정돈된 모습과 손질이 되지 않아 자연 상태로 남아있는 불규칙한 모습 간에서 오는 별로 쾌적하지 않은 모습이 지배적이게 된다. 나쉬는 이것과는 반대되는 방식을 적용했다. 촘촘히 밀식해 놓은 관목을 좀더 벌려놓고 잔디의 일부를 깊이 함몰되도록 하여 관목 숲 사이로 스며들면서 어느 듯 시야에서 사라지게 처리하고, 또 부분적으로는 잔디 뗏장을 빠트려 놓거나 모퉁이를 잘라내지 않고 불규칙하게 가장자리로 (나무를 향해) 퍼져나가도록 해 두었다. 따로 떨어져 홀로 서있는 여러 독립수나 덤불은 잔디보다 먼저 식재해 두어 사방 어디에서나 잔디밭 경계선이 보다 자연스럽고 부드럽게 가려 보이게 해 두었다. 이런 관목들은 번식을 고려해 적당히 예외를 두어 갈퀴로 긁어내지도 잘라내지도 않는다. 그렇게 어디에도 예리하게 잘려나간 또렷한 윤곽선을 남기지 않으면서 초원 가장자리에 저절로 자라서 저대로의 형태를 갖추어 자리 잡은 덤불처럼 만든다. 곳곳에 빽빽하게 들어찬 무리가 되도록 하여 잔디밭 위에 우아한 자태를 드리우게도 하고 비스듬히 기울여 보기도 한다.

물론 이러한 방식은 바닥을 항상 깨끗이 해줘야 하는 화훼류에는 적용할 수 없다. 매우 다양한 장미종류도 그렇고 아름다운 로도덴드론 등을 또한 여기서 제외해 놓고 보면, 꽃이 없어도 우리의 기후에 어울리며 정원을 풍요롭게 보이도록 해주는 것으로는 다년생으로 단단한 성질을 가진 여러 관목들이 남는다. 꽃과 관련하여 보면, 풍요롭고 규칙적으로 조달되는 화훼원이 그런 욕구를 채워줄 수 있는 최선의 방안이다. 그림 IV는 이런 상황을 보다 잘 이해하도록 해준다. 스케치 e는 경계식재를 옛 방식에 따라, f는 나쉬의 방식에 따라 묘사해 놓은 것이다.

꽃과 일년생 식물 없이 관목들로 적절히 꾸미기는 어렵다. 아주 흔한 장미 종류조차 추위로 고통 받거나 완전히 죽어버릴 수도 있는 우리의 불리한 기후와 척박한 토양에서는 절충방식으로 하는 수밖에 없다. 나는 이미 오래 전부터 나쉬와 같은 방법을 보편적으로 따르고 있지만, 곳곳의 관목이 있는 장소에는 꽃을 위해 빈 땅을 남겨 놓는다. 물론 이런

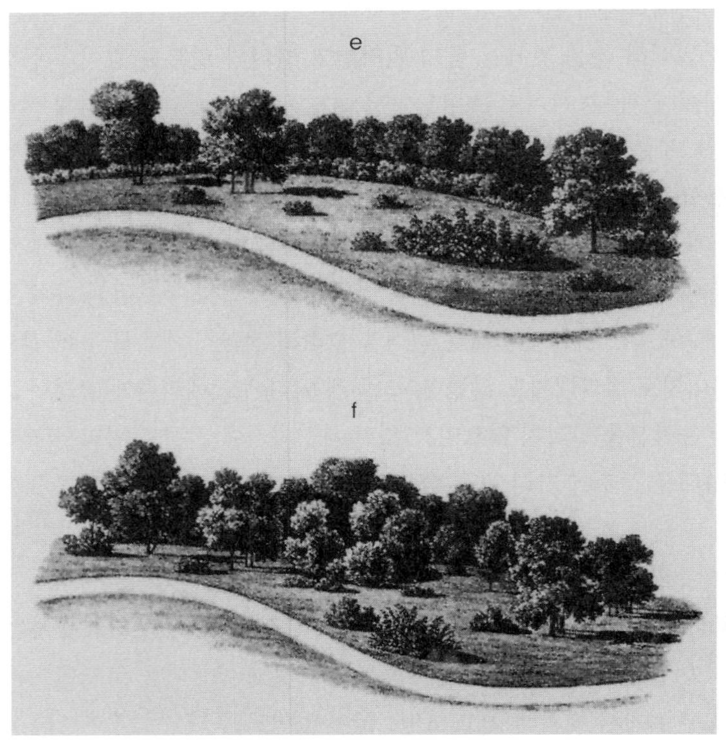

그림 IV e,f; 경계 부위의 식재방법
관례에 따른 예와 나쉬의 제안에 따른 예

곳들이 이른 봄에는 약간 방해가 될 수 있지만, (영국인들에게는 겨울이 보다 더 좋은 시즌이 될 것이지만, 우리의 시골생활에서의 "시즌"인) 여름과 가을에는 곧 화려하고 빽빽하게 채워질 수 있다. 이와는 달리, 꽃을 잘 번식시키기 위한 구체적 실용성과 반드시 갖추어야 할 여건으로 인해 다소간의 형식성을 필요로 하는 화훼원, 그리고 덤불류의 식생을 위해서는 일반적으로 적용되는 방식을 적용하되 거뭇하게 나지가 드러나 보이는 곳은 가능한 한 꽃으로 감추어 두는 등 어느 정도의 차별을 두는 방향에서, 물론 너무 과장되지 않게 시행한다.

화단에는 항상 뚜렷한 경계를 정해 일정한 형태를 갖추도록 하는데, 나는 바구니로 둘러두는 방식을 가장 즐겨 사용한다. 때로는 철재 울타리를 사용하기도 하고 때로는 끈으로 엮은 목재를 사용한다. 점토를 구워 만든 여러 다른 모양을 사용하거나 막대기를 엮어 가장자리를 만발한 서양메꽃으로 덮는 방식을 쓴다. 회양목으로 조형 해놓은 별이며 장미 문양, 커다란 꽃병, 자갈길로 분할해놓은 프랑스식 자수화단, 우아한 장치, 이런 모든 것들을 각기 적절한 장소와 환경에 잘 어우러지게 활용하게 된다.

나쉬는 다음과 같은 점에서 사뭇 새로운 것을 보여준다. 그는 플레저 그라운드 — 이미 언급했듯이 비교적 큰 규모의 정원으로서 파크와 가르텐 사이에 오갈 수 있는 통로를 만들어 놓았다 — 를 위해 야생의 숲에 있는 모든 식생들에서 찾을 수 있는 것과 동일한 방식을 적용해 갔다. 즉, 나무의 외형적인 아름다운 선은 일정하지 않은 윤곽을 만들어낸다. 대담하게 돌출되어 나온 선, 멀리 뒤로 물러나 있는 선, 여기 저기 직선으로 곧게 자란 줄기, 앞서 자란 나무나 관목들로 방해를 받은 듯 느슨하게 뻗은 줄기, 이런 여러 형태의 선들로 구성해야 한다는 것이다. 하지만 절대 코르크 마개 따개와 같은 도형적인 파상선이 되지 않도록 해야 한다. 이런 것은 그 무엇보다 자연스럽지 못하다. 휘어 도는 곡선이라지만 앞에서 보면 직선에 불과하고 옆쪽에서는 굽이치는 모양이 아무런 특성도 없이 거북스럽게 나타나 풍경화의 중요한 기법처럼 명암 효과를 내는 데 큰 방해요인이 된다. 오히려 각 지게 해둔 모서리는 시간이 지나면서 성장을 통해 자연히 자연스러운 선형을 이루게 된다.

첫 두해 동안을 무사히 넘기고 오랜 제초작업을 하고 나면 관목 사이사이에 여유 공간이 제공되는 만큼, 우선 나무 가장자리 주변 여기저기에 잔디 씨를 뿌려둔다. 그렇게 하면 초지와 숲의 가장자리에 남아 있는 경직된 분리선이 사라지며 자연스러워진다.

숲 사이로 길이 지나가는 곳 역시 길 가까이 아주 바짝 나무를 심거나 아니면 앞서 언급한 방식으로 자연스럽게 덤불 속으로 사라지는 잔디 경계선을 만들어 준다. 다만 화훼원에서는 동일한 폭으로 가지런히 잘 정돈된 잔디 경계선을 만들기도 하는데, 이런 잔디 경계선은 때에 따라 회양목이나 제비꽃 등으로 대체하기도 한다. 길에 바짝 붙여 침엽수를 식재하는 것은 피하는 것이 좋다. 전지를 해 주어야 하므로 수형의 아름다움을 잃어버리기도 하지만 침엽수 아래에는 잔디가 잘 자라지 않을 수 있기 때문이다. 가지가 뻗어 나갈 수 있도록 충분히 간격을 두게 하면 훌륭한 풍경이 되어 줄 것이다. 융통성이 없이 원칙만 고집하지 않도록 충고하는 의미에서 예외가 적용될 수 있는 점도 논의해 보고자 한다. 예외 없는 법칙은 없다(*Nulla regula sine exeptione*). 예외를 허용하기 위해서는 일반적인 원칙에 더욱 정통해 있어야 한다. 이미 자랄 대로 다 자란 나무들이 자리 잡은 곳에 어린 나무들을 덧붙여 확대하는 것은 좋은 효과를 낸 적도 없을 뿐 더러 당연히 흠 잡힐 일이다. 그렇지만 때로는 그렇게 할 필요가 생길 수 있겠는데, 그럴 경우에는 성목 몇 그루를 제거하고 비교적 큰 나무를 층층이 배식하거나 앞쪽에 식재하며 오래된 나무에서 새로 심은 나무로 전이되는 과정이 뚜렷하지 않도록 해 둘 수 있다. 또는 동일한 목적으로, 가장자리의 성목들을 무리로부터 따로 분리해두고 삐죽삐죽한 분리선이 드러나지 않을 때까지 어린 나무들로 그 주위를 둘러주도록 한다.

꽃이 피는 관목, 다년생 초화류를 배식할 때의 몇 가지 주의사항을 덧붙일까 한다.

1. 여러 종의 개체를 골고루 섞어 놓는 것 보다는 종종 (늘 그렇다는 것은 아니다) 한 가지 혹은 유사한 종류를 군식하는 것이 나을 수 있다.
2. 그렇게 군식하는 것은 돌출되어 드러나 보이는 장소를 덮어 은폐시키는 데 특히 권장할 만하다. 비교적 큰 관목들에 자연스럽게 기대어 놓아, 각 나무들이 너무 따로따로 서 있어 보이지 않고 의도가 드러나지 않도록 한다.
3. 처음부터 충분히 자라 성목이 되었을 때의 크기를 고려하여 배식을 하도록 한다. 예를 들어 4 피트 높이의 다 자란 페르시아 라일락 앞에 수목원에서 가져온 1 피트 크기의 어린 흰색 라일락을 심는 것은 아니다. 나중에 크기가 역전되는 경우가 발생할지 모른다.

방금 언급한 것처럼 어리거나 성숙한 나무들을 서로 섞어 놓아도 기대하는 바의 형태가 나오기까지 한동안은 다소 어수선한 모습으로 남아 있을 것이지만 여러 해가 지나면 자연히 일정한 크기로 성장한다. 이 상황은 봄과 여름에 꽃이 피는 관목들이 혼합된 모습의 표본을 만들어 볼 수 있다.

이런 표준 모델을 가지고 경우에 따라 자유롭게 거의 무한대로 조합해 갈 수 있지만, 실제로는 열 두어 개 정도의 표본만 마련해 놓아도 거의 충분하다. 이런 기준에 따라 전체 플레저그라운드의 절반이나 전체, 또는 부분적으로 어떤 구간에는 편안한 모습으로 또는 대담한 장식으로 반복해 갈 수 있다. 장담하건데, 대부분의 배식이 12가지에 불과한 모델을 바탕으로 하고 있다는 사실을 아무도 눈치 채지 못할 것이다. 오히려 그런 원칙에 따라 조성해 놓은 다양한 조합이 훨씬 더 많은 수종으로 그냥 되는대로 혼합해 놓은 것보다 더 훌륭해 보일 것이다. 그 밖에도, 원한다면 12가지의 구성을 24가지로도 할 수 있겠지만, 그 어느 경우든 반드시 합리적 방법론에 입각하여 다루어야 할 일이다. 이런 신중함이 없이는 아무런 예술적 성과도 얻지 못할 것이기 때문이다.

보기로 든 예는 우선 보기에도 전혀 복잡하지 않으며 극히 단순명쾌한 것으로 선정해본 것이다. 독자의 취향과 동떨어지게 너무 앞서가지 않기 위해서도 가장 보편적이며 누구나 접근할 수 있도록 고려한 것이다. 자수화단을 위한 패턴을 만드는 것은 여인들의 몫이다. 여성들은 타고난 섬세한 색감으로 그곳에 자유로운 여가공간을 창조해 갈 것이다.

마지막으로 가로수에 관한 한 마디

혹 아름다운 수형을 제대로 갖추기 어렵다 하더라도, 나무가 충분히 성숙된 나이에 이를 때까지는 결코 가로수를 질서정연하게 모아가지 않도록 권한다. 여러 목적에 따라서는, 예를 들어 가로(街路)를 형성해가거나 궁전의 대로(大路)를 조성해 가는 등의 사업에서 가로수는 확실히 권장할 일이다. 다만 이를 위한 세 가지 정도의 필요한 문제를 유념할 필요가 있다. ① 가로수에 충분히 넓은 공간을 주고 너무 길게 이어지는 직선구간을 주지 않을 것, ② 가로가 이어지는 모든 방향으로 빽빽하게 두 줄로 식재할 것, 두 줄로 식재된 가로수는 나중에 나무들이 완전히 성장했을 때는 간격이 촘촘해진다. ③ 최종적으로, 가로수로는 아름다운 수형을 지속적으로 유지하면서 풍부한 그늘을 드리우는 데 적합한 수종을 선택할 것, 우리의 경우에는 모래질 토양에는 느릅나무와 떡갈나무를, 비교적 비옥한 토양에는 보리수, 마로니에 또는 단풍나무를, 보호관리가 요구되는 장소에는 반드시 아카시아를 심는다. 사업 초기부터, 또는 적어도 첫 일 년 동안은 포플러나 자작나무처럼 어디서나 잘 자라는 나무를 심는 것보다는 아름다운 나무가 자랄 수 있는 좋은 토양을 만드는 데 어느 정도의 비용을 들이는 것이 좋다. 포플러나 자작나무는 가로수로서 그리 좋은 경관을 보장해 주지 못할 뿐 아니라 오래 가지도 못한다.

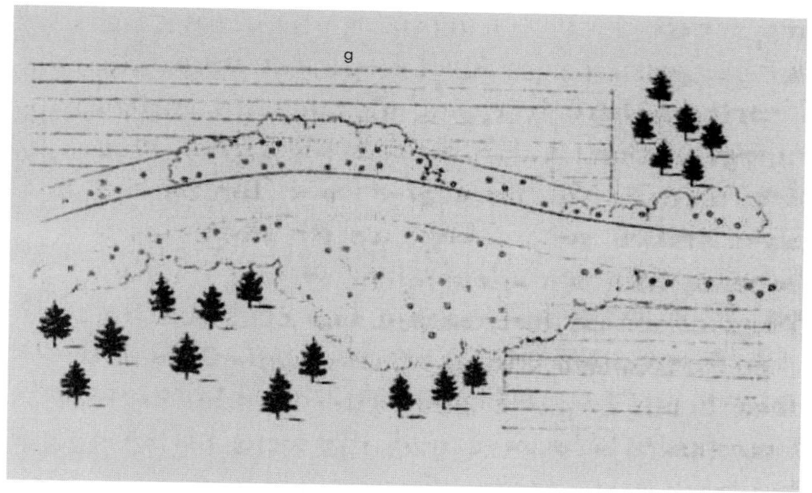

그림 Ⅳ g; 길옆으로 식재한 모습

나의 영지에 있는 가로의 가로수 조성에 지금까지 아무도 시도해 보지 않았던 방법(챌턴햄[48]에서 보았던 풍경식 정원을 둘러보며 이런 생각을 떠올림)을 적용하기로 했다. 특히 우리 지역과 같이 대부분이 모래질 토양으로 되어 있는 곳에서는 이 방법을 통해 최상의 효과를 볼 수 있을 것이라고 장담한다. 말하자면 영국에서처럼 도로를 따라 도로 양쪽으로 경사진 법면을 두고 필요한 구간에는 매설 배수로를 마련하되 측구를 두는 것은 극히 제한한다. 주어진 지형에 따라 때로는 좁아지고 때로는 넓어지는 지역에 고랑을 파고 산림 조림에서 하듯 어린 나무들을 가득 심는다. 그 사이에는 낮은 덤불의 상층부를 형성한 것처럼 키가 큰 나무를 몇 그루씩 집단으로 무리지어 군데군데 펼쳐 놓음으로써 불규칙하게 이어지는 일종의 가로수가 되도록 해둔다. 인접한 땅이 영지에 속하지 않은 경우는 키가 큰 교목 그룹만으로 길을 따라가도록 하고 여타의 식

48) 편주—Cheltenham: 영국 Cotswold Hills의 동쪽 근교. 1715년 이래로 영국의 온천휴양지(《고인의 편지》, 25번째 편지).

재는 하지 않는다. 그렇게 조성된 가로의 부분을 그림으로 표현해 보면 보다 분명해진다(그림 Ⅳ의 g 참조).

어린 나무는 보통 하층부 식재로 다루어 6년에서 10년마다 전지하고 큰 나무들은 계속 자라도록 내버려둔다. 이런 방식으로 해두면 경관적으로 아주 빈약한 곳이라 하더라도 길에서 바라보면 보다 친근한 모습으로 되어 갈 수 있고, 점차 다양한 방법을 통해 보다 큰 무리의 나무가 되게 하거나 오래 된 거목들을 손질하고 다른 작은 나무들을 나지막하게 관리하는 등 다양한 모습으로 다루어갈 수 있다. 경관을 해치는 것이나 매력이 없는 곳은 언제든 좋은 수형의 무성한 나뭇잎으로 완전히 차폐해 갈 수 있다. 만약, 조성한지 어느 정도 시간이 지난 후, 비교적 큰 성목으로 심은 나무들 중 혹 잘 자라지 않는 몇 그루가 생긴다고 한다면 옆에 있는 비교적 어린 다른 나무들을 성장하도록 해주는 것도 필요하며, 경우에 따라서는 여러 종류의 나무가 모두 활기 있게 잘 자란다면 또한 그대로 자라도록 놔두는 것도 좋을 것이다. 그렇게 관리해간다면 볼품없는 빈틈이 생길 수 없다. 이런 방식의 훤히 트인 자연스러운 가로수는 메마른 들판과 침엽수 숲에 활기를 주며 자연스럽게 그들과 조화를 이루어 갈 것이다. 열병하는 보병처럼 끝없이 이어지는 롬바르디아 포플러의 긴 행렬은 정말 절망감을 일으킨다. 롬바르디아 포플러는 검은 소나무와는 서로 어우러질 수 없는 이질적 존재이며 모든 면에서 그림처럼 아름다운 가로수와는 거리가 있다. 어떤 불운이 나를 그런 길로 끌어간다면, 최소한 나는 눈을 감고 억지로 잠을 청해서라도 그 절망적인 곳을 벗어나리라.

길

길은 언제나 탄탄하고 가능한 한 건조한 상태를 유지하는 것이 우선 조건이다. 이 글이 영국을 위한 것이었다면 이 장을 아예 빼 버렸을 것이다. 영국에서는 도로에 관한 한 거의 완전하기 때문이다. 그러나 우리의 경우 그 점에서 매우 뒤처져 있기에 이 장에서 도로의 기술적인 면에 대해 따로 상세하게 다루는 것이 그리 지나친 일은 아닐 것이다. 하여튼 훌륭한 길을 만드는 데는 비용이 많이 든다. 길을 만드는 데 드는 엄청난 비용문제는, 자주 들어온 바와 같이, 일반적으로 영국의 파크에서 길이 거의 없고 아주 드물게 파크 전체의 순환로 정도만 있는 주원인이기도 하다. 종종 플레저그라운드에서 나온 오솔길도 파크로 이어지다가 길을 에워싼 철망 울타리를 만나면서 갑자기 끊어지기 일쑤다. 그 이후로는 축축하게 젖은 풀 위의 방목 구역을 게다가 그 구역을 점유하고 있는 네발 달린 친구들이 남겨 놓은 불쾌한 흔적들 사이를 힘겹게 헤매야 하게 되어 있다.

도로의 총량을 놓고 보면, 우리는 영국인들과는 좀 다른 관점을 가진 것 같다. 영국과 독일 두 나라의 서로 다른 통화가치 관계를 고려해 보더라도 우리는 훨씬 저렴하게 목적을 달성할 수 있으며 또 그렇게 함으로써 전체 정원을 보다 다양하고 쾌적하게 둘러볼 수 있게 되어 있다. 결국 우리에게 파크란 국한된 몇 군데 장소로부터 한결같은 장면을 대면하게 해주는 곳이며, 보이지 않는 어떤 손에 이끌려 마치 그곳이 가장 아름다운 곳인 양 그 어디도 아닌 어떤 곳으로 안내되어 내가 전체를 인식하고 이해하도록 주입되는 곳이다. 편안하고 쾌적하게 이런 일들과 함께 하도록 해 주는 것이 바로 길의 목적이다. 무분별하게 지나친 치장을 하는 것도 조심해야겠지만 길이 많은 것은 너무 적은 것보다는 낫다. 길은 산책하는 사람들의 말없는 안내자이다. 자연스럽게 주변지역이 제공해주는 모든 즐거움을 찾아낼 수 있도록 해야 한다. 피해야 할 것은 다만 길을 너무 드러내 놓지 않도록 하는 것이다. 이는 나무를 심거나 적당한 배치를 통해 쉽게 실행할 수 있다. 천 모르겐 정도의 파크에서 하나 또는 두 개의 중심도로를 두는 것은 영국적 의미에서 보아 '너무 많다.' 우리의 영국식 정원에서 종종 나타나는 현상으로, 같은 장소로 이어져 있으면서 똑같은 경관을 조망하게 되는 두세 개 나란히 이어지는 길이 등장하는 일은 매우 거북스러운 일이라 할 것이다.

길은 막대기를 감고 있는 뱀처럼 계속 맴 돌아가야 할 필요는 없고, 필요한 만큼 대상물 주변을 따라가면서 목적하는 바에 어울리는 정도로 경쾌하게 휘어가도록 하면 될 일이다. 앞에 언급했던 이야기가 다시 반복되어 나온 셈이지만, 길을 휘어놓는 것은 그림 같은 정경을 이루고자 하는 취향과 연관되어 있다. 그러므로 자연스러운 선형이 유지되기 위해서 때로는 적당한 장애물도 필요하다. 예를 들어, 가까운 거리에서 길이 갑자기 두어 번 굽어진 모습이 한눈에 들어온다면 그렇게 좋아 보이지 않을 것이다. 그것을 완전히 피할 다른 방도가 없는 상황이라면 적어도 한번 정도는 제대로 심하게 휘도록 하여 그 다음의 길게 뻗어 가도록 해 놓은 구간과 교대되도록 한다. 첫 번째 휘어진 곳에 교목으로 휘어지는 동기를 부여하거나 그 안쪽에 관목을 더해 준다. 혹은 구릉을 만들어 놓아 그 위로 지나갈 길이 자연스럽게 그 주위를 휘돌아간 것으로 해 놓는다(그림 V의 a, b, c, d 참조). 장애물이 존재하지 않으면 반드시 길을 계속 똑바로 나아가게 해주어야 한다. 약간만 휘어지게 하더라도 거리는 그만큼 멀어져 보인다. 장애가 나타나는 곳에서는 멀리 돌아가게 하는 것보다는 장애물 가까이로 짧게 주변을 돌아가도록 한다. 장애

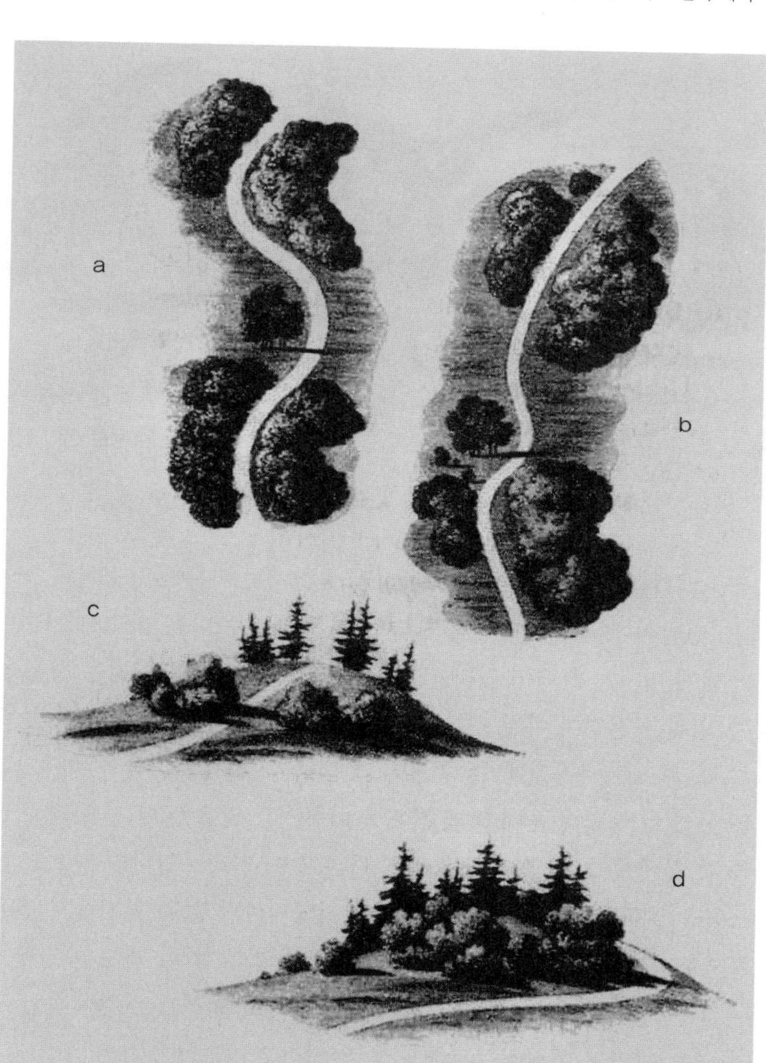

그림 V a,b,c,d; 장애시설을 만드는 방식에 따라 조성된 곡선산책로

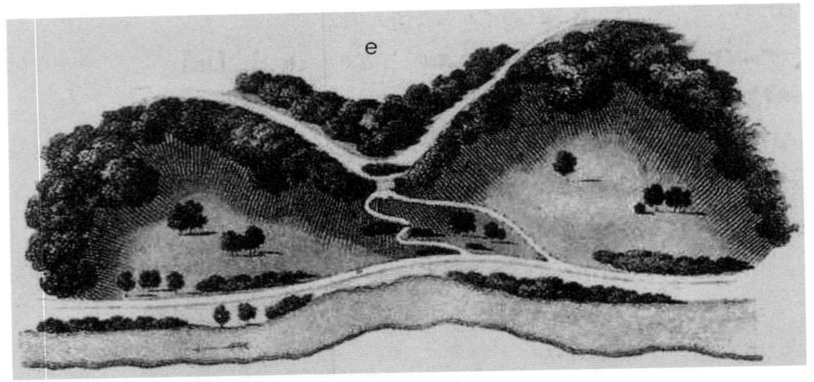

그림 V e; 경사진 곳의 산책로 설치: 오른쪽 길은 불리하며 왼쪽 길은 유용한 점이 많다

요소가 나타나는 곳에서 사람들은 소위 물결치듯 아름다운 곡선에 눈이 끌려, 먼발치에서부터 완만하게 긴 행로를 잡기보다는 반드시 가까이에서 짧게 비켜가게 되어 있다. 멀리서 보이는 급하게 휘어지는 길은 정말 그림 같은 정경이 아닐 수 없다. 특히 그렇게 굽은 길이 멀리서 숲 속의 그늘 속으로 사라지게 할 수 있다면 더욱 더 그렇다. 산과 골짜기가 있는 곳 또는 특별히 눈에 띄게 장관을 이루지도 않은 골이 진 곳의 어느 한쪽 편 길에서 그 길과 나란히 놓인 다른 길이 바라보인다면 참으로 곤혹스러울 일이다. 두 길을 분리시키는 지형지물이 없는 평지에서 같은 방향으로 이어지는, 서로 가까이 있는 두 개의 길 역시 과도한 경우가 된다. 아주 사소한 것이라 할지라도 그것이 합목적적으로 전체적인 조화가 되는 것인지 이성적으로 판단할 일이다.

개활지에서는 길로 인해 단절된 잔디밭이 한눈에 드러날 수 있다. 아주 짧은 구간이라 하더라도 길로 인해 넓게 펼쳐있는 초지를 흉물스럽게 할 경우도 종종 있다. 내가 직접 이런 것에 주의를 기울이게 된 어느 한 경우를 설명하고자 한다. 우리 파크에는 언덕이 하나 있다. 아주 넓게 펼쳐진 들판에 돌출되어 있어 초원을 둘로 나누어 놓은 것이 한눈에 들어온다. 들판을 따라 강이 흐르고 마차길이 강변을 따라 같은 방향으로 길게 이어져 있다(그림 V의 e 참조). 그림을 통해 그 인근지역에서 가장 우뚝 솟아나 보이는 산등성이의 윤곽과 그로 인해 둘로 나누어진 초원을 생생하게 떠올릴 수 있다. 이런 모습은 조금 위쪽에 서있는 건물에서 훤히 내려다보인다. 능선 위쪽에서부터 이 건물로 이어진 또 하나의 마차길이 있어서, 보다 편리한 보행동선을 위해 두 차도를 이어주는 오솔길이 필요했고 그 길은 건물을 향하여 왼쪽으로 휘어져야 할 것으로 생각되었다. (일반적인 방식에 따라) 그림 V의 e에서 점을 찍어 놓은 오른쪽처럼 오르막길을 우선 설계해 보았지만 별로 마음에 들지 않았다. 이어 열 번 이상 다양한 선형의 대안을 마련해 보았지만 모두 헛수고였다. 그 어느 경우도 이런 오솔길은 경관에 장애요소가 되는 것이었다. 결국 다음과 같은 분명한 결론에 이르렀다. 갑자기 솟아나온 산이 또렷이 서로 대칭을 이루는 두 개의 들판으로 분리시키고 있고, 거기에 더하여 또 한 번 들판을 갈라놓는 오솔길의 선형은 조화를 위해 (또는 이런 표현이 적절할지 모르나, 전체의 균형을 깨지 않도록 하기 위해) 그것과 같은 방향으로 나가게 한다는 것이다. 불명확하면서도 드러나지 않는 대칭처럼 어떤 상황에서도 모순을 내포하지 않으며 광활한 오픈 스페이스에서는 오히려 보다 만족스러운 효과를 주는 그런 경우들이 있기 때문이다. 이런 원리에 입각하여 마련해 놓은 길에서는 예상되는 모든 폐단이 한꺼번에 해결된다. 앞서 제시해 놓은 설계 예에서 나타나는 경우를 정확히 이해하기 위해서는 어느 정도의 경험이 필요할지 모른다. 실제로 그로부터 취할 수 있는 장점은 확연히 눈에 띄게 드러난다.

마찻길은 공원에서 볼만한 것과 중심경관을 이루는 곳들을 차례로 방문할 수 있도록 해 두어야 한다. 저택으로 되돌아오더라도 같은 장소를 반복해 가지 않도록 적어도 같은 방향으로 가지 않도록 계획 한다. 이런 문제는 사실 해결하기가 쉽지 않다. 우리 정원은 그런 좋은 본보기가 되지 않을까 싶다. 옛날 우리 조상들이 미로원(迷路園) 을 만드는 데 기울인 노력만큼이나 나도 길을 만드는 데 많은 정성을 들였다 싶다. 성격에 따라 여러 지역으로 분리시키면서 동시에 자연스럽게 산책할 수 있는 여러 갈래의 길이 되도록 하여, 산책하는 사람으로 하여금 다양한 방법으로 선택해 갈 수 있도록 해주고 동일한 목표로 일체가 되도록 서로 연계시켜주어야 한다. 하나 또는 여러 갈래의 주도로가 정원을 가로질러, 영국인들이 칭하는바 소위 어프로치(진입로)로서 궁성이나 저택 방향으로 이어지게 한다면, 그 목적지를 잠시 동안 시야에 들어오지 않게 해둠으로써 길의 길이와 정원의 규모가 보다 확대되어 보이도록 할 수 있다. 불가피하게 이들이 한눈에 들어오게 되어 있는 여건이라면 작은 언덕이나 호수처럼 별 도리 없이 우회할 수밖에 없는 분명히 드러나는 장애요인을 마련해 길의 방향을 그곳에서 다른 곳으로 유도하도록 한다.

이와 달리, 공원 전체를 순환하는 소위 말하는 드라이브 도로는 경계울타리를 따라 끝없이 배식해 놓은 브라운 식 결점투성이의 '벨트'와는 분명 달라야 한다. 경계울타리를 설치함에 가까이든 멀리든 어디쯤에 있을지 전혀 예측하지 못하도록 해두고, 파크 경계부일 것으로 예상되는 곳과 순환로 간에는 한눈에 들어오도록 녹지를 조성하여 상대적으로 그 규모가 상당히 크고 넓어 보이게 해 놓는다. 순환로는 파크 둘레로 이렇듯 가장 아름다운 지점들을 지나게 하는 동시에 은폐시킨 울타리 너머의 외부경관을 정원 내부로 끌어들이도록 개방되게 한다. 3장(경계울타리)에서 다루었던 '아하' 같은 장치를 통해 실행할 수 있다. 순환로를 따라 나무를 적절하게 식재해 둠으로써 마차로 왕복할 때 가능한 한 다양한 경관을 만나도록 고려할 수도 있다. 그렇게 하면 길의 다양함은 분명히 두 배가 될 것이며, 산책 나가는 길에 경관의 한 부분을 만나고 돌아오는 길에는 다른 부분을 만나도록 의도적인 배식을 고려할 수 있다. 특히 전망이 아름다운 지점에서는 한참 동안 완벽하게 경관을 즐길 수 있도록 오랫동안 그 방향으로 이어지도록 해두는 것도 좋다. 바라보기 좋은 경관을 반드시 길 옆쪽으로만 펼쳐둘 것은 아니다.

파크의 길은 국도처럼 넓게 해 놓을 필요는 없다. 보도용으로 5~6 라인란트피트 정도, 마차가 다니는 폭으로는 10~14 피트 정도면 충분하다. 공공에 개방된 정원[49]의 경우에는 이와는 다른 기준이 적용될 수 있다.

파크의 보도와 마차로는 기층재의 두께에서 차이가 있을 뿐 구성 상 크게 다를 것은 없다. 개인적으로 살펴본 바로는 다음과 같은 방법으로 시행하면 아주 좋은 성과를 얻을 수 있다.

우선 마차로와 보도를 위해서는 각각 2 피트나 1 피트, 또는 반 피트 깊이로 파내어 배수와 퇴적을 관리해야 할 곳을 마련하고, 거기에 물이 잘 흘러내릴 만한 적당히 경사진 수로시설을 갖추어 둔다. 이어지는 작은 수로를 길 양옆으로 마련하여 쇠창살 모양의 덮개를 해두어 그곳으로 물이 거침없이 흘러들도록 해 놓는다. 수로의 사면이 쓸려나가는 것을 방지하기 위해 덮개를 해 둔 하수 장치 사이의 노변 윗부분에 돌을 깔아 단단히 해 두거나, 또는 너무 비용이 많은 드는 점을 고려한다면 파놓은 수로 양쪽을 타르와 송진을 혼합하여 발라두어도 된다. 비용을 절감하려는 이유로 요즘에는 파크 길 한 쪽이나 양쪽에 배수용 도랑을 파두기도 하는데, 길을 가로질러 지나가는 배수로는 배수로 역할로는 동일한 기능을 하지만 보기에는 그리 좋지 않다. 배수량이 많지 않은 곳은 땅 밑에 설치해 놓은 암거 수로라 하더라도 별도의 벽을 해둘 필요 없이 커다란 막돌로 채워놓거나 초지의 배수시설에서 언급했던 유공 벽돌을 깔아두어도 된다.

이런 방법으로 배수관리 시설을 해 두고 나면, 마차가 지나다니는 구간에는 가능한 한 잘게 부순 막돌(우리 지역에는 화강암임) 을 6 인치[50] 두께로 깔고 약간 휘어지게 만든 널찍한 목재다지기로 단단히 두드려준다. 그 위에 고운 쇳가루와 잘게 부순 벽돌조각을 2 인치 두께로 덮는다. 여기에 다시 약간의 공사장에서 나온 부스러기로 덧씌운 뒤 1 인치

49) 옮긴이 주 — 요즘의 공원과 같은 의미.

50) 옮긴이 주 — Zoll: 1 Zoll은 10분의 1 내지 12분의 1 피트에 해당.

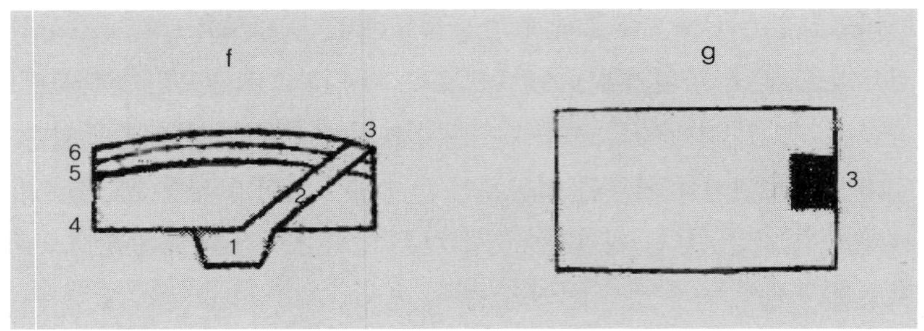

그림 V f. g; (배수처리를 통한) 산책로를 굳히는 방법

정도 거친 강자갈을 위에 깐다. 그리고 마지막으로 전체를 쇠나 돌로 된 롤러로 강하게 다져준다. 후자의 경우, 즉 자갈을 깔고 롤러로 다져주는 것은 대체로 매년 아니면 적어도 2년에 한 번씩 해 준다. 이런 방식으로 만든 길이라면 차도가 감당해야 할 어떤 과도한 통행량이라 하더라도 견디어 낼 만큼 충분한 견고성을 보장해준다. 이런 길은 완공되면서 매끈하고 평평한 상태가 되어 곧바로 편안하게 마차가 다닐 수 있어서 영국에서 통용되는 맥카담 식[51] 길보다 유리하다. 잘게 부순 화강암 조각만으로 만든 맥아담식 길은 편안하게 통행할 수 있으려면 통행하면서 저절로 다져질 때까지 오랫동안 기다려야 한다. 그 전까지는 말이나 사람이 지나다니기에 상당히 힘들고 나중에라도 예리한 화강암 조각들이 여기저기 표면에 튀어나와 있기 일쑤다.

오솔길도 마차로와 크게 다르지 않다. 다소 차이가 있다면 잘게 부순 돌 대신에 슬래그나 잘게 부순 벽돌을 공사장 부스러기와 함께 사용한다는 정도다. 포장 재료로는 약간 고운 자갈을 깐다. 그림 V의 f는 길의 단면을, g는 평면을 보여준다. 영국에서도 특정 지역에서만 발견되는

51) 편주 — 존 맥카담(John MacAdam, 1756~1836)이 고안한 도로포장 방식. 퓌클러는 이 영국식 도로건설을 1828년 8월에 홀리헤드(Holyhead)에서 관찰했다.

것으로 갈색 빛이 도는 윈저 그래블(*Windsor-Gravel*)이 있는 곳은 물을 먹어도 점토처럼 풀어지지 않고 빈틈없이 잘 결합되어 있어서 하수로 위로 6 인치 두께로 그 자갈을 깔아주기만 해도 쪽매널마루와 같은 아주 훌륭한 길이 된다. 일일이 잡초 제거를 하지 않아도 되고 매년 봄 한 번씩 갈아엎고 다시 단단히 롤러로 눌러주는 것으로 충분하다. 잔디의 푸른빛과 매우 잘 어울리는 이처럼 멋진 황갈색 빛의 자갈을 깔지 않았다면, 매년 두 번에서 세 번까지 길 위로 침범해 오는 잔디를 제거해 주어야 한다. 주로 길 가장자리 경계부위의 잔디를 잘 잘라주면 되는데, 이런 일은 약간의 여성인력만으로 해결할 수 있어서 비용도 그렇게 많이 들지 않는다. 내가 채움재로 추천하는 공사장의 돌 부스러기에 잔디를 약간 사용하는 것만으로도 어느 정도는 해결할 수 있다. 특히 많이 사용되지 않는 길에 사용할 만하다. 윈저 그래블 같은 자갈을 확보할 수 없을 경우, 보도를 구성하는 데는 이 보다 좋은 방법을 찾기가 어렵다. 마른 점토와 거친 강자갈을 섞어서 윈저 그래블을 인공적으로 만들어 보려고 했으나 썩 만족스러운 결과를 얻지는 못했다. 혼합이 잘 되지 않았고 적당히 단단하게 결합되지도 않았기 때문이다. 다행히 그 후에 색상이나 특성상 윈저 그래블과 상당히 유사한 자갈을 찾아냈다. 비용절감의 문제라면 물론 점토를 깔고 그 위에 자갈을 까는 방식으로 쇼세(*Chaussee*)라고 부르는 포장도로를 만들 수 있지만 오랫동안 비가 오거나 겨울이 되면 이런 길은 항상 좋지 않은 상태가 된다.

보도는 여름에 빗자루로 쓸어내고 비가 온 뒤에는 롤러로 다져주어야 한다. 이렇게 해 두면 길은 혹독한 겨울이 지나고 해빙 때 외에는 항상 좋은 상태를 유지할 수 있다. 심한 폭우든 일상적인 비가 내린 후든 얼마 지나지 않아 물이 빠지고 완전히 건조해진다. 다시 반복하지만 곳곳에 있는 배수로를 잘 관리하는 일 외에는 특별히 할 일이 없다.

차도와 보도를 포장석 사이에 잔디를 입혀 녹도(綠道)로 해 놓으려면 반 피트 깊이로 막돌의 기층부를 갖추어야 하고, 길이 잘 보존되게 하려면 배수구를 잘 관리하도록 한다. 말을 타기에 이런 길은 넓은 쇼세보다 훨씬 더 편하다.

보도의 하층토로는 모래가 가장 좋다는 사실을 알게 되었다. 물이 잘 통과하지 못하는 점토보다는 늪지 흙이 더 낫다.

완성된 도로에 다시 파이거나 손상된 곳이 생기면 그 부분을 파낸 다음 거기에 약간의 슬래그와 공사장 돌부스러기 그리고 자갈을 새로 덮어서 잘 다지기만 하면 된다. 좋지 않은 날씨, 특히 봄에는 마차가 지나다녀 생긴 도로상의 흙은 건조해질 때를 기다려 골라 펴주고 매년 한 번씩 자갈을 덧씌워 준다. 우리 정원에서는 관통해 지나가는 강이 있어 그에 필요한 재료를 아주 가까이서 편하게 조달했다.

길을 위한 주요 수칙은 다음과 같이 요약 정리된다.

1. 전망이 가장 좋은 지점들을 따라 자연스러운 연결체계를 갖춘다.
2. 보기 좋으면서도 합목적적 선형으로 구성한다.
3. 훤히 보이는 들판을 통과할 때는 아름다운 분할면이 되도록 길의 선형을 고려한다.
4. 장애물이나 시각적 요인 없이 맹목적인 우회로는 절대 만들지 않는다.
5. 끝으로, 항상 단단하고 평평하며 건조한 상태로 있도록 기술적으로 잘 만든다.

여기서 언급한 규정을 제대로 따른다면 결코 실망스러운 결과가 없으리라 확신한다. 지역적으로 좋은 조건을 갖춘 곳이면 그 정도에 따라 예상보다 적은 비용이 들 것이다.

물

풍부한 식생만큼 필수적이지는 않지만 강이나 호수의 신선하고 맑은 물과 함께 하게 되면 경관의 아름다움은 무한히 상승되고 눈과 귀는 더욱 즐거워질 수 있다. 졸졸 흐르는 아련한 시냇물 소리, 멀리서 철석거리는 물레방아 소리, 진주처럼 반짝이는 분수의 첨벙거리는 물소리에 기꺼이 귀를 기울이지 않는 사람이 있을까? 주변에 둘러있는 숲의 웅대함이 꿈꾸듯 비춰오는 잔잔한 호수가의 고요함, 아니면 거센 물결로 하얀 거품을 일으키며 밀려오는 파도와 그 위에 홍겹게 흔들거리며 앉아 있는 바다갈매기의 모습, 이 한적한 시간이 그 누구의 마음을 사로잡지 않겠는가? 그러나 예술가로서는 자연을 극복하는 행위도, 있는 그대로 내버려두기도 쉽지 않은 일이다.

그래서 나는 어설픈 모방이라면 오히려 아무 것도 하지 않는 것이 낫다고 조언한다. 물 없이도 아름다운 자연은 있어 주지만 악취 나는 늪은 온 지역을 오염시킨다. 앞의 경우는 단지 부족함에서 오는 결함이지만 뒤의 경우는 더해짐으로 생긴 결함이다. 소유주만은 예외일지 모르지만, 어느 누구가 그런 가식적인 물을 호수라고 생각하며 좀개구리밥이 무성한 고여 있는 도랑을 보고 강이라 여기겠는가. 어디선가 신선하게 흘러온 물을 어느 한 곳으로 끌어올 수 있는 곳이라면 어쩌면 어떻게든 가능한 일이 있을지 모른다. 그렇게 되면 가능한 갖은 수단을 동원하며 커다란 이점을 취하기에 어떤 비용이나 노고도 겁내지 않아도 좋다. 보는 사람에게 끝없는 변화를 확실히 보장해 주는 것으로 물 만한 것이 없기 때문이다.

하지만 어떤 무엇을 취하려든 간에 인공의 수경관(水景觀)에 자연스러운 모습을 갖추어 주기 위해서는 많은 노력이 필요하다. 조원술 전반에 걸쳐 그만큼 어려운 것은 없을 것이며, 영국인들도 이 점에서는 매우 뒤처져 있다. 최고의 정원예술가 렙톤의 수경관에서조차 상당히 많은 결함이 드러난다. 다만 나쉬 혼자 여기에 특히 런던의 레전츠 파크[52] 같은 몇 가지 훌륭한 사례를 남겨 놓았다. 성 제임스 파크에서는 별반 성공을 하지 못했던 것으로 생각되는데, 이는 아주 좁다랗게 생긴 대지 형태에서 오는 너무 큰 제약 때문에 문제를 제대로 해결하기 어려웠을 것으로 보인다. 그가 내게 직접 알려준 방법은 슬기로운 만큼이나 아주 간단명료하다. 아주 정확한 측량을 해서 저지대와 언덕 등을 포함한 그 일대의 모든 지형정보를 수집하고 홍수 때에 예상되는 범람 범위를 파악한다. 그리고는 지형지세에 따라 호수면의 윤곽을 정하고 주어진 깊이에 준하여 검토해간다. 이런 과정을 통하여 나쉬는 자연스러운 형상과 경제적 작업이라는 두 가지의 중요한 성과를 얻어냈다. 그렇지만 대부분의 영국 풍경식 정원에서 수경관은 여전히 부끄러운 부분으로 남아 있다. 상당수 불결할 뿐 아니라, 아주 드물게는 물이 흘러나오는 인공의 수원(水源) 시설을 완전히 감추어 놓는 경우도 있다.

길을 내고 적절한 배식을 하여 나무로 길의 윤곽을 만들어 내는 데 활용된 여러 설계원칙들은 물의 흐름과 수변의 윤곽을 만드는 데 거의 그대로 적용된다. 주어진 지형조건과 장애요소의 특성에 따라 때로는 길게 때로는 짧고 가파르게 수변의 굴곡을 만든다. 반원의 곡선보다는 오히려 끝을 무디게 해 놓은 각진 모양이 좋고, 특히 물이 부딪쳐오는 곳에는 가끔씩 날카로운 각을 이루도록 한다. 강이나 하천의 서로 마주 하고 있는 대안(對岸)은 전체적으로는 같은 방향으로 나란히 이어지게 하

52) 유명한 루던(Loudon)과 케네디(Kennedy)가 설계한 그만큼 훌륭한 다른 작품들이 있을지 모르나 나는 이들에 대해 잘 알지 못한다.

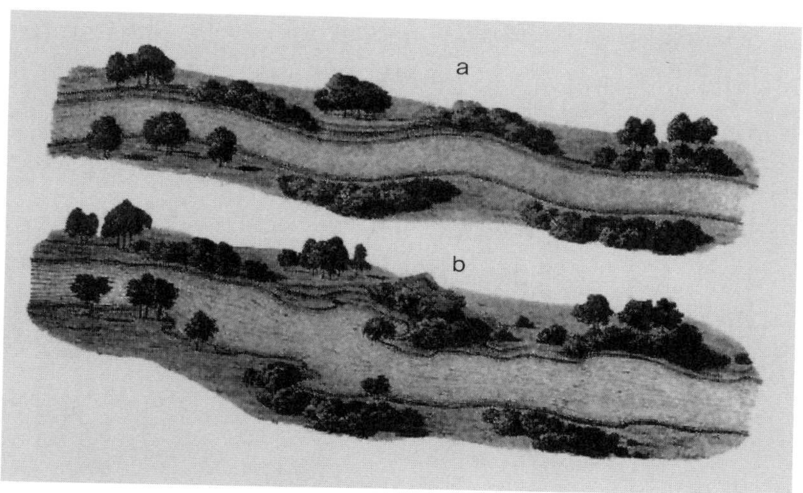

그림 VI a,b; 물길 선형의 예

지만 각각의 느낌은 매우 다르게 한다. 마음가는대로 해가는 것이 아니라 물이 흘러가는 과정의 일정한 원리에 따라야 한다. 아주 보편적으로 적용되는 두 가지의 원칙이 있다.

첫째, 물이 휘어드는 쪽은 그 맞은편보다 지면을 비교적 낮게 해준다. 높은 쪽이 물살을 자연스럽게 밀어내주기 때문이다.

둘째, 물이 부딪히면서 밀려나가는 곳이나 자유로이 흘러 나가지 못하는 곳에는 둥그런 곡면보다는 뾰족하게 돌출된 곳을 만들고 경사진 강안(江岸)을 통하여 저항과 충돌이 있는 곳임을 드러내 보이도록 한다. 우리의 정원 기술자들이 즐겨 '우아한 선'[53]이라고 일컫는 방식은 어디에서도 따르지 않도록 한다(그림 VI의 a와 b 참조). 어디서든 두 그

53) 베를린에서 본 것 중에는 초록색으로 칠한 울타리를 그런 가상의 선에 맞춰 세워 놓은 경우도 있었다. 넓은 잔디밭에는 방해되는 어떤 대상도 없음에도 똑바로 난 길 옆으로 일정한 간격으로 굽이치며 끊임없이 흘러가는 것이었다. 실상 주인을 우습게 만드는 것 외에 다른 어떤 목적도 달성할 것이 없을 이런 것은 쓸데없는 이중 낭비에 불과하다.

림 모두 가능하다. 관행대로라면 a처럼 만들어 가지만 자연을 관찰한 사람이라면 b와 유사한 것을 만들려고 할 것이다.

변화무쌍하게 교차되어가는 강변의 높낮이와 능선이 모두 훌륭한 경관을 만들어주는 것처럼 크고 작은 돌출된 언덕은 깊이 파인 계곡부와 마찬가지로 강변에 자연스러움을 더해 준다. 플레저그라운드에서는 예외였지만, 인공으로 손질된 작업이 노출되어 강변의 비탈면 토양이 너무 깎여나가지 않도록 주의해야 한다. 그리고 여기에서는 자연과 인공적으로 이루어진 경관 사이의 완충지대로서 전이공간을 잘 유지하는 것이 좋다. 그림 Ⅳ c는 어설픈 호안(護岸)을, d는 보다 자연에 가깝게 비

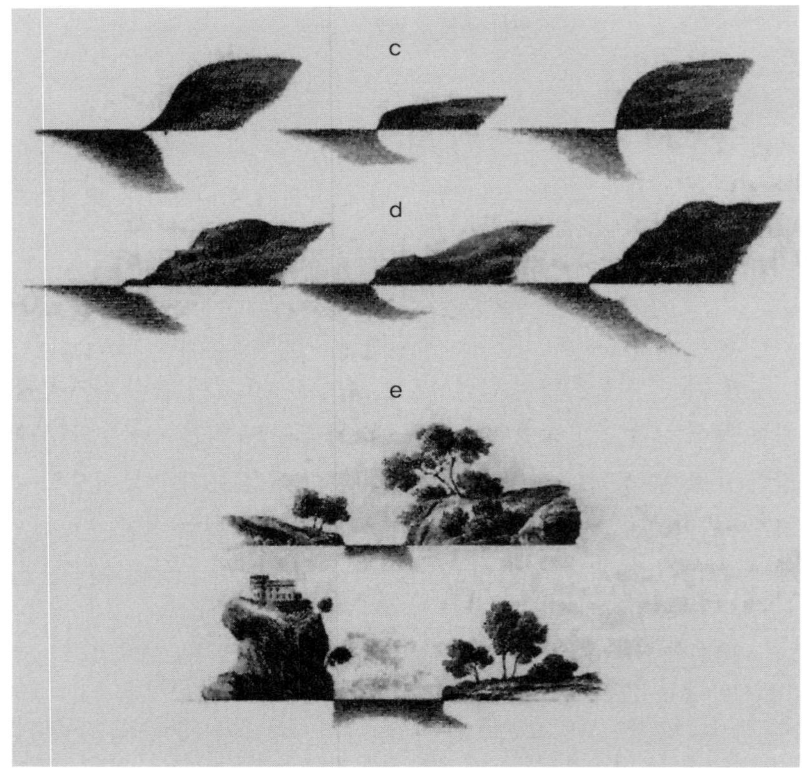

그림 VI c,d,e 수변 호안 조성

어있는 호안을, 그리고 e는 하천 양쪽에 있는 다양한 호안을 보여준다. 나무가 아직 호안을 충분히 채우지 못하고 있지만 물 위에 드리우고 있는 가지로 말미암아 전체적으로 완성미를 보여준다. 나무 없이는 인공으로 조성해 놓은 수변을 결코 자연스러운 모습으로 만들어 갈 수 없을 것이다.

특히 저택에서 바라보이는 조망경관으로 큰 호수와 같은 맑은 수면을 갖추기를 원한다면, 일부는 섬으로 가려놓고 일부는 끝 대부분이 나무로 가려져 있는 깊은 만으로 해두면 어디에서나 호수 전체가 훤히 드러나지 않으면서 울창한 덤불 너머로 호수며 저 멀리로 흘러나가는 물과 항시 함께하는 경관을 만들어 낼 수 있다. 그렇게 하지 않으면 한 시간이면 다 둘러 볼 수 있을 정도로 왜소해진다. 수변의 넓은 잔디밭, 키가 큰 나무들, 숲, 덤불은 변화무쌍한 경관을 제공해 준다. 넓게 펼쳐진 곳을 마련하고 햇살이 충분히 들어올 수 있도록 하여 투명하고 맑은 물이 그늘에 가리지 않도록 한다. 어둡게 그늘이 드리워진 호수는 그 훌륭한 효과를 많이 잃게 된다. 밝게 비추는 햇살 아래서 물은 마력적인 매력을 모두 발휘하며 투명한 은빛 수면 위에 반사된 상을 완벽하게 보여준다. 서툰 정원사들이 이렇게 필수적으로 고려해야 할 점을 등한시 한 것도 종종 보아왔다. 곶은 끝이 뾰족하게 돌출되도록 하며 둥글게 마무리되지 않도록 한다. 풍경식 정원에서, 특히 어느 정도 규모를 가진 경우라면, 동그랗게 만들어낸 것만큼 좋지 않은 것은 없다.

호수 쪽으로 쭉 뻗어나가 곶처럼 돌출된 수변의 초지는 어느 듯 수면 아래로 사라져 가기도 하고 호수 가까이에서 수면으로 내려다 볼 수 있는 장소가 되어 주며, 특히 거기에 높이 가지를 쳐 내어 나무그늘 아래로 호수가 내려다보이는 나무 몇 그루가 서 있기라도 하다면 매력적인 경관요소가 되어 줄 것이다. 근처에 건물이나 산, 또는 인상적인 나무 같은 중요한 경관요소가 있어서 수면에 드리운 반사된 상을 만들면 특히 넓은 오픈 스페이스를 제공해 주며 그리로 향해 지나가는 길목 또는

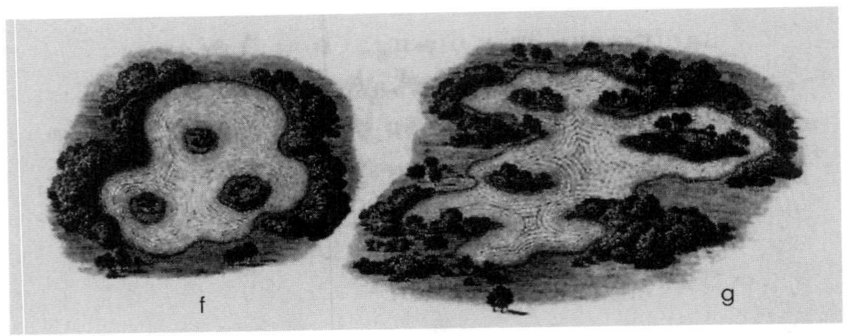

그림 VI f,g; 물과 초지가 서로 어우러지도록 하는 방안

그 끝에 놓인 벤치는 수면에 어른거리는 상에 눈을 -돌리게 하는 장소 역할을 해 줄 것임이 틀림없다.

수초나 갈대(플레저그라운드에 있는 붓꽃 류와 여러 가지 풍성한 꽃을 피우는 다른 수생식물들) 같은 것은 폭넓게 활용할 만하다. 이런 것들은 초원과 잘 어우러져 한 폭의 아름다운 그림을 만든다. 갈대는 평소 익숙하게 보아온 것으로 씨앗을 진흙과 함께 덩어리로 만들어 물속에 던져 넣는 방식으로 파종하는 것이 가장 좋다(그림 IV 참조). f는 내가 시행했던 것 중에서 가장 좋지 않은 경우는 아니다. 그렇다고 g를 가장 좋은 예라고 주장할 생각도 없지만 호수의 어느 지점에서도 끝이 보이지 않도록 한다는 수경관 조성의 중요한 사실과 상관하여 보면 다른 여느 것보다 한결 아름다운 경관을 제공해 줄 것이 분명하다.

섬

사방이 물로 둘러싸인 한적한 작은 장소, 덤불로 작은 숲을 이룬 섬, 혹은 수정처럼 맑은 수면 위에 어른거리며 멀리 원경으로 들어오는 활엽수. 땅 위에서 보여주는 어떤 화려함보다 매력적인 이런 광경들이 제공하는 즐거움도 고려해 두어야 한다. 넓은 호수에 흩어놓았거나, 넓게 펼쳐진 강 한가운데 힘차게 흐르는 물 위에 의미심장하게 들어간 섬은 아름다움을 제공하는 다양한 것들을 가져다주는 중요한 보조수단이다. 여기서도 자연은 아주 신중히 연구되어야 할 대상임에도 불구하고 이상하리만큼 이런 것에 관한 연구는 미미하다. 인공으로 만든 섬이란 것이 첫눈에 금방 드러나지 않는 경우는 어디에서도 본 적이 없다. 다만, 평소 잘 알고 있던 버킹엄 하우스의 작은 궁정에서 본 어떤 섬 하나가 얼핏 떠오른다. 자연에서 형성된 섬의 모습이라기보다는 소스에 올려놓은 푸딩 같은 것이었다. 자연이 때로는 어떤 특별한 역할을 하는 것은 사실이다. 나로서는 그 실체를 알 수 없는, 쉬 모방할 수 없는 무언가를 품고 있다. 그래서 우리는 예외를 추구하기 보다는 자연의 법칙을 따라야 하는 것이다. 마치 화가가 자연에서 보이는 많은 것들을, 자연이란 결코 부자연스러운 것이 아님에도 결국 부자연스럽게 될 것 같다고 생각하여 거의 시도해 보지 않았다거나, 자연을 표현하기 너무 어려워 이를 단념해야 하는 것과 같은 일이다. 이런 경우에 어울리는 말이 있다. 진실된 것도 믿을 수 없을 때가 있다(*Le vrai souvent n'est pas vraisemblable*).

앞서 말했듯이, 인공 섬은 대개 첫눈에 알아차릴 수 있다. 타원 아니면 둥근 모양이고 사면이 모두 골고루 평평하며 나무는 적당히 곳곳에 심겨 있다. 자연의 섬은 쌓이고 만들어지는 것이 아니라 거의 대부분 파괴되는 과정으로 형성되었기에 이와는 완전히 다르다. 그렇다면 섬은 어떻게 생기는가? 강물의 작용으로 섬이 만들어진다. 그 작용에는 법칙이 있는데, 들이치는 물살에 버티다가 결국 이겨나지 못하고 쓸려나가고 남은 높고 단단한 한 덩어리의 땅 조각, 둔덕하나가 부드럽게 흐르는 강물에 둘러싸이거나 혹은 물에 휩쓸려와 충적된 땅덩어리가 오랜 시간이 지난 후 낮은 수면 위로 떠올라 섬으로 남는 것이다. 첫 번째 경우 가파른 비탈면, 가파른 모서리 그리고 기타 날카로운 모든 윤곽들이 부드럽게 마모되어 간다. 두 번째와 세 번째 경우는 그와 대조적으로 거의 언제나 양쪽 끝이 예리한 상태를 유지하게 된다. 아주 드물게 둥근 타원형을 이룰 수는 있겠지만 완전히 둥근 섬이 형성되는 경우는 절대 없다(그림 VII의 a와 b 참조).

여기서 제시한 몇 가지 형태의 섬은 대부분 강 한가운데 자리하거나 혹은 적어도 강변에서 충분히 떨어진 곳에 위치한다. 각각에 생기는 서로 다른 양상의 저항은 그에 따른 형태의 섬을 만든다. 예를 들어 한쪽 측벽이 무너져 생긴 섬이라면 아마 c와 같은 모습이 될 것이며 선의 미세한 부분은 우연히 발생하는 상황에 따라 만들어진다.

강물이 급하게 호수로 흘러들면서 입수부에 만들어진 섬은 대략 d와 같은 모양이 된다. 여기에 세차게 뚫고 들어오는 물살로 인해 양쪽 측면부는 끝이 깎여나가면서 약간 둥글게 된다. 그러나 강이 호수로 접어들면서 급격한 물살이 아니라 바닥 깊숙이 부드럽게 퍼져 나가면서 e와 같은 자연스러운 형태의 섬을 형성하게 된다. 여기서 물살은 양쪽으로 둥글게 퍼져 가는 것이 아니라 오른쪽으로 천천히 흘러가면서 왼쪽 강변에 길고 뾰족한 모양의 퇴적층을 만든다. 물은 조용히 나아가면서 비교적 높은 바닥면 주위를 부드럽게 흐르며 세차게 흘러들지는 않는다. 드문 경우지만 세찬 물살이 호수로 들어오는 경우는 흔히 강 하구 같은

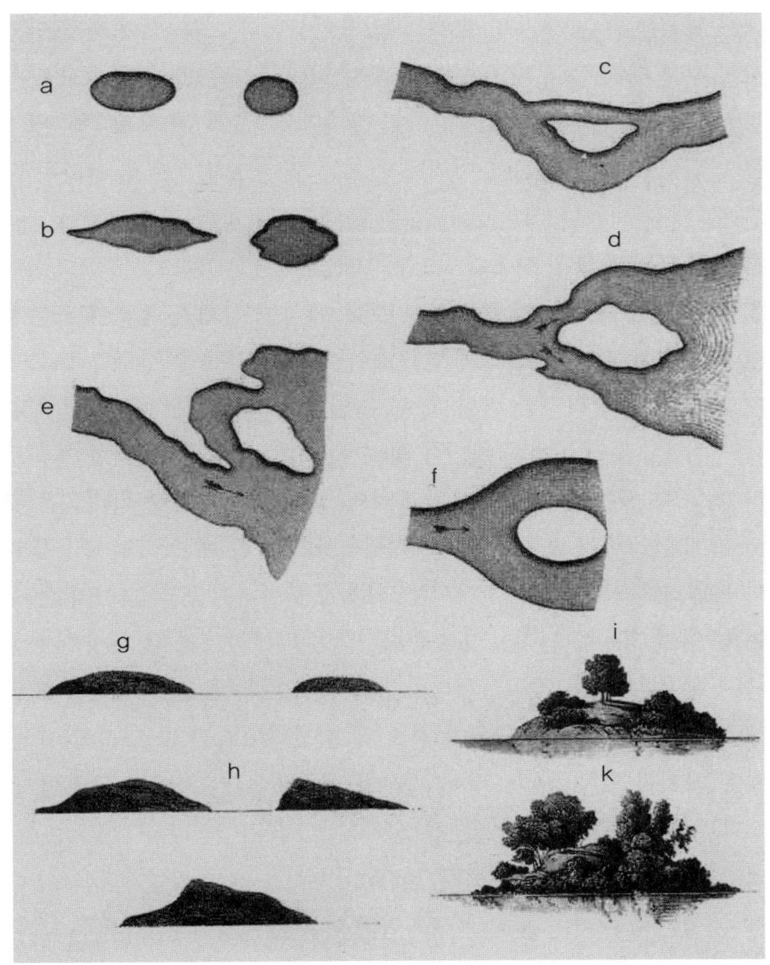

그림 VII. a,b,c,d,e,f; 섬의 형태
(g; 섬 조형의 나쁜 사례, h; 좋은 사례, I, k; 섬에 식재하는 방법)

곳에서 볼 수 있는 f 같은 병 모양의 섬이 형성된다. 섬의 지면과 호안의 경사진 부분 역시 그 부지의 조건에 따라 일어날 만한 상황과 그리로 몰려드는 물살의 성격에 따라 형성되어 간다. 사방으로 같은 모양의 경사면을 만들고 똑같은 높이로 언덕을 만드는 것은 보편적으로 범하는 오류인데, 나 역시 처음에는 그런 실수를 했었다. 좋지 않은 예는 g, 좀 나은 경우로는 h 같을 것이다.

좀 나은 경우의 섬이라 하더라도 보다 세심한 식재를 통하여 근본적으로 개선하여 시각적으로 썩 만족스럽지 못한 부분을 감추고 조화를 깨지 않고도 좀더 다양한 변화를 줄 수 있다. 이를 위해서는 자신의 취향과 경험으로부터 올바른 판단을 할 수 있어야 하며, 이는 다른 누구로부터 배울 수 있는 것이 아니다. 그 외의 섬에 관한 대부분의 내용은 관목에 관해 언급했듯 초지에 작은 관목 숲을 조성할 때 고려할 내용들과 거의 동일하게 적용된다. 여기서는 i와 k에 관련하여 좀더 다듬어 볼 수 있는 몇 가지 경우를 들어보기로 한다. 수면 가까이까지 꽉 차게 식재해 둔 섬들은 그로써 어떻게든 형태가 잡혀가기 때문에 결코 잘못될 위험은 없다. 따라서 식재에 조예가 깊지 않은 사람이라면 별 도리 없이 이 방법을 취하면 될 것이다. 섬에 나무가 없다면 어떤 조언도 소용이 없다. 자연에서는 그런 무미건조한 선(이런 표현이 적절한지 모르지만)을 좀처럼 찾아볼 수 없기 때문이다. 아무리 노력을 해도 자연에는 결코 다다를 수 없는 무언가가 은밀히 내재되어 있음을 인정하지 않을 수 없다. 머지않아 자연은 가엾은 인간에게 큰 소리로 이렇게 외칠 것이다. 여기까지, 이제 그만!

바위

바위를 다룬다는 것 자체가 애초부터 실로 잘못된 발상이기도 하지만, 근처에 실제로 찾아 볼 수 있는 자연 상태의 모방할 대상조차 없이 인공으로 깎아 내거나 어떤 모습을 재현하려 한다면 결코 그 목적을 이룰 수 없다.

자연이 만들어낸 형상을 모델 삼아 중간적인 방안을 모색해 볼 수는 있겠다. 예를 들어 거센 물살이나 계곡의 물에 의해 충적된 돌무더기 형태로라면 적어도 인간의 손길이 닿지 않은 채 저절로 바위와 비슷한 형태를 갖추거나 최소한 그림처럼 아름다운 모습을 보여줄 수 있다.

이런 방식으로 쉽게 자연을 모방할 수 있다. 또한 자연으로 형성된 돌무더기는 근처에 흩어져 나간 개개의 돌덩어리에 의해 그 형상의 상황을 나타내 보이며, 대지와 식생 또는 물과의 상관된 관계 속에서 언제나 부분적으로 드러내 보일 뿐 결코 전체 모습을 보여주지 않는다.

때로는 산에서 채석되어 성벽의 일부를 이룬 자연석으로 다시 묶여 버리거나, 또는 다른 어떤 목적으로 쓰인다 해도 전혀 애석해 할 문제가 아니다. 일례로, 자연의 힘에 따라 어디론가 밀려왔다가 교량을 받쳐주는 기초가 되거나 가파른 강변을 받쳐주는 석축이 되기도 하고, 또는 쓰고 남은 나머지로 성벽의 일부가 된다 해도 이는 돌이 가지는 속성으로 되살아난다는 것을 말하며, 이러한 과정은 동시에 다른 여러 측면으로도 설명될 수 있다. 즉 바위의 하층부가 되어야만 그 역할을 충분히 해낼 초화류를 위해 불려갈 수도 있고, 보, 댐, 호안 등을 축조할 소재가 되어줌으로써 수변에서는 특히 필요한 존재가 되겠지만, 대규모의 파크에서는 별 도리 없이 자신에게 주어진 역할이 미미한 것에 머물 수도 있다.

사소한 치석법(置石法)의 하나로 바위를 표석(漂石)[54] 처럼 가능한 한 비스듬하게 세우고, 하나 또는 몇 개의 덩치가 큰 바위를 유난히 높이 드러나게 곧추 세워서 전체적으로 일체가 된 대담한 모습을 보여주게 하는 방법이 있다. 이런 방법에 따라 만든 두개의 보(堡)와 호안 벽 하나를 그림으로 제시해 놓았다. (그림 VIII, IX, X 참조)

보는 보통 눈에 띄지 않는 경우에는 벽돌로 일정하게 쌓는다. 그러고 나서 바위로 그 위를 덮거나 걸쳐놓고 거기로 작은 폭포가 되어 물이 쏟아져 내리도록 하며 적절한 장식을 위해 덤불이나 관목으로 잘 배식하여 전체적으로 아름다운 정경이 되도록 할 수 있다.

---

54) 편주—Geschiebe: 빙하에 의해 대지에서 떨어져나간 바위나 돌덩어리들로, 소위 빙퇴석에서 떨어져 나온 바위를 말한다. 무스카우 정원은 그런 빙퇴석에 바로 인접해 경계를 이루고 있다〔빙퇴석은 무스카우의 원본 지도에 의하면 나이세 강의(오더 강의 지류) 원천이 되는 계곡에서 떨어져 나온 것임〕.

그림 VIII. 보의 구성

그림 IX. 보를 구성하기 위한 호안 축조

그림 X. 보의 형태

대지정지와 평탄작업

이것에 관해 이야기할 것은 그렇게 많지 않다. 가장 중요한 것은 가능한 한 경비를 줄여야 한다는 점이다. 굴곡이 많은 자연스러운 땅은 많은 노력을 기울여 인위적으로 만든 것보다 훨씬 더 아름답다. 인공으로 만든 둔덕으로써 아름다운 효과를 거의 기대할 수 없지만, 혹 좋은 전망이 되도록 하기 위해서, 나무를 보다 크고 눈에 잘 띄게 해주기 위해서, 혹은 호수에서 파낸 흙을 처리하기 위해서라면 필요할 경우가 생긴다. 둔덕을 조형할 때는 부분적으로는 섬을 다룬 장에서 설명한 내용과 마찬가지로 다룰 수 있다. 물은 자연이 만든 일정한 높이를 기준으로 다양한 대상물과의 접촉을 일으키며 때로는 부드럽게 만들기도 하고 때로는 파괴시키기도 한다. 둔덕도 그와 마찬가지로 평면과 입면 상으로 반복해서 날카롭고 예리한 선과 비교적 완만한 선으로 변화를 주어야 한다. 너무 복잡하지 않도록 고려하며 그런 다음 식재를 통하여 보완해 준다.

흙을 메워야 할 장소에 아주 훌륭한 나무가 한그루 있는데 그 나무를 다른 곳으로 이식하고 싶지 않거나 혹은 이식할 수 없는 상황에 처했다면, 영국에서 하는 것처럼 산에서 나온 돌을 쌓아 우물처럼 둘러주어 공기와 습기가 뿌리까지 잘 스며들 수 있도록 해 준다. 다만 떡갈나무의 경우는 이렇게 할 필요가 없는데 떡갈나무는 어린 나무든 크게 자란 나무든 키의 3분의 1 이상까지 흙으로 채워져도 큰 어려움 없이 적어도 원래의 상태보다 더 이상 쇠약해지지 않는다는 것을 개인적 경험을 통하여 알게 되었다. 이는 거의 예상치 못했던 사실이다.

대지에는 어느 정도 물결치듯 오르내림의 굴곡이 있는 것이 좋아 보이지만, 때로는 가파른 비탈 가운데 있는 작은 계곡의 바닥을 반듯하게 수평면으로 골라줌으로써 아주 훌륭한 효과를 보기도 한다. 대비 작용에 따른 좋은 효과를 나타내 보이는 이런 현상은 자연에서도 자주 찾아볼 수 있다.

일반적으로 오르내림이 있는 초원의 작은 굴곡은 보다 나은 경관을 위해서나 일정한 용도로 이용하기 위해서 평탄작업을 하게 되고 그에 따라 불가피하게 대지의 꿈틀대는 장대한 경관을 파헤치는 경우도 생긴다. 어떤 이유 때문에 그런 중요한 구릉을 제거하고 평탄작업을 하려는데 거기에 우연히도 없애고 싶지 않을 정도로 멋진 나무가 서 있다면, 이런 나무가 있는 작은 언덕은 그대로 놔두라고 충고하고 싶다. 그런 경관요소는 초원에 보다 많은 변화를 준다는 생각을 나 자신 자주 해왔고 또한 그런 안목으로 좋은 결과를 보아 왔기 때문이다. 어쩌면 앞서 있던 장에 더 잘 어울리는 내용일지도 모르겠지만 이와 관련하여 한 가지 부연해 보고자 한다.

특히 아름다운 한 그루 나무 혹은 몇 그루가 무리를 이룬 곳을 잘 조망할 수 있게 하고자 한다면, 나무가 서 있는 장소의 발치가 아니라 대략 나무 높이의 두 배 정도 되는 거리에 나무 높이의 절반 정도 되는 눈높이로, 가능하다면 가파른 비탈이 되게 해놓으면 마치 나무 발치에서 올려보는 것 같은 효과가 난다.

자갈포장이나 길, 식재 혹은 건물을 세우려는 것이 아니면서 토질변경을 할 경우에는 신중하게 부식토를 다시 깔아야 한다는 분명한 사실에도 불구하고 이를 등한시하는 경우가 생각보다 자주 발생한다.

유지관리

앞의 열두 개의 장을 통하여 경관을 예술적으로 우아하게 다루면서 새로이 창조해가는 방법을 다루었으니 이제 그 마지막 장으로 그러한 경관을 보존하기 위한 몇 마디를 덧붙이는 것이 필요할 것 같다.

규모가 큰 파크에서, 예전과 같은 모습을 그대로 유지하면서 일정한 모습으로 나무를 심는 것은 불가능하다. 전체적으로 항상 서로 적절한 관계를 유지하는 모습을 보여줄 것을 기대할 수도 없다. — 자연은 그렇게 정확하게 예측되는 것이 아니기 때문이며 결국 많은 시간을 낭비하게 될 것이다.

여기서 우리의 기술이 가지고 있는 제한적인 면을 드러내 봄으로써 분명 어떤 특징을 찾을 수 있다. 즉 우리는 풍경식 정원술로써 화가나 조각가 건축가들처럼 지속적이고 완성된 작품을 공급할 수 없다. 무생물적 작품이 아니라 생물로서 살아있는 소재를 다루는 것이기에, 그리고 자연의 형상처럼, 우리 독일어에 대해 "immer werden, und nicht sind" (항상 생성되며 머무르지 않는다) 고 했던 피히테의 말과 같이 정원 작품은 결코 정지되어 있지 않고 절대 고정될 수 없으되 자체적으로 끊임없이 형성된다. 이런 일에서는 숙련되고 세심한 손길의 지속적인 도움을 필요로 한다. 너무 오랫동안 관리의 손길이 닿지 않으면 정원은 황폐될 뿐 아니라 완전히 다른 모습으로 변한다. 하지만 그것이 현존하는 한, 끊임없는 관리의 손길은 지금의 아름다움을 잃어버리거나 희생시키지 않고 미세한 부분에 이르기까지 새로운 아름다움을 더할 수 있다. 창작하는 데 사용하는 붓과 끌처럼, 정원을 만드는 데 필요한 주요 도구는 삽이며 이를 유지하고 계속 관리하는 데 필요한 주요 도구는 도끼다. 도끼는 겨울에도 쉬어서는 안 된다. 마술사의 도제가 항상 물동이를 들고 다니듯이 우리도 늘 도끼와 함께 해야 한다 — 그렇지 않고서는 나무를 감당할 수 없다.

도끼는 나무가 각자의 자리에서 성목으로 제대로 자라도록 해 주기 위해서도, 신선한 대기를 접하고 성장 스트레스로부터 자유로울 수 있도록 하여 저대로의 아름다운 수형을 갖추는 데 필요한 밀도를 유지시켜 주기 위해서도 반드시 필요하다.

제거하는 일은 가장 빠르고 쉬운 작업이다. 한 해 동안 게으름을 피우지 않았다면, 특별히 다른 일이 발생하지 않는 한 겨울철이면 언제나 그만한 작업을 위한 시간은 남아돈다.

혼효림을 이룬 숲을 일정한 크기로 유지하기 위해 나무 상층부를 쳐내는 일을 해서는 안 된다. 매년 가장 높이 뻗어 오른 가지만 정기적으로 쳐주고 새로 나온 하층부의 대부분을 쳐주며, 어느 정도 시간이 흘러 몇 년이 지나 가장 높은 부분을 쳐주는 일로부터 다시 시작하는 방식으로 해주면 나무는 언제나 한결같이 자연스러운 모습을 가지게 된다. 유감스러운 일이라면, 나무는 인간을 위해 예술작품으로서 마음먹은 대로 다듬어지지 않는다는 점이다.

조망 시야가 좁아진 곳에는 물론 여기저기에 흩어져 있는 나무의 수관을 쳐주는데, 그런 강제적 행위가 눈에 띄지 않도록 유의해야 한다. 나무가 잎으로 잘 덮여 있는 경우면 억지로 칠 필요가 없다. 침엽수는 가지가 뻗쳐 나온 줄기에 바짝 붙여서 잘라주는데, 말하자면 한 해 동안 자라난 부분을 한 번에 제거하는 것이다. 그런 다음 잘려나간 가지부분을 잘 싸주면 제거한 부분이 매우 빨리 치료된다. 활엽수의 경우에도 항상 옆에서 다른 가지가 급히 자라는 곳만 제거해 주도록 한다. 그렇게 하면 자국이 남지 않는다. 이렇듯 익숙한 솜씨로 전지를 해 둘수록 작업도 점점 줄어들고 나무도 더욱 자연스러운 수형을 갖추어 가게 된다. 다시 반복하지만, 어떤 것도 지체해서 안 되며 나무의 높이를 어느 정도로 갖추어 놓을지 미리 고려해 두어야 한다. 오랜 동안 소홀히 해두면 손상 없이 다루기가 매우 어려워진다.

좀더 덧붙이자면, 식생의 밀도와 활성은 모두 나무에 미치는 햇빛과 밀접하게 상관된다. 이것은 명심해 두어야 할 일이다. 그러지 않으면 어린 간재(幹材)를 키우는 일밖에 되지 않게 되어, 파크에서 변화를 줄 때나 좀 쓰일까 싶은 이런 어린 간재로는 파크의 경관을 제대로 갖추어 갈 수 없다. 모든 식생들이 사방으로 마음껏 활기차게 자라기 위해서는 공기와 빛이 필요하다. 공기와 빛은 건강한 나무로 울창하고 풍성하게 자라는 데 가장 필수요건이다. 우리 역시 우리를 위해 항상 갈망하듯 이는 곧 나무에게 자유를 주는 것이다.

작은 숲[55]의 특성을 지니지 않은 큰 숲은 순전히 영림가 방식으로 다루도록 권한다. 규칙적으로 간벌을 하되 나무의 종류와 숲의 경영형태에 따라 자작나무는 모르겐 당 60~80(간벌된 자리의 그늘진 곳에서 자작나무는 다시 성장하기가 어렵다), 다른 나무 종류는 100 정도의 비교적 큰 나무들을 남겨놓는다.[56] 여기서 유일하게 변화를 주는 것은 큰 나무들을 모두 한 그루씩 따로 심지 않고 일부는 그룹으로 무리를 지어 놓는다는 것이다. 이는 조림의 효과로는 적절하지 않겠지만 경관적 목적에 보다 잘 상응하는 일이며, 우리가 최우선으로 고려해야 하는 일인 것이다.

여기에 제시된 모든 것은 특히 광역의 경관, 즉 파크에 적용할 경우에 해당된다. 플레저그라운드와 소정원에서는 비교적 작은 공간과 식생의 다양한 선택, 특히 자주 활용되는 다양한 종류의 관목을 통해 보다 쉽게 관리할 수 있다. 이렇듯 나무를 쳐주는 일은 식물의 건강을 위해 필요하

---

55) 옮긴이 주—Hain. 햇빛이 잘 드는 활엽수림의 자그마한 숲.

56) 옮긴이 주—최종 성목으로 남겨질 수목의 수. 일반적으로 ha당으로 말함.

기도 하지만, 때로는 아름다운 정원을 만들기 위해 저택의 플레저그라운드나 소 정원을 조성하는 목적에도 잘 부합된다.

초지의 유지관리에 관해서는 이미 언급한 바 있었기에 여기서는 그에 대해 더 논의가 필요하지는 않겠으나, 다만 적어도 매년 한 번, 가능하다면 두 번 정도 롤러로 고르게 해주고 두더지를 열심히 제거해 주며 봄과 여름에 물을 대는 것을 유념한다. 초원의 풀이 꾸준히 신선하고 촘촘히 자라는 것을 보려면 매 3~4년 마다 거름을 주도록 한다.

강과 호수는 별다른 유지관리를 필요하지는 않으나 심한 폭우 같은 재해가 발생했을 경우 때로는 보수해 주어야 할 경우가 있다. 호안 가득히 물이 차 있을수록 좋고, 수변 가장자리에 다양한 식물과 수초로 가득 덮일수록 좋다.

연못이 그렇게 깊어지지 않을 정도로 진흙은 3년 마다 준설해 주도록 권한다. 한편으로는 물이끼와 다른 식생이 자라는 것을 철저히 방지하기 위해서이며, 다른 한편으로는 그렇게 얻은 흙은 초지의 거름으로 아주 훌륭하다는 이점이 있기 때문이다.

이로써 다루고자 했던 각 부문별 주요 대상에 관한 이론적 내용을 (비록 나의 계획에 따라 부분적으로 해설하는 방식이기는 했지만) 모두 언급했다고 생각된다. 그래서 2부의 실제 활용의 장으로 넘어가, 1부에서 다룬 각론을 일정한 장소에 응용한 예를 다루려 한다.

2부

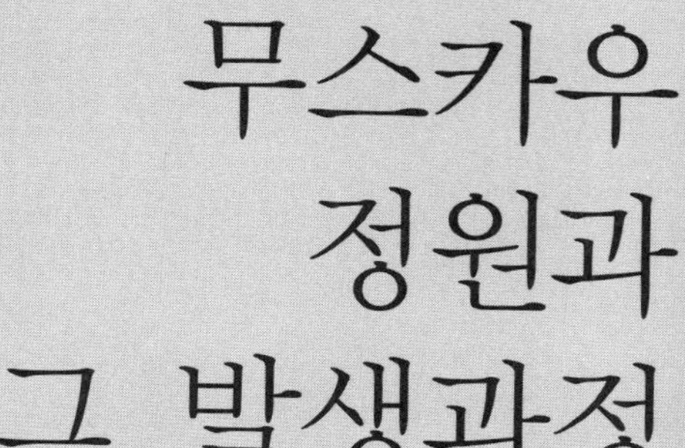

무스카우 정원과 그 발생과정

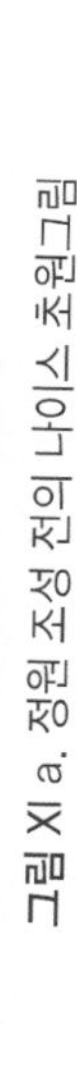

그림 XI a. 정원 조성 전의 나이스 초원그림

그림 XI b. 정원 조성 후의 나이스 조원

이제 앞서 논의한 바의 실증자료를 제시하는 이야기를 시작할까 한다. 이 보잘 것 없는 글은 자연을 다루는 방법에 관한 교육적 성격을 띠고 있기에 애초부터 편안하게 읽을 수 있는 것은 아니다. 특별히 관심을 가지지 않는 사람들에게는 이제 이야기하려는 이런 무미건조한 내용들이 앞 장에서보다 훨씬 더 지루하게 느껴지지 않을까 염려스러울 뿐이다.

앞 장에서도 줄곧 정원에 무관심해온 사람들을 위해 펜을 들었던 것처럼, 그들에게 정원에 관해 보다 확실히 알려두기 위해서는 나와 관련된 여러 개인적인 일들을 미리 일러둘 필요가 있을 것 같다. 이런 이야기들은 자칫 많은 사람들의 관심 밖의 일이 될지 모르나 그에 대해 별도의 양해를 구하지 않으려는 것은, 이 책을 개인 정원을 위한 안내서와 입문서로 사용하고자 하는 사람들에게는 나와 비슷한 입장에서 여러 면으로 유용할 것으로 생각하기 때문이다. 더불어 독자 여러분들이 나 자신 영주로서 처신해 온 바를 통해 어떤 어려움에 처했을 때도 덜 망설이며 이를 쉽게 극복할 수 있지 않을까 싶은 것이다.

이야기를 시작하기 전에 미리 일러둘 것은, 무스카우에서 완성되어 있는 정원, 즉 완성된 정원의 어떤 정경을 기대한 사람이라면 매우 실망할 것이라는 점이다. 전체 공정상으로 보면 거의 사분의 삼 정도는 진행되었지만 아직 계획된 것의 삼분의 일도 제대로 완료하지 못하고 있다.

무엇보다 내게 필요한 이천 모르겐이 훨씬 넘는 무스카우 시민이나 인근 마을 주민 소유의 대지를 더 확보해야만 했다. 시가의 서너 배가 넘는 가격으로 땅을 매입하는 것이 얼마나 어려운 일인지는 능히 짐작할 것이다. 이렇듯 다른 어떤 정원계획에서도 무스카우에서 내가 직면했던 만큼의 어려운 일들과 싸워야 할 경우는 없을 것이다. 무엇보다도 무스카우의 궁성 앞으로 이어지는 마을 길 전체를 매입하고 이를 다시 정지해야 했고, 계획대로 하자면 그 자리에 호수도 하나 파야 했다. 불행하게도 내 소유의 건축물들은 그런대로 갖추어진 것이긴 했지만 거의 평평한 대지에 서로 너무 멀리 있어서 접근성이 떨어지는 것도 큰 난관이었다. 게다가 궁성은 깊은 해자와 8~10 피트 두께의 방벽으로 둘러싸여 있었다. 방벽은 우리 조상들의 전성기에 만들어져 어지간한 폭약으로도 폭파되지 않을 정도로 탄탄하였다.[1] 이런 구조물을 처리하는 것은 해자를 메우는 것과 함께 결코 쉬운 일이 아니다. 정체된 물은 건강에도 좋지 않지만 무엇보다 전체적인 분위기가 주변과 마찬가지로 건물의 특성과 용도에 완전히 상반된다.

해자를 메우는 데 필요한 흙도 확보하고, 보다 다양한 수경관을 확보하기 위해서도 정원을 통과하여 강으로 흘러드는 수로를 굴착하기로 했다. 이 수로는 45분 정도 흘러가다가 중요한 장소에 이르러 두 개의 호수를 이루도록 했다. 그 외에도 아직 남은 장애요인은 최악의 조건이었는데, 유독 궁성에 인접한 오륙백 모르겐 정도의 대지가 비옥하지 않은 모래와 단단한 점토로 되어 있다는 것이다. 이곳의 토질을 개량하여 쓸만한 상태가 되도록 하는 데에도 만만찮은 비용이 들었다.

새로운 시도를 하는 데는 난관도 많았다. 무엇보다 대지 전체를 좋은 환경으로 개선하기 위해 여러 새로운 방안을 모색하는 데만도, 좋은 조

---

1) 20~30명을 동원해서 성벽을 무너뜨려 바람이 잘 통하도록 해 두어야 했다. 해체하기 힘들만큼 단단히 결구된 것들은 매립해버렸다. 물론 요즘은 공공건축에서든 일반 서민들의 건축에서든, 일반적인 담벼락이든 울타리 담장이든 어떤 형식의 벽에서도 그렇게 단단한 성벽을 쌓지 않는다.

건에 있는 정원 하나를 온전히 완성하는 것보다 더 많은 난관을 극복해야 했다. 그림 XI은 연회장에서 내다보이는 현재의 모습인데, 개폐식 브리지가 걸쳐 있던 원래의 모습과 잘 비교되어 보인다. 부록의 그림 A와 B는 서로 다른 시점(時點)의 현황을 보여주는 것으로 기본설계 수립 전과 후의 세세한 부분까지 자세히 추적할 수 있도록 표현해 두었다. 도면 A에서 예전에 나의 소유가 아니었던 땅은 모두 담홍색으로 표시했다.[2)]

사전 작업 중에 가장 어려운 부분들이 거의 해결하고 나면 이제 남은 것은 길을 만들고 나무를 심는 일, 비교적 소규모의 가로수 길을 만들어 가는 일과 몇몇 건물들을 세우는 일들이다. 이런 일 역시 많은 시간과 기술을 요하지만 예전의 대규모 토목공사에 비하면 그리 힘들 일은 아니다. 그 간 여러 해에 걸쳐 있었던 전쟁이나 다른 불리한 상황들에 따른 손실로 일이 아주 지체될 수밖에 없었으나, 최종적인 완공이야 후손들의 몫으로 미루어 두기로 한다면, 건물의 각 부분에 이르기까지의 주요한 일들은 앞으로 10년 내에는 거의 마무리될 것을 기대해 볼 수 있게 되었다. 그때까지는 여기의 이 정원을 방문하는 사람들이 너무 기대하지 않도록 부탁하는 바이며, 지금 눈앞에 펼쳐지고 있는 것들 대부분에 대한 판단도 당분간은 유보해 주기를 바란다. 내가 이 책에서 서술해 놓은 지침대로 완성시켜 놓은 것으로 보일지도 모르지만 현재의 상태로는 보다 중요한 부분에 대해 아직 채워지지 않은 상태로 되어 있어서 애호가들 사이에서는 상당 부분들이 뭔가 결여된 것으로 비칠지도 모른다.[3)]

---

2) 의도적으로 전체 기본계획도면을 요즘 유행하는 회화식의 아름다운 모습으로 그리지 않은 것은, 그런 픽처레스크 효과는 최종결과의 모습을 잘 보여줄 수 있겠지만 여기서는 개별적인 부분에 대해 정확하게 표현해 두는 것이 더 중요하다고 여겼기 때문이다. 옮긴이 주 — 영인본 및 재발간된 책에는 흑백으로 되어 있어 그 여부를 확인할 수 없음.

3) 얼마 전에 이 분야에 정통한 누군가가 조언해 주기를, 내가 여러 종류의 나무

정원을 주변의 다른 것들과 연관시키지 않은 채 각 부분만을 조금씩 완성시켜가는 것은 옳지 않다. 전체적으로 일체를 이루도록 해 나가기 위해서나 시간과 비용을 절약하기 위해서도 모두를 동시에 전개시켜 가야한다. 전쟁에서도 전략적으로 훌륭한 작전들은 항상 다양한 색깔의 부대를 하루에 모두 결전지로 집결시키는 것처럼, 정원 조성에서도 사방에서 접근하면서 조금씩 완성시켜 가는 것이 아니라 총체적으로 완성시켜야 하는 것이다.

설사 모든 것이 완료되었다고 하더라도 낯선 관람객들은 정원을 만든 사람의 진정한 업적의 상당 부분(그야말로 거의 전부)을 거의 알아차리지 못하게 되어 있다. 정원이 잘 조성된 것일수록 그 점은 더욱 더 분명해진다. 어쩌면 이것이야말로 진정 현명한 사람의 노력이자 승리라 할 수 있다. 이러해야 되고 저래서는 안 된다거나, 전과 별 다를 게 없지 않느냐고 각자 나름대로의 생각들로 판단해 버린다. 예를 들어 나의 정원 대부분을 이루는 무성한 초원을 보면서, 예전에는 이곳에 엉겅퀴가 자라지 않았다는 것을 떠올리거나, 혹은 예전에는 여기에 깊이를 알 수 없는 늪지가 있어 방목하던 가축들조차 접근할 수 없었던 때의 생각은 하지 못하고 큰 마차 길에 무성하게 자란 관목 숲에서 편안히 마차를 몰던 것만을 생각한다면, 이 역시 매우 유감스러운 일이 아니겠는가. 최고의 풍경식 정원예술은 훌륭한 모습을 유지하면서도 탁 트인 자연 그대로의 모습처럼 펼쳐져 보이는 것으로 충분하다. 이것은 고도의 전문적인 표현력을 요하는 풍경화와도 같다. 이 둘은 모두 여러 예술 장르 중에서 유독 자연을 소재로 하면서 자연만을 표현대상으로 삼는다. 연극배우

를 너무 여러 가지로 섞어 심었고 작은 울타리용 관목은 적게 심었다는 것이었다. 일단은 그가 옳다고 볼 수 있으나 궁극에 가서는 결국 잘 자라는 나무들만 남게 되고 다른 나무들은 모두 없어질 것이며, 또한 적절한 시기가 되어 충분히 자란 뒤에는 울타리용 관목들은 밀집된 상태에서 아주 아름다운 형태를 유지한다는 사실을 염두에 두지 않았으며, 그때까지는 목적에 맞게 적절히 다루어야 한다는 점들을 미처 생각하지 못했던 것이다.

가 자신의 연기를 통하여 이상적인 인간을 새로이 만들어 낸다면, 정원 예술가는 있는 그대로의 자연소재와 풍경을 다루어 시적인 경관으로 조화롭게 승화시킨다. 적어도 자연을 표현해낸다는 장점이 있기는 하지만, 유감스럽게도 회화와 조원의 두 분야의 창조활동은 매우 까다롭다는 유사점을 가지고 있다.

보다 수준 높은 정원예술은 음악과도 비교할 수 있다. 건축예술을 응축된 음악이라고 부르는 것처럼 적어도 그에 걸맞게 정원예술은 자연으로 형상된 음악이라고 부를 수 있다. 정원예술로 이루어 가는 음악에서는 아련하면서도 일면 강렬한 아다지오와 알레그로의 교향곡을 이루어 간다.[4] 자연은, 자신의 개성으로써 조원가에게 보다 폭넓은 기회를 제공하기도 하지만 동시에 음악을 위한 기본 톤이 되어주기도 한다. 자연은 인간의 목소리처럼 새들의 노래 소리와 천둥 번개, 흐르는 강물 소리, 애수에 찬 바람소리 같은 아름다운 소리며 울부짖고 포효하는 소리와 삐걱거리고 낑낑거리는 소리처럼 거부감 드는 소리도 들려준다. 악기는 상황에 따라 갖가지의 소리를 만들어낸다. 서툰 사람의 손에서는 귀가 찢어지는 듯한 불쾌한 소리를 내고 예술가의 손에서는 전체적으로 조화를 이룬 황홀한 소리를 내듯 재능 있는 풍경화가의 일도 그와 마찬가지다. 자연이 주는 다양한 특성을 연구하고 그 개개를 예술을 통해 하나의 아름다운 전체, 감성을 일깨우는 좋은 멜로디를 이루게 하여 작품에 진정한 영혼을 불어넣음으로써 최고의 가치를 만개하게 하고 완벽한 즐거움을 보장한다.

주제에서 너무 많이 벗어난 것 같다.

혹자는, 앞에서 늘어놓은 여러 어려운 일들에도 불구하고 내가 왜 이런 일을 하려는지 의아해 할지 모른다. 내가 이 일을 계획한 것은 다음

4) 편주 — 퓌클러는 여기서 현장을 구상함에 어떤 분위기로 시행하게 되는지를 '아다지오: 천천히 침착하게'와 '알레그로: 빠르고 활기차게'로 예시하고 있다.

과 같은 이유에서였다.

처음 이 사업을 계획했을 때 이러한 것에 주목하였다. 수백 년 동안 소유하고 있던 유산을 조상[5]으로부터 물려받은 사람으로서, 어쩔 수 없는 상황에 처했거나 혹은 더 나은 명예를 얻기 위해 이민을 가야 할 사정이 생기지 않는 한, 자신의 새로운 삶을 이루기 위해 낯선 고장을 찾아 떠나 선조들을 등지는 일은 썩 마음에 내키지 않을 것이다.

내가 수여받은 영지는 상당히 넓었다. 봉신으로서 수여받은 영지를 포함해서 10내지 11 평방 마일에 달하는 봉토를 가진 독립영주[6]로서 자신이 취할 수 있는 권한에 따라 보다 나은 발전을 기약할 수 있다면 그것만으로도 충분히 매력적일 수 있다. 그러나 다른 한편으로는 이 소유지 거의 모두가 외적인 쾌적함을 갖추지 못하고 있었다. 화려한 면도 없진 않지만 아름다움을 향유할 문화시설에 속할만한 것 하나 없이 온통 가난하고 매혹적 면과는 담쌓은 채 살아오는 곳이었다. 내 앞에 놓인 개선해야 할 범위도 결코 만만치 않았다. 그런 상황에서 이 영지를 아름답게 개선하는 수많은 일이 내게 주어진 사명이라고 생각하였다. 나아가 영지를 미화시키는 일보다는 환경을 개선해 나가는 데 온 힘을 기울임으로써 자신에게 소속된 지역 주민들의 문화수준을 높이고 그들의 복지를 증대시키며 동시에 그로 인해 주민들의 납세능력을 올려 국가의 부담을 덜 수 있도록 해야 한다고 생각했다. 말하자면, 국가로부터 받은 혜택에 최소한으로나마 보답하는 것이다. 아무리 자발적이고 무보수의 명예직이라지만, 진정한 국가 관료로서, 혹은 하루에 몇 시간 사무실 책상에 앉아 있는 것으로 대가를 취할 수 있는 관리로서, 때로는 반은

5) 편주 — 퓌클러의 조상에 대한 개념은 혈연관계로서가 아닌 영주로서 이 지역과 연계된 책임자로서의 입장을 완곡하게 표현하였다.

6) 편주 — 중세 이래로 형성되어온 광범위한 봉건 경제체제와 지배체제는 체계적인 재판권과 일정한 인적 범위, 그리고 분명한 지배 영역을 중심으로 유지되어 왔다. 로텐부르크 지방령이 만들어지고 무스카우가 프로이센에 합병된 이후 행정체제상의 기구로 그 제도가 바뀌었다(연대기 1807년, 1815년 참조).

면세수입[7]으로 수천의 막대한 보수를 취하는 외교관 신분이라 하더라도, 아직 토지를 활용하지 않고 있는 많은 지배자들에게 이 같은 일은 여전히 낯설게 여겨질 것이 분명하다.

혹 내가 다른 곳 어디에서든 별 어려움 없이 모든 것에 자유로운 입장이 된다 하더라도, 여기서 내게 제공된 기회요소만큼 큰 효과를 기대할 수 있을지는 확신이 서지 않는다.

단점들은 다음과 같았다.

1. 대체로 사질토 땅에 대부분 침엽수림만 덮여 있다.
2. 정원부지로 정해진 대부분 토질이 불량하다.
3. 정원 조성을 위해 막대한 사전 작업이 필요하다.
4. 2000 모르겐 이상의 주변 땅 매입[8]이 불가피하다.

장점은 다음과 같았다.

a. 산과 계곡, 그리고 슐레지아 지방과 오버라우지츠[9] 산악지대의 변화무쌍함과 어우러진 그림처럼 아름다운 경관이 있다.
b. 정원으로 정해진 부지를 관통하여 흐르는 중요한 강이 있다는 것, 그 강변 너머로 다소 좁긴 하지만 대부분 비옥한 목초지가 이어진다.
c. 여기저기 흩어져 자라고 있는 수백 그루의 아름다운 고목들이 있다.
d. 2000 모르겐에 달하는 외지인 소유의 땅을 한 번에 매입하여 마음먹는 만큼 적절한 부지확장을 할 수 있음으로 해서 이 지역의 경작지 손실이 그리 크지 않을 수 있다.
e. 노동력과 운임이 비교적 저렴하다.

---

7) 편주 — Sinecure. 중세에서 유래된 것으로, 주로 교회에 도움을 준 대가로 일정규모의 인건비나 관리비를 내지 않아도 되는 면세가 보장되는 수익금을 의미한다.

8) 편주 — 퓌클러는 정원으로 편입시킬 땅을 매입할 때 그 가격을 여섯 배까지 지불하였다.

9) 옮긴이 주 — 엘베 강과 오더 강 사이의 독일 중부 지방 이름.

f. 예를 들어 벽돌공장, 제철소, 유리제조소, 풍부한 각종 목재와 대개 화강암인 수많은 크고 작은 암석들, 풍요로운 석회암 광맥 등 각종 건설자재를 가까이에서 자체 조달할 수 있다.
g. 마지막으로, 인근의 대규모 영지를 소유하고 있는 영주들과 수많은 공무원과 관리 그리고 주민들 등 정원 내의 각종 시설을 이용할 풍부한 수요가 있다.

1번 항목의 단점으로 나타나는 나쁜 여건은 a에서 언급된 장점으로 완전히 보완되어 보이지만, 솔직히 바다에 둘러싸인 섬처럼 숲에 둘러싸인 그런 이질적인 곳을 어떻게 잘 다루어 유용한 곳이 되도록 할 것인지가 관건이다.[10] 가까이에서는 사뭇 우울해 보이는 침엽수림도 멀리서는 근처의 푸른 활엽수들로 하여금 두 배로 경쾌하게 보이도록 할 수도 있고, 그 거뭇한 색감으로 배경과 지평선을 이루어 근처의 활엽수의 상쾌한 초록빛을 두 배로 강조해주며, 하늘의 다채로운 구름과도 화려하게 조화를 이루게 할 수도 있다. 2번(부분적으로 좋지 않은 땅)은, 다소 기간이 지나야겠지만, 목초지로 개선해 갈 수 있다. 3번은 대부분 d에서 해결이 된다. 하지만 여기서 보다 중요하게 고려해야 될 것이 있다. 전쟁과 같은 비상시에는 가난한 농민들이 버텨낼 수 없어 조세와 국세를 감당할 수 없게 된다. 이곳에 살고 있는 주민들도 거의 동의하겠지만 비상시에 돈을 벌 별반 다른 방법이 없다면 결국 굶어 죽거나 절망적인 상태에서 다른 곳으로의 이주가 불가피하다.

약 이 백 명의 주민들이 일부는 (당시 내게 유일한 소득원이었던) 나의 공장에서, 일부는 정원에서 수년간 거의 매일 종사하며 생계를 유지할 수 있었던 것도 그 덕분이었다. 그리고 이런 편안한 방식으로 내게 주어

---

10) 반드시 거쳐 갈 수밖에 없는 긴 구간에 걸쳐 있는 불모지 때문에 무스카우에 도착하기도 전에 모든 기대가 경감될지 모른다. 어쩌면 요술 방망이로 마술을 부리듯 눈앞으로 순식간에 울창한 경관이 나타나게 함으로써, (이런 비유가 그리 진부하게 느껴질지 모르지만,) 마치 배고플 때 가장 맛있게 먹을 수 있는 것처럼 그에 상응하여 곱절로 편안함을 주게 될 것이다.

진 의무를 만족스럽게 행할 수 있었던 것도 분명 내게는 대단한 행운이라고 할 수 있다. 우리 보잘 것 없는 인간에게 그런 기회가 주어진 것이야말로 행운이 아니겠는가!

여러 사람들로부터 예상치 못한 저항을 받기도 했다. 내가 앞서 언급한 바와 같이 도로를 없애고 요새의 해자를 메우기 시작했을 때 많은 사람들은 나의 분별력에 매우 회의적이었다. 영지에 투자해 오던 많은 자본가들이 그들의 자본을 바로 빼갔고, 이들은 훗날 증권투기로 그들 재산의 일부를 잃기도 했다. 다른 한편 그런 계획들을 실현하는 일은 나보다 열 배 부유한 사람이라도 불가능할 것이라고 장담하는 사람도 있었다. 이런 과장된 소리에 겁을 먹는다면 자질이 모자라는 사람이다. 수많은 난관을 이겨낼 확고한 의지와 인내는 모든 사람들이 불가능하다고 여기는 것을 가능하게 한다. 이렇듯 나는 언제나 확신을 가지고 말 그대로 산보다 큰 것도 움직여 보였으며, 또한 그만큼 많은 것을 실현시켜 놓았다. 그때부터 그들은 나의 계획을 보다 신뢰하게 되었으며, 일이 순조롭게 진척되고 있음을 알아차리게 되었다. 감사하게도 저항을 예상했던 곳에서도 우호적 지원을 얻게 되었으며, 이 지역 주민의 주요 구성원을 이루고 문화적으로 훌륭한 수준도 아닌 벤트 족11) 농민들조차 미적 감정에 눈을 뜨기 시작했다. 그 즈음부터는 그들의 마을도 나무로 장식하기에 이르러 가끔 정원에서 목재를 훔쳐내 가기도 했다. 그러나 이런 경우, 두꺼운 버팀목을 떼어 가더라도 버팀목에 연결되어 있는 어린 묘목들에게 손상을 주지 않도록 아주 조심스럽게 하곤 했다.

내가 이런 이야기를 하는 것은, 어떤 좋아하는 일을 하고자 하지만 불가능해 보이는 어려움에 직면하여 사람들이 너무 빨리 포기하지 않도록 격려하기 위함이다. 그래서 누구든 신분에 관계없이 모든 사람에게 정원 입장을 허용하고 있다. 그러나 많은 지주들이 그 불가함을 내게 충고하기를, 거칠고 때로는 술에 취한 대중들이 어린 묘목들을 모두 잘라가

11) 옮긴이 주 — 8~9세기에 독일 북동부에 이주한 슬라브 민족

거나 꽃을 모두 꺾어버릴지도 모르기 때문에 정원을 개방해서는 안 된다는 것이었다. 처음에는 드물게나마 불상사가 일어나기도 했다. 그런 행위를 하는 사람이 적발되는 경우 엄중한 처벌을 내렸다. 눈에 띄지 않는 곳에서의 피해가 미미하게나마 꾸준히 일어났지만 여전히 모두에게 개방하였다. 그렇게 조금씩 시간이 흐르면서 사람들에게 자연스럽게 분별력이 생기기 시작했다. 수백 명의 인파들이 정원에서 즐기는 가운데, 어쨌든 이제 방종한 행동은 거의 사라졌다는 사실을 만인에게 공표해도 좋지 않을까 싶다.

이런 과정은 예전의 농노[12] 들이 나에게 호감을 갖게 하는 데 상당한 역할을 했다. 최근 들어 시간이 지날수록 우리 지방에도 수많은 무면허 변호사와 중재위원회가 늘어나는 추세이며, 그 중 농민과 지주들 간을 자극하는 일에 능숙한 몇몇은 자신들의 자유분방한 목적을 위하여나 전통과 문화를 증진하는 일을 위해서 기꺼이 주머니를 연다.

이제 대규모 정원을 계획할 때 기준으로 삼아야 할 기본개념을 언급했던 이 책의 첫 장으로 다시 돌아가, 그 동안 내가 경험한 것들을 상세히 기술해 보고자 한다.

캔버스[13] 역할을 해 주는 지역은 앞서 말한 대로 사방으로 광활한 소나무와 가문비나무 숲으로 되어 있다. 그 한가운데의 구릉지에 제국 간접관할[14] 의 작은 도시 무스카우가 있다. 무스카우는 예외 없이 견고하게 지어진 민가들과 수많은 교회와 첨탑들이 눈을 끌고 대체로 경관이 깔끔해서 비슷한 다른 도시들에 비해 상큼해 보인다. 무스카우는 산기

---

12) 이제는 그들을 소작농이라고 부른다. 농노란 군주에 소속되기 때문이지만 프랑스에는 더 이상 존재하지 않는다. 아마도 한 번에 7마일을 가는 동화 속의 장화처럼 시대정신은 앞으로도 빠르게 변할 것이 틀림없다.

13) 편주 — 이탈리아 즉흥 코미디의 막과 장면의 그림을 그리는 기본 소재.

14) 편주 — 제국 대표 최종 의회의 결과 1803년과 1806년 시행된 법령에 의해 무스카우는 제국의 직접관할 지역에서 간접관할 시로 변경되었다(본서 제2부의 주 6) 참조).

슭에 기대어 그림처럼 아름답게 자리 잡고 있고, 그 정상까지 계단식으로 된 시민들의 정원이 이어져 있다. 과수농장과 작은 별장 같은 집들로 인해 이런 정경들은 더욱 친근해 보인다. 시가지 너머 서쪽의 고지와, 도시와 바로 경계를 이루는 곳에는 교회 폐허와 함께 보리수와 떡갈나무로 뒤덮인 베르크(Berg) 마을이 있다. 이 마을의 교회 폐허는 라우짓츠(Lausitz) 지방에서 가장 오래 된 것이다. 산비탈은 마을 끝에서 남쪽으로 계속 가파르게 이어지면서 반원을 형성하고 있다. 그곳에는 키가 큰 너도밤나무와 떡갈나무 그리고 드문드문 침엽수들이 서있고 수많은 계곡들로 낭만적인 경관이 펼쳐진다. 여기에 냉각탑과 다른 작업장들과 함께 멋진 건물의 명반석 채굴장[15]이 있다. 길게 이어지는 언덕의 산등성이는 여기서 다시 남서쪽 방향으로 돌아가다가 오래 된 포도원이 펼쳐진 부근에서 최정점을 이룬다. 이곳에서는 나이세(Neiße) 강의 흐름과 슐레지아 산맥, 괼리츠(Görlitz) 산맥과 바우첸(Bautzen) 산맥들이 넓게 펼쳐진 모습을 조망할 수 있다. 여기서부터 언덕은 서서히 비탈져 내려가다가 점차 숲에 가려 사라진다.

도시의 다른 쪽 끝에서 북쪽으로 반대편 산등성이를 따라가다 보면 길을 따라 나란히 이어지는 관목으로 울창한 가파른 나이세 강변에 다다르고, 여기서 잠시 다리가 걸려있는 즈음의 숲에 둘러싸인 마을에서 시선이 멈춘다.

이상과 같이 서술한 것은 그림 XI에서 살펴보면 보다 쉽게 이해할 수 있다. 지도에서는 도시 바로 앞 동쪽으로 완전 평탄지형의 나이세 초원이 펼쳐지고 초원 한가운데로 나이세 강이 흐르는 것을 식별할 수 있다. 이 평원에 옛 궁성과 새 궁성이 극장과 가축우리 등 부속 건물들과 함께

15) 편주 — 명반석 채굴장: 명반석을 세척하고 잿물을 제거하기 위해 냉각탑에서 여과시킨다. 이때 생성되는 약 15퍼센트의 용액은 끓는 동안 3분의 2가 증발되고 나머지 여과액(알칼리 액)은 냉각통을 통해 흘러나가는 동안 명반석으로 응결된다. 염색소와 제혁 공장에서 가공용액으로 사용된다. 부산물: 글라우버염(황산나트륨) (연대기 1573년, 1673년, 1782년 참조).

도시 가까이에 자리하고, 몇 백 걸음 정도 떨어져 궁성 앞을 지나는 가로 변에는 예전에 당당했던 영주 관할의 농장과 농가, 그에 딸린 부속건물 외에도 오래 된 물레방아도 하나 남아 있다.

해자와 요새 건너편에는 프랑스식 정원과 야채 농원들이 궁성을 에워싸고 있었다. 거기에 훗날 내 손으로 우리 독일 방식으로 영국식 정원풍의 작은 정원들을 더해 넣었다. 상당히 아름답고 넓게 펼쳐진 보리수 길은 분별없는 정원사가 그 옆에 서 있는 보잘 것 없는 모양의 오렌지원에 넘어져 덮치는 걸 예방한답시고 부분적으로 가지를 쳐내 버렸다. 그 같은 터무니없는 일은 초원과 활엽수림 사이 꿩 사육장이 있는 곳에서도 계속 반복되어 있었다. 나무꼭대기에 즐겨 앉는 맹금류 사냥 때문에, 반쯤 눈이 먼 늙은 꿩 사냥꾼이 그렇게 높은 곳을 잘 쏘아 떨어뜨릴 수 없다는 핑계로 거대한 가문비나무들을 완전히 제거해 버렸거나 꼭대기를 잘라내 버렸던 것이다. 그 외 대부분의 대지는 시민들 소유인 황량한 밭으로 되어 있었다. 강변 곳곳에는 아름다운 떡갈나무와 키가 큰 나무들이 울창했다.

건너편 강변에서 그리 멀지 않은 곳에는 정원에서 두 번째로 높은 고지를 형성하는 나지막한 산등성이가 동쪽으로 뻗어있다. 거기서 약간 떨어진 곳으로 다시 구릉에 둘러싸인 세 번째 고지가 넓게 전개되고, 그 다른 편으로 울창한 삼림이 우거진 곳으로 눈에 띄지 않게 경사를 이루어간다. 삼림 가장자리에 브라운스도르프 마을이 농장과 함께 있다. 이 농장을 향하여 잘 관리되지 않은 보리수길이 이어져 있었다. 이 가로수는 장점보다는 경관을 해치는 점이 많아 훗날 방해가 되는 이 가로수의 대부분을 제거하여, 고지의 가장 높은 지점이 삭막한 모습으로 예로부터 있어온 원래의 장소적 의미가 드러나게 해두었다.[16]

---

16) 궁성 바로 맞은편에 있는 이 언덕에서는 지난 50년 동안 사형집행이 있었고 그 근처에 들판으로부터 바람이 불 때마다 지독한 역겨움을 감내해야 했다. 이 사실을 여기에 언급해 놓는 것은 우리 선조들이 저지른 경솔함을 드러내 보임으로써 쾌적한 환경을 이룬 것과를 확실히 대비시켜 두려는 것이다. 이곳

이 구릉의 정상부에서는 그 아래로 펼쳐지는 일대의 경관을 만날 수 있다. 전경(前景)에는 나이세 계곡이 작은 도시와 함께 놓여 있고, 거기서 연이어져 베르크 마을의 초가집들과 함께 계단식 정원들이 마치 무스카우 도시 위에 펼쳐진 그림처럼 아름답게 솟아올라 있다. 계곡 남쪽의 명반석 공장과 도기가마에서는 밤낮으로 연기가 피어오르고, 어둑어둑해지면 그 불길로 온 동네가 훤해진다. 계속 강물을 따라 가다보면, 떡갈나무 고목과 다른 활엽수들로 울창한 들판은 주변을 감싸고 있는 다른 숲이 삼켜버린 듯 시야에서 사라지고, 짙푸른 숲 위로 불쑥 솟아난 타펠피히테(Tafelfichte)와 슈네코페(Schneekoppe)의 고지만 눈에 띈다. 이윽고 나이세 강 맞은 편 오른쪽 끝으로 넓은 초원이 전개되면서 키가 큰 나무 그늘이 드리워져 있고, 유명한 법률가이자 철학자 그레벨(Grävell) 소유의 볼프스하인(Wolfshayn)의 유리공장이 있는 가문비나무로 뒤덮인 산 하나가 그 위로 솟아 있다. 뒤 쪽으로 고개를 돌려보면 아주 먼 지평선까지 물결치듯 펼쳐진 울창한 검은 숲의 들판이 한눈에 들어온다. 멀리서도 우뚝 솟아 보이는 교회 첨탑들 외에 이 숲을 가로막는 것은 아무 것도 없다.

이 언덕에 거의 허물어져 가는 정자[17]가 서 있다. 전해지는 이야기에 따르면 옛날 성 혹은 망루가 있었다고 하는데, 지금도 그 성벽 기초와 지하실의 잔재가 남아있다. 이런 것들은 코일라(Keula)의 인근 소나무 숲에서도 종종 발견되곤 한다. 전쟁 동안, 이 지역 전체에 도깨비불처럼 확산되었다가 다시 빠르게 사라진 드문 사건 하나가 있었다. 어느 날 이 도시의 시장에게 러시아군 본부 사령장교가 찾아왔다. 장교는 입에 거품을 물고 있는 카자흐 산 준마에서 뛰어내리면서 이 지역을 잘 알고 있는 사람을 급히 구한다는 것이었다. 무슨 조사할 일이 있다고 했고, 이 조사는 중요하며 시간이 얼마 없어 긴급을 요하는 일이라고 했다. 낮

을 처리하는 데만도 상당한 비용을 들였다.

17) 편주—1773년과 1781년 연대기 참조.

선 사람인데다 연유도 알 수 없어 약간은 당황스러웠지만, 당시로는 그의 요청을 거절할 수도 없는 상황이었기에 믿을만한 사람을 하나 붙여주고 그에게 무슨 일이었는지 자세히 전하라는 임무를 주었다고 한다. 후에 그가 알려준 내용은 이러했다고 한다. 러시아 장교는 안내인에게 이곳의 모든 상황에 대해서 상세하게 묻기 시작했으며, 여기서 있었던 일에 대해 반드시 비밀을 지켜야한다고 단단히 약속을 받고는 다음과 같은 사실을 털어놓았다. 그가 이곳에 온 이유는 중요한 보물을 찾기 위해서이며 그 보물의 존재와 짐작되는 위치에 대한 정확한 정보를 갖고 있다는 것이다. 그는 모스크바 태생인데 그의 슬라브계 조상들은 수년 전에 무스카우에 정착하고 있었다는 것이다. 무스카우의 예전 이름은 모스크바와 같았으며 슬라브어로 어원도 같다는 것이었다.[18] 그 성은 가까운 숲에 있었으며 높은 언덕에 망루가 하나 있었다고 했다. 장교는 이 말을 하고나서 안내하는 남자에게 반쯤 곰팡이가 슬었지만 아직 잘 알아볼 수 있는 지도를 보여주었다. 자신이 메모해 놓은 쪽지에 따라 실제로 지금까지 전혀 알려지지 않은 지하 구조물의 잔해를 발견하게 되었다. 대략 40보 정도 떨어진 곳에서 매몰된 우물을 찾아내 파 보았으나, 푸른곰팡이가 끼고 문양이 완전히 지워진 작은 동전밖에 발견할 수 없었다. 한참 동안 계속 작업을 하였으나 더 이상 아무 것도 더 나오지 않자 이 장교는 다음날 좀더 많은 사람을 데리고 와야겠다면서 일단 그 사람을 돌려보냈다. 이튿날 장교는 나타나지 않았고, 사흘째 되던 날 그 안내인이 다시 찾아가 보았더니 전보다 좀더 깊이 땅이 파헤쳐져 있었다는데, 장교 혼자서 뭔가를 한 것이 분명했다. 거기에 있었을 뭔가는 의문의 장교와 함께 어디론가 사라진 것이다. 몇 년 후 내가 전쟁에서 돌아와 이 이야기를 듣고 호기심에서 직접 여러 차례 발굴을 해 보았

---

18) 슬라브 식 어원에 대한 이야기는 모스카(Moska)라고 기록되어 있는 시의 옛 연대기와 상당히 일치한다는 사실로도 이목을 끌기에 충분하다. 옛 지도에서도 똑같은 명칭을 발견할 수 있다〔모스크바의 독일식 이름 모스카우(Moskau)는 무스카우(Muskau)와 유사함 – 옮긴이 주〕.

지만 아무 결과도 얻지 못했다.

이런 일은 정원 설계를 전개시켜 나가는 일과 결코 무관하지 않다. 그에 따른 새로운 구상을 구체화한 후, 이미 계획해 놓은 정원 외에 구릉과 강 유역 둔치를 포함한 전체 언덕, 꿩 사육장, 경작지, 농장, 방앗간, 명반작업장 등 계곡 남쪽 사면에서부터 북쪽의 마을 쾨벨른과 브라운스도르프까지 (모두 합해 거의 4천 모르겐의 대지를) 정원구역으로 확장시키고, 거기에다 도시 후면으로 이어지는 산비탈과 베르크 마을의 일부를 포함시켜 장차 경작지들마저 도시의 일부가 되도록 하여 도시 자체를 완전히 정원으로 둘러싸이게 했다. 이곳은 아직 내 영지에 속하는 비독립 도시이므로 정원계획 전체에 포함시키는 일은 사뭇 역사적 의미를 갖는다. 전체 계획을 세우는 근거가 되는 주요 개념은, 관람자에게서 우리 가문의 삶이나 오늘날 여기에 튼튼히 뿌리내린 우리나라 관료제도의 상징적 이미지를 각인시키는, 말하자면 자연스러운 이상적 경관이라 할 수 있다. 이 지역에 있던 여건들을 이용하여 지역성과 장소에 얽힌 내력을 억지로 왜곡시키지 않는 한에서 이를 부각시키는 것은 아주 중요하다. 많은 급진적 자유주의자들은 내가 가진 이런 생각에 대해 비웃을지 모르지만, 인간의 교양은 어떤 형태로든 가치가 있는 법이다. 여기서 화제로 삼고 있는 것 역시 아마도 그 목적에 근접되어 있으므로 그것으로써 공장이나 기계, 물질적인 면에서 취하기 어려운, 보편적이면서도 문학적이고 낭만적인 측면을 재인식하게 될 실마리가 되어 줄 것이다. 모두에게 합당한 몫을(*Suum cuique*).[19] 돈과 권력에 사로잡힌 자여, 늙고 병든 귀족에게는 그가 지닌 최후의 유일한 자산, 시(詩)를, 노쇠한 자에게는 스파르타 전사 같은 힘을 추구케 하라.

이 일대 전 지역을 굽어보고 있는 높은 산의 무너진 성벽의 잔해, 옛스러움을 물씬 풍기는 동네, 그리고 옛 중세시대의 성채로 대별되는 이

19) 옮긴이 주 — Jedem das Seine; 프로이센의 프리드리히 1세의 말로써, 프로이센 독수리 훈장에 새겨진 명문(銘文).

미지를 정원의 경관계획을 위한 출발점으로 삼았다. 그리고 거기에 라인 강변에 잘 보존된 고대 성채와 같은 중세풍의 소박한 건물을 하나 짓기로 했다. 이 건물에는 예술적으로 고대의 모습을 부여하여 폐허처럼 만들어 놓되, 단순한 흥밋거리에 지나지 않는 쓸모없는 대상이 아니라 일부 변경하거나 수리를 해서 다른 용도로 이용할 수도 있도록 하고, 그러면서도 우리 지방에 널려 있는 수많은 성처럼 고성(古城)과 같은 옛 모습의 건축이 되도록 해야 할 것이다. 보는 장소에 따라서, 즉 계곡에서 보면 아주 가파른 정상이나 숲 가장자리에 자리하지만, 다른 쪽에서 보면 고지평원 가까이에 자리하고 있어 넓은 평지와도 같기에 농장이나 농가 또는 마구간으로도 유용할 수 있다. (물론 보기 흉한 난쟁이로 하여금 낯선 적을 염탐케 할 필요도 없이) 높은 망루가 있는 내성은 상류사회용 고급주택이나 탑 또는 우리 지역에 자주 발생하는 산불에 대비한 화재 경비용으로 이용될 수도 있다. 그 외에도 좀더 낭만적인 것으로 눈을 돌려보면, 우리 시대의 세니(Seni)[20]로 하여금 그곳에서 방해받지 않고 조용히 점성술에 몰두하도록 마련해 줄 수도 있고, 아니면 연금술사로 하여금 결코 사라지지 않을 존재를 실현시키도록 할 수도 있을 것이며, 사냥개 우리를 옮겨놓아 모든 기사제도에서 필수요소였던 사냥개 짖는 소리를 나게 하는 일도 빼 놓을 수 없겠다.

농담은 이제 그쯤하기로 하지만, 픽션에 역사적 근거를 담아가기 위해서는 사실 민중들의 전통이 긴밀하게 바탕이 되어 주어야 한다. 앞에서 언급했던 이야기 외에도 오래된 우리 시(市)의 연대기에는, 내가 직접 주석을 달아 요즘의 현대어로 옮겨 둔 기록이 있다.

> 무스카우(Muskau) 또는 모스카(Mosca), 그 외에도 소위 '남성들의 도시'라는 의미로 무차코우(Mužakow)라 불리는 우리 시는 이교도 시

---

20) 편주 — Giovani Baptista Seni(1600~1656) : 이탈리아의 점성가로 30년 전쟁 당시 오스트리아 장군 발레슈타인의 전용 점성술사(연대기 1633년 참조).

대까지 서(西) 슬라브의 소르브 족의 유명한 순례지로서, 신(神) 중의 신 '성스러운 빛, 성스러운 불' 스반테빗(Swantewit)의 고대 성상을 모신 네 개의 신전이 이곳 떡갈나무 숲에 있었다. 말을 제물로 하여 받은 그의 신탁은 사제에 의해 백성들에게 전해졌으며, 제물을 바치던 장소는 지금도 분명히 알 수 있다—그 중 하나는 온천장 근처에 있다. 시 반대편의 들판은 아직도 거의 매일 파내다시피 하는 유골 항아리들로 가득한 거대한 묘역이었던 점을 고려하면, 오래전부터 많은 사람들이 이곳에 살았었다는 사실을 알 수 있다. 마이센 시대의 주교 힐데바르트 3세(Hildewardt des III)에 이르기까지—1060년—루드비히(Ludwig der Frommen)에 의해 소르브 족의 교화정책이 펼쳐졌을 때, 고대 신들에 대한 제례의식은 당시에 거의 들어갈 수 없었던 깊은 숲속으로 밀려나 은밀하게 수백 년 동안 이어져 왔다. 조이티버(Zeutiber) 신의 입상은 손상되었지만 상당히 훗날까지도 있었다고 한다.

이런 묘비는 트로이와 헬레스폰트 반도(Hellespont, 다르다넬스 해협의 옛 명칭: 옮긴이 주) 전역에서, 가노코로(Ganochoro)와 헤르클레아(Heraclea)에 걸쳐 널리 분포되어 있다. 특히 후자의 경우는 이곳 나이세 계곡까지 올라온다. 즉 오늘날까지 소르브벤트(Sorb-Wend)인 사이에서 '크라슬스루'(Krasslsroo) 또는 왕의 무덤이라고 불리는 너도밤나무 숲과 베르덱(Werdeck)의 커다란 떡갈나무 고목이 서있는 푸른 언덕이 그것이다.

무스카우의 첫 영주는 테오리쿠스(Theoricus) 백작이었으며, 그의 딸 율리아네(Juliane)를 아들과 동명(同名)의 비테킨트(Wittekind)와 결혼시키고, 자신의 이름이 이 시대까지 전해지도록 함이 자신의 사명임을 천명했다 한다.

영웅 지크프리트 폰 링엘하인 백작(Graf Siegfried von Ringelhain)은 브루노 폰 아스카닌 백작(Graf Bruno von Askanien)과의 협공으로, 당시 숲이 울창한 계곡으로 일단 후퇴한 큰 전투 끝에 헝가리 군을 완전히 섬멸했다〔부르군트 연대기. 뮌헨에서 출판된 헤게뮐러(Hegemüller) 박사의 문장집(紋章集). 젤덴(Selden) 박사의 명예패에는 이 내용이 황제 하인리히 1세(Heinrich I)의 무스카우 시 기록 133항으로 등재되어 있음〕.

지그프리트의 아들, 백작 요한은 전리품의 일부로 무스카우에 국경 수비를 담당하는 튼튼한 성을 세웠다. 1109년 황제 하인리히 3세와 5세 때, 백작 요한이 폴란드의 블라디스라우스 공작(Herzog Vladislaus)에게 성을 양도했고, 블라디스라우스는 아버지가 보헤미아의 영주 딸 미힐담(Michildam)과의 혼인을 반대하자 흐라친(Hradschin) 출신의 예쁜 아가씨를 납치하여 3년 동안 그녀와 황홀한 시간을 보냈다. 이에 볼레스라우스는 진영을 치고 대치하여 무스카우 성을 점령했다. 붙잡혀 온 딸과 귀여운 손주를 보자 그의 심한 분노는 부정(父情)에 누그러질 수밖에 없었다. 그는 딸을 용서했고 손자 프리미스라우스(Primislaus)는 그 후 보헤미아의 공작 되었으며, 아브라함 호르스만의 연대기에 의하면, 그는 자신의 고향 무스카우에 매우 우호적이었다 한다. 당시 전성기를 누리던 도시는 그 후 중대한 국면을 맞게 되어, 끔찍했던 타타르 전투(1241년)에서 터키인들에 의해 완전히 파괴되어, 탄탄했던 고성도 웅장한 탑도 사라졌고 흔적조차 찾아보기 어렵게 되었다. 옛 장소에 도시를 다시 건설하였고, 성은 도시 인접한 곳에 새로 건립되었다. 여기서 종종 군주들이나 기사들의 무술시합과 마상시합이 열렸다. 종교개혁 이전까지 무스카우는 주교구였다. 이 지역은 타타르 전투에서부터 최근의 독립전쟁(유럽을 나폴레옹 1세로부터 해방시키기 위해 벌였던 1813~1815년간의 전쟁: 옮긴이 주)에 이르기까지의 거의 모든 전쟁을 겪으면서 많은 피해를 보았다.

후스파 교도들에게 철저하게 파괴되었고[21] 30년전쟁 때에는 티펜바흐(Tiefenbach)에 의해 무스카우 주변 마을들이 모두 불탔다. 크로아티아인에 의해 도시와 성이 약탈당했고, 발렌슈타인(Wallenstein) 장군의 황제군이 1633년 여러 날 점령하고 있었다. 그리고 바로 얼마 후 숲에 화재가 나서 6주 동안 모든 것을 불태웠으며, 스웨덴 군의 무관심으로 멋지게 새로 확장해 놓았던 궁성도 이때 완전히 불타버렸다. 도시도 여러 번 화재를 당했고 1766년에는 완전 잿더미 상태가 되어 있었다. 역설적으로 이러한 불행 덕분에 같은 규모의 다른 도시들에 비해 무스카우는 비교적 화려하고 반듯한 외형을 갖추게 되었다.

---

21) 옮긴이 주 — 후스 전쟁(1419~1436)

추측이 아니라, 옛 성채에 관한 역사적 증빙 자료는 적지 않다. 거기서 한때는 블라디스라우스가 사랑스런 딸에 쏟은 애증의 불안한 나날을 보내기도 했고, 엄한 아버지의 끓어오른 분노가 딸과 손자를 보면서 부드럽게 녹아내릴 때까지의 세월 동안 무스카우에는 방종한 기사들의 난폭함과 살인과 화재의 횃불이 난무하기도 했다.

작가들이 종종 작품의 결말을 먼저 그려놓고 시작 부분을 마지막으로 완성하듯이 나도 이 성채의 건축은 마지막까지 미루어 두었다.

성채에서 12～13분 정도의 거리에 가족묘지교회를 세울 자리를 잡아두고, 굽이치는 구릉과 울창한 숲으로 덮인 이곳으로는 첨두아치로 된 날씬한 다리로 접근하도록 한다. 이런 건축물로 다른 누구보다 앞선 우리 조상들의 안목을 보여주기 위해 거의 비슷한 시대의 건축형식, 그 용도에 따라 판단하자면 비잔틴 혹은 로마네스크 양식으로 만들까 한다. 그밖에도 거의 같은 거리에 있는 언덕에는 오래 된 보리수가 한 그루 자라고 있는, 거칠게 벽을 쌓아놓은 대(臺)를 만날 수 있다. 벽감에는 성모 마리아가 모셔져 있어 옛 가톨릭 방식에 따라 예배드릴 수 있으며, 연푸른빛으로 지평선을 이루며 물결치듯 겹쳐오는 산봉우리를 볼 수 있게 하여 내세의 종교적 경건함이 암시되는 경관을 이루도록 한다.[22] 이런 다양한 성채와 부속건물들 너머의 고지에는 나중에 다시 돌아보게 될 경주로가 놓여있다.

이렇듯 실제처럼 조성된 것들이 자리하고 있는 길게 연이어진 구릉은 지금 우리가 거주하고 있는 계곡의 새 궁성처럼, 옛 궁성의 동쪽으로 펼쳐진 유일한 조망대상이 된다.

그곳 강변에 봉건영주의 비호 아래 작은 도시가 건설되고 난 뒤, 고지대의 성채에 자리 잡고 있던 근엄한 영주들은 평화로운 시대를 맞으면서 차츰 평온한 삶을 이루고자 하는 마음을 갖게 되었고, 살기 불편한

---

22) 이 성모상은 목화석으로 된 아주 묘한 입상으로 발견된 지 오래 되지 않았다. 13세기에서 14세기까지로 추정된다.

성채를 떠나 보다 사교적 분위기로 주거환경을 바꾸어가게 되었다. 늦어도 14세기 즈음, 그 아래쪽에 현재 영주의 관할 관청으로 사용되고 있는 옛 궁성이 세워졌던 것 같다. 이 궁성이 지닌 독특한 외형에 크게 손상이 되지 않도록 신중하게 고려해 박공과 다양한 색상의 고대 문장 등을 보수하는 정도로만 해 두고, 니벨룽겐으로 유명한 우리 조상, 즉 뤼디거 폰 베클라른(Rüdiger von Bechlarn)의 입상도 추가하기로 했다.[23]

그런 궁성 주변의 외부 공간은 그대로 도시의 가로를 조망하기에 좋고, 정원으로 들어오는 사실상 진입로가 되기 때문에, 고대 마자르족 기마상을 세우기에 아주 좋은 장소가 될 것이다.

후대에 들어 원래 성채가 자리했던 장소에서 백 보 가량 떨어진 곳에 해자를 두른 요새에 걸 맞는 넓은 토지와 새로 수여받은 비교적 높은 지위에 어울리는 (그들은 당시 제국[24]의 백작으로 신분이 상승되었다) 궁성을 세웠다. 이 궁성은 이탈리아 건축가에 의해 만들어졌다. 거의 그만큼 떨어져 반대편에는, 최근에 반으로 줄어들어 볼품없이 되어버린 정원궁정이 있어, 요즘도 간간이 극장으로 이용된다.

---

23) 내가 여기서 부수적으로 언급하고자 하는 것은, 일부 계보 연구에서 우리 가문의 혈통에 의구심을 갖는 경우가 있기 때문뿐 아니라, 지금까지 이런 혈통에 관한 의혹에 대하여 분명히 입증할 수 있는 역사적 기록이 마련되지 못하고 있어서 고대 원문 기록에 대해 기록해두고자 함이다. 아쉽게도 이 기록들은 16세기 초 쉐들라우(Schedlau)의 대화재로 소실되었다. 호칭에 관한 것〔15세기까지 우리 가문은 페크라른(Pechlarn)이라고 불렸다〕과 문장(紋章)이 뤼디거의 후손인 파사우 주교 펠레그린(Pellegrin)의 묘비에 보인 것과 동일한 것으로 입증되고 있다. 거기에는 오늘날 우리의 문장에서 볼 수 있는 것처럼, 4개의 구획된 바탕에 분리되어 표현된 독수리 문양이 분명히 나타나 있다. 예전 우리 가문과 제국 계보상 직접 연관된 지파였던 림푸르크 파렌바흐의 퓌클러 백작(Graf Pückler Limpurg auf Farrenbach)들이 그에 관한 흥미로운 기록을 소유하고 있다는 것도 여기에 함께 기록해 둔다. 혹 내가 이 지면에 가정적으로 논했다하더라도 누가 독일 불멸의 영웅문학이 우리 조상들을 통해 낭만적인 높은 가치를 부여하고 있음을 의심하겠는가.

24) 옮긴이 주 — 신성로마제국을 뜻함.

예전의 해자를 나이세 강과 연결하여 넓은 호수와 강으로 만들고, 새 궁성의 세 면을 휘돌아 가면서, 옛 궁성과 극장이 있는 지역과 경계가 되도록 해놓은 구상은 설계도에서도 뚜렷이 나타나 있다. 나의 친구 쉉켈[25]이 천재적 능력을 발휘해 완성해 놓은 나의 설계도에 따라, 장차 옛 궁성은 새 궁성과 높은 아치교로 연결하고 다른 편에 있는 극장은 짧은 아치 위에 설치된 갤러리를 통해 연결되도록 하려한다. 그렇게 오백 보를 넘는 긴 구간으로 확장해 놓으면 전체는 보다 품위 있는 저택으로 변모할 것이다.

이제 우리는 잠시 지난 세기를 돌이켜 생각해 보기 위해, 요즘 상승하고 있는 산업과 교양에 관한 부분을 살펴보기로 하자. 교양은 귀족을 더 이상 취미로 즐기는 사람으로 남게 하거나 경우에 따라서 다른 사람을 약탈하지 않는 사람으로 개조해 주는 것이 아니라, 산업적으로 이윤을 획득하려는 사람으로 바꾸어 놓는다. 그 결과, 무엇보다도 먼저 강변에는 제분소 양조장 등 도시의 유통 상품을 고려한 생산적 건물이 들어서도록 하게 된다. 우선은 이런 건물들이 박공과 내닫이 방식의 작은 창문으로 불규칙하게 의장된 예스러운 모습을 갖추도록 하지만, 나중에는 대지의 지질을 상세히 조사하여 비교적 현대식의 명반 광산도 건설하기로 한다. 생산품의 상품가치를 셈할 수 없게 되면 낡은 포도원의 시설은 폐쇄하기로 결정한다. 우리의 조상들은 질이 나쁜 와인에 만족했거나, 그게 아니면 날씨가 지금보다 따뜻했었어야 할 것인 게, 예를 들면, 지금은 맥주의 주산지가 되어있는 베를린의 평원지대가, 베를린 연대기의 보고대로 예전에 포도 산지였다고 한다면 이 사실을 그대로 믿을 수 있을까!

최근 들어 일반 시민사회에서 여러 분야에 점차 관심이 강해지면서, (여기서 나의 취약한 부분이 시작된다) 지금까지 문화적인 면을 외면해 왔던 지역에서도 예술과 미의 필요성을 감지하게 되었다. 그로써, 이제

25) 옮긴이 주 — Karl Friedrich Schinkel(1781~1841): 독일 건축가

지나온 세월의 옛 것을 어떤 총체적인 그림 속에 재조명함으로써 한때 그곳에 있었던 모든 것을 새로 부각시켜 가능한 한 목적에 맞게 개선하고 좀더 우아하게 새로운 것과 결합하여 하나로 잘 조화되도록 해야 한다는 생각이 들었다. 거기에 더하여, 오랫동안 알려져 있지만 결실을 보지 못했던 것으로, 광산에서 멀지 않은 곳에서 나오는 광천수라든가, 이미 까마득히 오랜 원시시대부터 퇴적되어 수천 년 동안 숲 속을 떠다니며 형성된 유황천이 솟는 늪지와 같은 것들을 이용할 수도 있다. 필요한 모든 요소들이 풍부하게 녹아 있는 온천수를 이용하면 병으로 고통받는 사람들에게 지속적으로 요양할 수 있는 기회를 줄 수도 있다.

그 외에도 여러 새로운 시설들이 때로는 궁성 인근에 때로는 다른 장소에 추가적으로 마련되어 갈 수 있다. 즉 밀 표백장, 어부의 오막살이, 쾨벨른(Köbeln)[26] 마을 근처의 명반 채굴장과 브라운스도르프와 평원의 자연부락들을 하나로 그룹을 이루게 하며, 정원일꾼이나 광부 또는 가난한 사람들에게 무상으로 제공해주는 것이다. 더 나아가 조망과 휴식의 장소가 되어 시와 인근 지역의 일요일 오락장 역할을 해주는, "엥글리쉬하우스"(Englischhaus)[27] 라고 부르게 될 상당히 세련된 별장도 있다. 수많은 어려움과 싸워야 했던 이 사업을 기념하기 위해, 정원 조성의 전 공정을 마무리하는 기념비 성격으로 정원 한 곳 한적한 강변 언덕 어디쯤에 불굴의 의지를 상징하는 사원을 건립할 계획이다. 이것에 대해서는 나중에 상세히 설명할 생각이다.

이런 것들이 내가 세웠던 과업의 중요한 내용들이다. 내가 이 일에서 완수해 놓은 것들 중 문제를 해결해 나간 방법들, 그리고 기타 사항들을 이렇게 글로써 옮겨 놓은 것들에 대한 판단은 각 전문가와 애호가들의 몫이라 여겨지지만, 적어도 그 의도는 건전하고 호의적이며 일부 예술적인 노력도 없지 않았다고 자부한다.

---

26) 옛 지도에는 고벨린(Gobelin)으로 표시되어 있다.

27) 편주—연대기 1820년 및 1945년 참조.

무스카우 정원은 역사적으로 형성된 시기에 따라 구분하면 다음과 같은 주요 지역으로 나누어진다.

I. 나이세 강 건너편의 옛 성채지역. 이에 속하는 시설로는,
 A. 성채와 그 주변
 B. 묘지 교회
 C. 경마장
 D. 종마소
 E. 목양농장
II. 도시와 그 외곽
III. 궁성 지역. 그 세부구역으로는,
 A. 옛 궁성, 제분소, 농장 등
 B. 플레저그라운드를 포함한 새 궁성
 C. 온실(오렌지원)과 소정원들
 D. 여관
 E. 꿩 사육장
 F. 어부 오두막과 주변
 G. 사원
IV. 포도원
V. 광산과 광산촌
VI. 온천
VII. 천문대
VIII. 마을. 이에 속한 것으로는,
 A. 엥글리쉬하우스
 B. 고벨린 집단부락

각 지역을 상세히 살펴보기 위해서는 정원을 처음 찾아온 손님의 입장에서 고려된 동선을 따르는 것이 가장 효율적이다. 이때는 부록의 도면B를 반드시 지참하기를 바란다. 붉은 색, 검은 색, 푸른색, 노란색으로 표시된 네 종류의 화살표는 아리아드네의 실[28] 역할을 해줄 것이다.

지역을 구분하는 방법으로는 방금 앞에서 제시해 놓았던 것처럼 정원의 관리측면에서나 정원탐방과 관련하여 지역성이나 편안함, 혹은 일목요연함의 측면에 따라 "미학적"이라고 칭할 수 있는 기준에 의한 방법과는 다른 구분을 고려하고 있다는 점을 주지하기 바란다. 이 방식에 따르면 전체 정원은 세 구역으로 나뉘면서 각 구역들은 장소에 따라 해당 구역이 지니는 개별적 특성으로 이루어지는 고유한 경계를 갖게 된다. 즉 슐로스파크, 바데파크[29], 그리고 외곽의 파크 등 각 구역은 부여된 고유한 역할에 충실하게 탐방로를 따라 풍부한 공간과 소재를 제공하게 된다. 첫 번째 구역은, 일부 구간을 외부의 눈에 띄지 않게 넓게 식수를 한 높은 수벽(樹壁) 으로 구분해 놓았고, 그 외의 구간은 나이세 강이 경계역할을 해 준다. 두 번째 구역도 마찬가지로 그 절반은 도시 쪽으로 비슷한 방식으로 수벽을 친 다음 깊은 도랑과 넓게 장미과 덩굴로 구획해 둔다. 세 번째 구역은 1 루테[30] 정도의 폭으로 빙 둘러 고랑을 만들고 아카시아와 가시나무, 그리고 주엽나무로 울타리를 둘러둔다. 이 정도의 너비는 사람이나 동물이 쉽게 건너가지 못하며, 바닥이 전혀 정갈하지 않더라도 문제되지 않는다. 이 지역에는 토끼들이 많이 살고 있어서 아무리 추운 겨울이라도 여기저기 돌아다니면서 나무에 심한 상처를 줄 수 있지만, 어차피 매 3년마다 울창해진 숲의 나무를 부분적으로 쳐주어야 하기 때문에 토끼로 인한 피해가 그리 심각한 것은 아니다.

궁성에서 마차가 다니지 않는 보행전용 산책로를 따라 화원과 플레저그라운드 한 쪽으로 나가는 길을 찾아든다.

붉은 화살표를 따라가다 보면, 맨 먼저 궁성의 넓은 계단 위쪽의 오렌지원과 커다란 화분에 담겨 덩굴로 뻗어 올라가도록 간단한 아치에 올

---

28) 편주—Ariadne: 그리스 신화에 나오는 미노스의 딸. 테세우스가 실 꾸러미, 이른바 아리아네의 실을 따라 미노타우르스의 미로를 빠져나오도록 도왔다.
29) 옮긴이 주—Schloßpark: 궁성일대의 정원. Badepark: 온천장 일대의 정원.
30) 옮긴이 주—옛 길이 단위로 약 3.77미터

린 꽃시계 덩굴을 만나게 된다(부록의 배치도 C 와 B[31] 의 a). 아치 사이에 가로 막대들을 올려놓고 그 위에서 화려한 색상의 앵무새들이 그네를 타도록 하여 사람들이 너무 가까이 다가가서 괴롭힐 수 없게 해둔다. 오렌지원은 테라스에 그늘지고 향기로운 통로를 이룬다. 그 주변을 벽감 같은 작은 공간을 이룬 꽃 설치대들로 둘러놓아 궁성 테라스 안뜰 쪽으로 연장시켜 두면, 꽃 설치대는 때로는 작은 살롱이 되기도 하고 바깥으로 정원을 내다보는 작은 조망장소가 되어 주기도 한다. 테라스는 유리문을 통하여 사교실과 연결된다.

이 방 맞은편에서 남쪽으로 성의 측면 벽을 따라 사계절 푸른 잎과 꽃으로 장식된 통로가 되도록 해두고, 여름에는 창문을 떼어 놓아 시원한 그늘 집이 되도록 한다(b). 방에서 나오면 황금빛 철책을 두른 쪽문 바로 아래로 양쪽의 두 날개 모양의 계단으로 내려갈 수 있도록 해둔다.

이 온실 앞에서 맞은편 언덕 아래의 루시 호(湖) 까지 펼쳐지는 첫 번째의 화원이 시작된다. 화원은 사각형 모양의 궁성 둘레를 둘러싸면서 금빛 황철광과 푸른 슬래그로 쌓아 놓은 터널을 통하여 경사로 아래쪽으로 연결되어 간다.

이런 정원을 조성할 때, 나는 규칙적인 것들을 불규칙적인 것과 과감하게 연결시켜 전체의 조화를 깨뜨리지 않으면서 자유로운 분위기가 되도록 애를 쓴다. 다양한 평면 문양을 만들기도 한다. 하나의 별 모양에 꽉 차게 해둔 H자 문양; 유태교 제사장의 흉갑 모양의 사각형; 풍요의 뿔[32] ; 다양한 모양의 화단으로 구성한 거대한 꽃문양; 장미와 물망초로 만든 S자 문양; 공작날개 모양 등 약간 특이한 문양; 이들의 실제 효과는 상당히 풍요롭고 독창적이어서 부인네들의 우아한 내실 장식에 견줄만하다. 그림 XII에 있는 스케치는 성루에서 바라본 모습의 일부를 보여준

---

31) 독자들께 좀더 자세히 안내할 수 있도록 이 보행산책로 주변의 정원 일부분을 확대해 두었다. (도면 C 참조)

32) 옮긴이 주 — 염소 뿔로 만든 그릇에 꽃, 과일, 곡식 따위를 듬뿍 담아 풍요의 상징으로 만든 것.

다. 브루멘글로리(Blumenglorie) 앞에는 두 개의 흉상을 세울 계획인데, 내가 일생 동안 만난 사람들 중 가장 아름다운 여인들로 기억되는 두 여인상이다.[33]

세 그루의 보리수 고목 아래, 특히 화려한 꽃으로 가득 둘러싸인 약간 높은 곳 (c)는 화원에서 가장 포인트가 되는 곳이다. 거기서는 호수를 바라볼 수 있고, 인접한 플레저그라운드와 그 너머 맞은편 도시의 계단식 정원들과 언덕 위의 베르크 마을까지 광활하게 펼쳐진 경관도 만날 수 있다. 가파른 옹벽 벽면을 훑어 흐르는 강물 위로는 연회를 열만한 충분한 공간이 있어, 저녁이면 이곳에 환하게 등불을 밝히게 된다.

그 밖에도 다달이 피는 장미와 회양목으로 만든 로젯테(Rosette)에 석류나무로 화환 장식을 한 로자리(Rosary)는 앞서 이야기했던 그늘 집과 이어지도록 해놓고, 아치로 둘러싸인 작은 공간들은 또 다른 사교장소가 되어준다. 여기서는, 사방으로 에워싼 숲으로 인해 잎이 커다란 플라타너스 수관 아래로는 수평면 외의 그 어느 것도 드러나 보이지 않는다(그림 XIII 참조). 그 옆으로 튤립나무 살롱이 있고, 그늘 아래에는 패랭이꽃이 가득하다. 돌계단을 따라 물 쪽으로 내려가면 몇 척의 작은 곤돌라가 매여 있는 곳으로 이어진다. 요즘 유행하는 노 젓는 일을 좋아하는 사람들은 이 곤돌라를 타고 폭풍우를 만나거나 배가 난파될까 걱정할 필요도 없이 이 평화로운 호수를 노 저어 갈 수 있다.

길을 따라 계속 가다 보면 탑이 서 있는 곳에 이른다. 재스민과 장미 덩굴이 올려진 파골라가 기대어 세워져 있고, 시선을 돌리면 길이 방향으로 거의 호수 전체를 바라볼 수 있다. 두 개의 다리가 놓여있고 폭포도 하나 있어 훌륭한 조망점이 되어준다. 여기서부터 다시 관목 숲 쪽으로 한참 동안 산책을 계속할 수 있으며, S자 문양으로 수놓인 자수화단

---

33) 아름다움을 깨닫는 것은 무례한 것이 아니며, 그것의 풍요로움 앞에서는 서열도 신분의 구분도 사라지기 때문에 나는 아름다움이란 곧 호기심이라고 생각하고 싶다. 한 여인은 알로포이스 백작 부인이며 다른 한 사람은 로씨 백작부인이다.

그림 XII. 화훼원

그림 XIII. 궁성 앞의 로자리

과 커다란 새장 그리고 공작 깃발 문양으로 수놓인 자수화단이 있는 곳에 이르러 꽃 설치대를 지나 앞서 설명했던 터널(d)에 닿는다. 거기에는 더운 여름날이면 분수가 상쾌한 시원함을 주는 조용하고 한적한 장소가 마련되어 있다. 일상에서 자주 쓰는 관용어처럼 '깊은 생각에 잠기거나' '보다 일상적인 기분'으로 편안하게 오수를 즐길 수도 있다. 부드러운 이끼가 낀 바닥에는 어스름한 황혼이 끊임없이 찾아든다.

이쯤에서 잠시 별도의 장(章)을 만들어, 꽃나무와 관련된 이름들을 몇 가지 삽입해 두는 게 좋을 것 같다.

유감스럽게도 나이세 강 유역의 불리한 기후조건과 끊임없이 부대껴 가야 한다. 그래서 시티수스, 칼리칸투스, 박태기나무, 살구나무, 히비스쿠스 종류, 수국, 로도덴드론, 코메토니아 등 어느 정도 강한 관목도 자칫 얼어 죽는 일이 있기 때문에 조심스럽게 보온 덮개를 해 주도록 주의를 기울여야 한다.

좀더 연약한 관목, 예를 들어 미국풍나무, 목련, 진달래, 포르투갈월계수 (영국에서는 강한 수종으로 육종되어 있음), 들배나무, 알부투스, 호랑가시나무 종류, 일부 석남류 등은 이동식 플랜터로 거의 매년 겨울철 대비를 해 주어야 한다. 그래서 설사 아주 흔한 일반종이라 하더라도, 비교적 강한 관목류 중 아름다운 꽃을 피우는 것들을 더 좋아한다. 자연을 너무 인위적으로 만들어 가는 것은 가능한 한 자제하는 것이 좋다고 보기 때문이다. 예를 들어, 흔하지만 꽃이 무성하게 피는 붉은 가시덤불 또는 인동덩굴 등도 적당한 기후에는 화려하게 번식할 수 있고, 무엇보다도 발육이 좋지 않은 외래종 식물보다 분명히 이 땅에 더 잘 어울린다. 그 밖에는 주로 분재식물로 장식을 하는 편이다. 분재식물들을 위한 고정적인 장치를 미리 준비해 두어 잔디를 상하지 않게 할 수 있으며 화분이나 플랜터를 별도로 은폐시키지 않아도 흉하지 않도록 해 둘 수 있다. 예를 들면, 반원형의 벤치 뒤에 둥근 모양의 긴 상자를 둘러놓고 여기에 협죽도를 활착시키면, 둘러놓은 플랜터를 따라 일정하게 자라서 바닥까지 드리워지면 마치 땅에서 자라난 것처럼 보이게 된다. 석류나무나 다른 나무들은 그에 잘 어울리게 우아한 장식 받침대로 둘러싸주고 같은 모양의 화분을 설치하여 플랜터에서는 아무 것도 보이지 않고 가운데 화관만 우뚝 솟아나 보이게 한다. 줄기만 하나 따로 쑥 올라와 보이게 하려면 가장자리를 감추어 준다. 쌓아 놓은 깔때기에 맞추어 화분에 흙을 채워 넣고 푸른 이끼로 감추거나 작은 키의 꽃들로 화분을 채워준다. 늦가을이 되어 이런 온난성 식물들을 다시 치워주어야 한다면, 과꽃처럼 약간의 추위에도 걱정 없는 종류의 꽃바구니 종류로 화분을 대신한다. 구덩이를 만들어 땅에 묻어놓은 바구니로 충분한 공기가 통할 수 있도록 하며 화분은 부분적으로라도 반 정도 깊이 삽입될 수 있을 정도로 넓어야 한다.

다양한 색상으로 혼합하는 것 보다는 서로 비슷한 색상으로 모아주는 것이 좋다. 너무 장황하지 않게 꽃이 피는 순서에 따라 배열하는 간단한 보기 정도만 제시한다면, 이미 언급한 부채모양(e)과 별 모양(f), (푸른 화원의) 체크무늬 사각형(g), 나팔모양(h) 등의 문양을 만드는 정도로 다루어 볼까 한다.

부채꼴(e)은 우선 노란 크로커스 종류의 꽃으로 채운다. 그러고 나서 전체적으로 다양한 색상의 줄무늬가 고리모양이 되도록 자라란화를 함께 심고, 중앙을 어두운 색으로 하여 전체 색조가 단계별로 명암을 이루도록 한다.[34] 그런 다음 가을까지 꽃이 피는 과꽃으로 전체적인 마무리를 한다. 우리 같은 사람들은 가을이 되면 시골에서 지내는 일은 어쨌든 끝이 나고, 대개 사냥을 즐기는 사람들만 남게 되어 이들에게는 기껏 토끼에게 제공할 만한 것 외에는 크게 더 필요로 할 일이 없다. 부채모양 옆의 바구니 둘 정도에, 우선 어두운 색의 계란풀로 채우고 나중에 수염가래꽃을 심는다.

별(f) 문양 맞은편에는 튤립으로 채운 것으로 시작한다. 그 다음에 화

34) 정원사가 꽃을 재배하면서 옮겨 심는 시기를 고려하는 것은 당연하다.

분에 있는 진홍빛 양아욱을 옮겨 심어, 이 꽃으로 가을까지 이어간다. 색이 진한 다양한 색상의 튤립 꽃들로 혼합하고 그 다음 꽃이 필 때까지 둘은 밀짚 꽃으로 둘러싸고 둘은 페루향수초 꽃이 피도록 해둔 네 개의 바구니로 이 문양 주변을 둘러싼다. (푸른 화원에 있는) 정방형(g)는 히아신스 꽃으로 채운 것으로 시작하되, 이 꽃들은 네 가지 색상의 다양한 색조를 띠게 되므로 가능한 한 조밀하게 심어놓는다. 그런 다음 다른 방식으로 분류하여 세 가지 색상의 천일홍들을 심는다. 나팔모양은 노란색 꽃봉오리로 장식하고 일 년 내내 노랑원숭이꽃으로 장식하여 늦가을까지 지속되도록 한다. 나머지 부분은 시레네, 제비꽃, 로벨리아 등을 이용해 다른 색으로 장식한다. 그러나 나팔모양처럼 상당히 많은 양의 꽃을 채워줘야 하는 것은, 여름 내내 온갖 색상의 꽃으로 장식된 이끼가 낀 화분을 통해 화려하게 서로 복구되기 때문에 서너 개의 호박을 이식하여 구획된 윤곽을 점점 모호하게 해간다.[35]

이렇게 복잡한 방식으로 만들어 놓은 후, 모양을 분명하고 확실히 해두기 위해 보통은 회양목으로 둘러주는데, 그렇게 명확한 테두리를 만드는 데는 회양목이 가장 좋다. 원형이나, 타원형, 또는 정방형처럼 단순한 모양의 화단일 경우, 테두리를 따로 만들지 않을 것이라면 실용적이고 나지막한 꽃을 심어 모양을 잡는다. 하지만 불규칙적으로 자란 다년생 화목을 이용해서는 절대 안 된다. 다년생 꽃들은 실제 목적한 바에 어긋나게 어설픈 형태를 이룰 수 있기 때문이다.

덩굴식물용으로는 튼튼한 철사 줄을 이용하여 다양한 모양의 지지대로 마무리하면, 지지대는 그 자체로도 훌륭한 장식이 되어주고 덩굴이 사방으로 드리워질 수 있도록 도와준다. 영국에서는 이런 지지대를 성문모양이나 아치형, 파라솔 모양, 혹은 속이 뚫려 있는 원통형 기둥이

35) 이런 종류의 장식은 소량의 장식으로써 개화시기에 따라 보다 풍부하고 개선된 프로그램을 마련할 수 있다. 여기서는 다만 대략 어떤 과정을 거쳐야 하는지 하나의 근거로만 제시하려는 것이다.

그림 XIV 1. 덩굴식물 철제 지지대

그림 XIV 2. 덩굴식물 철제 지지대

나 작은 오벨리스크 등 다양한 모양으로 만들어 매우 깔끔하게 공장에서 대량으로 생산되고 있다. 우리 독일에서도 숙련된 기술자들이 도안에 따라 만들도록 해야 할 것이다.

빽빽하게 달린 푸른 포도송이들이 철망사이로 뚫고 나오게 하려면 파라솔 모양으로 성형해 놓은 콩류가 가장 잘 어울린다(그림 XIV의 1과 2). 아치형에 멕시칸 아이비를 올려 입구장식으로 화려한 문양에 XIV 3의 도금을 한 글로리 외에도, 각종 참여아리 사이로 포도넝쿨이 기어 올라오거나 끝을 황금 도금한 푸른 바구니(XIV 4)를 붉은 베고니아로 화관을 장식한다. XIV 5는[36] 꽃바구니로 길게 뾰족한 모양으로 하고 그 가장자리는 마른 잎 톤의 잎들로 장식하여 뾰족한 끝을 땅에 고정시키면, 큰 수고 없이 부재별로 따로 설치하거나 제거할 수 있어서 저렴한 비용으로 지속적이면서도 눈에 잘 띄게 할 수 있다.

인내심을 잃지 않고 나를 따라오도록 독자들께 양해를 구하며, 이제 탐방로로 되돌아가 궁성 테라스 경사로로 이어지는 계단(i)을 올라가 잠시 머물러 볼까 한다.

도면 B에서 보는 것처럼 경사로 중앙에는 40 피트 폭의 계단이 놓여 있고 15단의 화강암 발판으로 된 계단은 궁성 앞 잔디밭으로 이어진다. 계단 앞에는 네 개의 자수화단 있고, 그 가운데에는 받침대 위에 놓인 거대한 아리아드네상이 황금색 지주를 타고 오르게 해놓은 장미나무 덩굴에 둘러싸여 있다. 이러한 근경(近景) 너머로 멀리 성채지역이 산들과 함께 조망된다. 강은 둑에 가려있어 보이지 않고, 다른 세 방향으로는 궁성 벽면으로 가려 있으므로 기대할 만한 수경관은 없다. 그 대신 플레저그라운드의 경계 울타리를 해 놓은 곳까지 이어진 넓고 푸른 평원이 중경(中景)을 이룬다. 각종 화목(花木)들과 무리지어 핀 꽃들이 여기저기 흩어져 있고, 양과 소를 방목해 놓은 풀밭과 무리지어 있는 키

---

36) 옮긴이 주 — 원문에 이 그림은 빠져 있는데, 그림 XIV 4의 중앙에 지지대와 함께 꽃술처럼 올려놓은 부분을 가리킴.

그림 XIV 3. 덩굴식물 철제 지지대

그림 XIV 4. 꽃 거치대

가 큰 나무들의 무성한 수관(樹冠) 아래로 펼쳐진 초원 때문에 산과 건물들은 실제보다 좀더 멀리 물러서 있어 보인다. 강 건너편에 펼쳐진 구비치는 언덕들은 각종 덤불들이 흩어져 있는 초원과 산기슭의 들판과 함께 두 번째 중경을 이룬다. 이곳은, 키 큰 보리수로 덮여 있던 곳을 제거하여 훤히 트이도록 해 놓은 것은 그림 II에서 독자들께 보여주었던 것으로 기억한다.

영국에서 렙톤 주니어를 초빙하여 자문을 받아보았던 만큼 이 가로수길은 아주 신중히 계획했다. 사실 아디 렙튼(Aday Repton)은 조원가라기보다는 건축가라고 할 수 있어서, 이미 마련해 놓은 설계를 그의 권위를 빌어 좀더 확고하게 했던 것 외에, 솔직히 (다소간은 이미 앞에서 제시한 내용을 근거로)[37] 내게 실질적인 도움이 되지는 않았다. 물론 영국인들 특유의 인습적 태도와는 달리 그는 넓은 포용성으로써, 개인적으로는 이를 진솔함이라 일컫고 싶은데, 기꺼이 내 취향에 맞춰 동참해 준 그의 진심만은 높이 사야 할 것이다. 마찬가지로 추천받았던 다른 영국출신 정원사 한 명은 기술적인 면에서 매우 쓸모 있었지만, 잠시나마 그가 하는 방식을 살펴본 결과 너무 자신만의 관습에 의존하는 경향을 보였다. 특히 그중에서 무더기로 군식할 때에도 어느 정도 체크무늬 모양으로 해 가지 않는 것은 도저히 이해할 수 없었다. 영국에서는 가장 선호하는 방식이기에 (그로서는 아마 진심으로 한 말이었을 것이다) 그렇게 해 가는 것이 좋다고 확신하고 있었다. 우리말이 서툰 이런 부류의 사람들에겐 언제든 좋지 않은 일이 일어날 수 있으므로 그를 되돌려보내는 수밖에 없었다. 말하자면 다른 사람들이 똑같은 실수를 따라하지 않도록 하기 위해서였다.

그에 비해 프로이센 정원학회 회원이자 수석정원사인 레더(Rehder)의 세심함과 계획안에 기울이는 관심이 내게 훨씬 큰 도움이 되었고, 분

37) 옮긴이 주—"그 지역을 잘 알지도 못하는 설계사로 하여금 … 종합계획을 만들게 하는 일이야말로 얼마나 잘못된 것인가 …"(28쪽)

명 레더는 각종 어려움을 극복하는 데 적잖은 공헌을 했다. 그 어려움 중에는 북독 지방의 나쁜 날씨도 있다. 추운 지방의 날씨는 정원사들에게 실로 힘든 상황이 되기 마련이다.

많은 정원사들은 특히 독일 중산층들과 관련되어 있으면서 자기들만의 자만심으로 인해, 종종 훌륭한 지침도 쓸모없이 되는 경우가 생기기 때문에 나는 그 점을 특히 감안하곤 한다. 정원사들이 그들의 전문분야를 잘 습득하면 할수록 기술적인 면에서는 주인을 능가할 수 있을지 모르지만, 심미적인 면을 포함해 모든 일을 가벼이 행하며 자신들의 지식 대신 생경한 예술적 관점에 바탕한 짧은 지식을 앞세워 모든 것을 개선하려 듦으로써 크게 잘못 할 수 있다. 이런 점에서 이해심 많고 인내심이 있으며 동시에 능숙하고 합리적인 생각을 가진 정원사를 만나기는 생각보다 쉽지 않다. 우리나라의 조원교육에서도 이런 전인교육의 새로운 방식을 특히 고려하는 것이 좋을 것이다. 처음부터 여러 면에서 너무 많은 것을 배우려 드는 젊은 사람들은 필요하지 않다. 농담반 진담반으로 말하자면, 내 취향에 맞는 정원사는 불안정한 파우스트보다는 착한 바그너의 천성을 지닌 사람으로, 최소한 인내심과 순종하는 자세가 필요하다.

우리가 서 있던 계단 역시 쉉켈이 설계해 주었다. 계단 양쪽으로 걸쳐 있는 경사로에는 10 피트 마다 한단씩 낮추어 계단식의 참을 주고, 여기에 오렌지 나무를 일렬로 세운 오렌지 원을 조성하여 각 나무사이마다 끝에 등을 단 난간기둥을 세워두었다. 기둥과 기둥 사이는 아치모양으로 받쳐주어 각각 나무의 지지대로도 아주 요긴하게 쓰인다. 축제 때에는 오렌지 잎 사이로 화려한 가로등을 길게 정렬하여 아름답게 장식을 하는 데 사용된다. 철제 사슬고리들은 나무와 경사로를 구분하는 경계 역할을 한다. 그림 XV는 통로와 볼링그린(bowling green)에서 바라본 궁성과 경사로 전경이다.

경사면 왼쪽으로 내려가면 덤불진 곳에 이르고, 전혀 다른 모습으로 장식된 두 번째 화원으로 이어지는 입구가 된다. 푸른빛 철광색의 극미늘 창과 사슬로 둘렀고 바구니, 교량, 벤치 등 (철재로 된 모든 것들) 모두 하늘색과 흰색으로 칠해놓아 다른 정원과 구분하여 "푸른 정원"(Blaugarten) 이라고 부른다.

새로 굴착한 나이세 강의 지류가 한쪽은 울창한 숲과 경계를 이루고, 키가 큰 보리수가 늘어선 가로수 길이 다른 한쪽의 경계를 이루며 이곳을 거쳐 흘러간다. 이 장소는 특별한 목적에서, 가까이 근접되지 않도록 은밀하게 해 놓았기에 나뭇가지 사이로 몇 군데 정도의 극히 좁은 시야만 확보되어 있다. 여기서는 성채지역으로의 조망은 가려있고, 몇 그루의 거대한 떡갈나무 고목들이 중심을 이루며 우뚝 솟아 있는 넓은 숲으로 덮인 연이어진 언덕들이 조망된다.

입구에서 멀지 않은 약간 높은 대(臺) 에는 꽃으로 둘러싸인 벤치(k)가 하나 있다. 그 벤치에서는 보리수 가지 사이로 드넓게 펼쳐있는 경관 한가운데 불굴의 사원(Tempel der Beharrlichkeit) 으로 예정해 놓은 곳이 조망된다. 그 둔덕 정상에는 당분간 테라스와 파골라만 설치해 놓을 예정이다.

이 벤치 아래쪽 강변 한편에는 빽빽하게 그늘을 이룬 보리수 숲이 있고(i) 작은 나룻배가 하나 있어 맞은편 가로수 길로 건네준다. 철재 벤치로 둘러놓은 가운데에 독특한 모양의 조명등을 하나 만들어 두어 저녁이면 멀리서도 눈에 띄도록 해 둔다.

파골라 뒤에는 앞에서 언급한 철제아치를 지나 헤렌가르텐(Herrengarten) 이라고 명명된 세 번째 정원으로 가는 길이 강을 따라 계속 이어지면서 건너편과의 경계 역할을 하기도 한다. 길을 따라 가는 도중에 바람이 잘 통하는 사원 모습의 휴식 장소에 이른다(m). 가는 철재로 세워놓은 기둥은 다양한 참여아리 류의 덩굴을 받쳐주는 지지대 역할을 한다. 기둥 사이로 서쪽과 북쪽이 열려 있어서, 서쪽으로는 도시와 언덕 위의 영주 직영농장이 보이고 북쪽으로는 구비 흐르는 비젠탈

그림 XV. bowling green에서 본 궁성과 경사로

그림 XVI. 헤렌가르텐에서의 조망

(Wiesental)의 강줄기와 지금까지 눈에 띄지 않던 강가 숲이 부분적으로 얼핏얼핏 눈에 띈다(그림 XVI 참조). 그 옆 잔디밭에는 화관을 구성하듯 뒤집어 놓은 뿌리모습의 또 다른 휴식처가 있다. 참여아리, 이끼, 화분으로 풍성하게 엮어놓은 화관 장식으로, 일반적으로는 보기 드문 독특한 모양이다. 마지막 휴식지점은 폭포 부근 네그루의 떡갈나무 아래에 있다(n). 강물은 견치석으로 된 매끈한 호안 벽을 지나 어떤 방해도 받지 않고 큰 폭으로 낙하한다. 여기서부터 갖은 소재로 다양하게 꾸며놓은 관목과 화목원과 잔디밭을 지나, 출구의 옆 방향을 따라 궁성으로 돌아간다. 여기서 마구간들과 경마장, 극장(o)을 지나가도록 되어 있으니, 혹 관심 있는 사람은 이것들을 구경하면서 산책을 마칠 수 있다.

오픈 된 파크에서나 폐쇄된 플레저그라운드에서, 그 밖의 수많은 산책로가 서로 얽혀있어 상당히 번잡해 보이므로 여러 사람이 여기저기 앉아서 자유로이 사방을 둘러볼 수 있는 리그네(*Ligne*)라고 일컫는 정원관람 전용마차로 관심 있는 독자를 곧장 첫 번째 산책로로 초대하려 한다.

첫 번째 탐방로

궁성에서 시작하는 이 탐방코스는 이 지역에 있었던 역사적 내력과는 무관하게, 자유로이 거닐면서 관람자의 입장에서 한눈에 전체 정원을 굽어보며 편안한 마음으로 경관의 다양한 모습을 만나도록 배려해 놓았다. 이 모두를 체계적으로 경험하고 싶으면, 특히 천천히 걸으면서 기본 개념에 따라 구분되어 있는 구역별 모습들을 만나면 좋을 것이다.

궁성에서 시작해서 우리는 제일 먼저 (검은 화살표를 따라[38]) 오렌지원 온실을 방문한다(배치도 B의 p). 전체 정원을 자세히 보려면 부록의 도면 D에서 별도로 작성해 놓은 배치도를 참조할 수 있다. 첫 번째 온실(1) 한가운데의 살롱에서는 로도덴드론을 담아놓은 커다란 꽃바구니 너머로 약 천 보 정도로 이어져 있는 백 년생 보리수 길을 내다볼 수 있다. 겨울철에는 살롱 양쪽으로 오렌지나무 길이 시야를 열어주고, 이 길은 열대식물 온실까지 이어진다. 이 길을 따라(2) 회랑처럼 만들어진 화원을 지나 재배실로 갈 수 있다. 회랑 왼쪽으로는 실내정원(3)이 자리하고, 오른쪽으로는 겨울철에도 매력을 잃지 않는 루시 호수와 도시, 그리고 시가지 뒤쪽 산기슭의 아름다운 경관이 펼쳐진다. 이제 재배실(4)로 들어간다. 그 앞에는 격자 받침대로 둘러싸인 꽃모종 재배실(5)이 있고 옆쪽으로 커다란 텃밭(6)이 묘상(苗床) 재배원(7)과 안뜰(8), 정

38) 옮긴이 주 — 원문에는 '검은 화살표'라고 언급했지만 배치도에는 그런 표시가 없다.

원감독관 관사, 그리고 두 번째 오렌지 원 온실(9) 등이 은밀하게 감추어 놓은 것처럼 옹기종기 모여 있다(10, 11).

이 모두가 정원관리를 위해 유용하고 필수적인 것들로, 농기구나 마차를 보관하는 여러 헛간과 창고들은 모두 여기에 모여 있다. 그 외에 채원이 끝나는 즈음에는 밭일을 하는 말들의 마구간과 커다란 공지(12)가 있는데, 여기는 퇴비를 쌓아두는 용도로만 이용한다. 이런 시설은 채소밭을 항상 깨끗하고 우아하게 유지시켜 줄 뿐 아니라 날씨가 좋은 날 담장을 따라 산책하는 길을 만들어 준다. 여기를 구경한 후 바로 저택 뒤 즈음에서 플레저그라운드를 벗어나 곧장 잔디밭 여기저기 작게 무리지어 있는 작은 숲을 지나, 궁성과 나이세 강 사이로 궁성지역과 맞은편에 이어진 언덕 쪽의 다양한 경관이 펼쳐지는 넓은 초원으로 나간다. 조망하기 좋은 장소들은 길가의 벤치처럼 바위를 놓아두는 방식으로 단순하게 처리해둔다.

한참을 달려 가다보면 강가의 숲에 도달한다. 잠시 강을 따라가다가 이윽고 숲을 빠져나오면, 새로 굴착한 나이세 강 지류가 본류와 만나는 곳에 조금 못 미쳐서 석재 보(洑)를 만들어 놓은 거친 돌 다리가 나오고, 여기서 다시 되돌아 나와 나이세 계곡의 서쪽 언덕을 오른다.

여기 언덕에 오르면(배치도 B의 q) 눈 아래로 떡갈나무 숲에 기대어 있는 호수가 나온다. 호수에는 짙은 숲으로 덮인 몇 개의 섬이 떠있고, 섬 너머로 울창한 산림이 배경을 이룬다. 계류 한편으로 곶(串)처럼 튀어나온 곳에는 어부의 오두막이 한 채 있고 주변에는 온갖 종류의 그물과 고기를 잡는 데 필요한 도구들이 있어 언제든지 고기잡이의 즐거움을 누릴 수 있게 해 놓았다. 그 옆으로, 부분적으로 숲에 가려서 파수막과 빙고(氷庫)가 딸린 표백장이 시골풍의 소박한 모습으로 놓여 있다. 여기서부터는 도보 산책을 좋아하는 사람들을 위해 마련해 놓은 울창한 숲속 좁은 오솔길이 이어진다. 가파른 나이세 강변을 따라 일광욕장과 숲이 조망되는 언덕위의 휴식처, 그리고 약 반시간 정도 거리의 정원경계(r) 즈음에 있는 나이세다리(Neißbrücke)까지 이어진다. 거기서 강 건너 엥글리쉬하우스와 한적하고 그늘진 오솔길의 여러 장소를 지나 성으로 돌아갈 수 있다.

돌아가는 길목에서 우회하여 약간 들어가면 아직 우리가 만나지 않았던 플레저그라운드의 다른 쪽에 이른다. 궁정자문관 쉥켈의 조감도에서도 볼 수 있듯이 진입부의 다채로운 색채의 글로리에테(Gloriette)가 놓인 이곳, 꽃이 만발한 구릉에서는 계곡이 훤히 내려다보인다(s). 글로리에테는 길 쪽으로는 막혀있으면서 정원 내부를 향해 마주보고 있다. 네 개의 아치로 개방되어 있으면서 각각의 아치는 서로 다른 정경들을 하나의 틀 속에 담아간다. 왼쪽의 첫 번째 정경은 앞에서, 다양한 것(주의: 같은 종류일 것)을 통해 단순함을 취해가는 보기로 제시하면서 언급했던 그 정경이다.[39] (그림 XVII) 두 번째 정경은 나이세 강과 강변 비탈, 키 큰 나무들이 무리지어 있는 넓은 초원, 시야를 가리는 건물 하나 없이 활엽수로 덮인 산의 정경을 담고 있다(그림 XVIII). 세 번째 아치는 15분 정도의 거리에 있는 호수 위에 편안히 자리한 궁성을 보여준다. 그 숲 위로 도이치 교회가 우뚝 솟아있는 도시의 일부가 보이고, 좀더 멀리에는 루크니츠(Lucknitz) 마을(t)이 울창한 숲으로 덮인 언덕에 기대어 있다. 그림 XIX. 마지막 네 번째 개구부 방향으로는 두 그루의 커다란 보리수에 감싸인 베르크 마을의 카톨릭 교회 폐허(u)가 조망된다.

이제 다시 플레저그라운드로 들어간다 — 플레저그라운드는 도처에 철책 울타리로 정원과 분리시켜 두었는데, 이는 방목하고 있는 가축들이 넘어오지 못하도록 해 둔 방지책일 뿐 아니라, 여기서 보면 마치 예술과 자연이 분리되어 있는 경계를 분명히 보여주는 역할을 하기도 한다. 외래종의 수목과 덤불들이 모여 있는 둔덕으로 오르막을 따라가다

39) 옮긴이 주 — 20채 가량의 건물들이 전 지역에 흩어져 마치 스무 가지의 다양한 형상을 보여주고 만여 채 가옥들이 하나의 도시를 형성하듯이 다양한 구성요소를 통한 전체적인 통일은 그렇게 얻어진다(51쪽의 내용).

그림 XVII. 글로리에테에서 본 전망

그림 XVIII. 글로리에테에서 넓게 펼쳐진 초원으로의 조망

그림 XIX. 글로리에테로부터 궁성, 도시 그리고 멀리 루크니츠 마을의 조망

그림 XX. 공성(새 공성)과 옛 공성의 전경

그림 XXI. 터어키식 별장을 모델로 한 Fasanerie와 온천장과 명반광산

가 다시 서서히 계곡으로 내려서면 서쪽으로 궁성이 가까이 바라보이는 한 곳에 이른다.

거기서 옛 궁성이 있는 오른쪽으로 방향을 돌리면 니벨룽겐 영웅의 기마상이 있는 곳을 통과하게 된다. 그리고 동쪽으로 방향을 틀어 다리에 닿으면, 한쪽으로는 두 궁성이 함께 강물에 비치는 모습을 볼 수 있고(그림 XX), 다른 쪽으로는 어디서나 쉽게 볼 수 있는 육중한 화강암으로 만들어진 폭포(v)가 보인다. 폭포는 이미 언급한대로 여기서 형성된 자연 그대로의 바위가 아니라 홍수 때 급물살에 쓸려 내려오다가 이곳에서 어떤 저항을 받아 멈추면서 특이하게 쌓인 것처럼 보인다. 보다 자연스러운 모습이 되도록 많은 돌들을 흩어 놓았고, 물속에도 흩어져 떨어진 수많은 돌들이 보이게 해 놓았다. 옆쪽으로는 늘어져 내리는 관목이나 수생식물로 무성하게 해 놓았다. 돌 사이에 다년생 식물과 이끼에 싸인 화분들을 갖다 놓아 돌에서 자란 것처럼 해두면 전체적으로는 더욱 풍요롭고 자연스러워 보이게 된다. 그와 같은 모습의 그림은 앞서 이미 제시해둔 바 있다. 폭포를 지나면 정원의 초원으로 난 길로 접어들어 지류를 따라 플레저그라운드를 벗어난다. 굴착해 놓은 지류가 시작되는 곳에는 폭포가 설치되어 있어 강의 본류에서 새로 파 놓은 수로로 흘러드는 물의 양을 통제하여 항상 일정한 흐름을 주도록 제방을 설치해 두었다. 제방 옆으로는 건너편 강변과 연결된 다리가 놓여 있다. 여기서부터 길은 동쪽으로 나이세 강 오른쪽 강변의 첫 번째 숲속 언덕으로 가벼운 오르막이 되어, 아직 완성이 되지 않은 꿩 사육장(w)에 이른다. 이 건물은 러시아-터키식 별장을 그대로 모방한 기수(騎手) 몰리에르 씨의 터키식 농장을 모델로 하여 독특한 모습을 하도록 계획하고 있다. 다양한 색상의 유리로 지붕을 덮고, 꿩 사냥꾼과 그 가족들을 위한 숙소 외에도, 다른 건물과는 완전히 분리되게 해놓은 상류층을 위한 고급살롱도 마련해 둔다. 이 살롱에서는 테라스(x)로 나갈 수 있다. 테라스에서는 꿩 사육장 위를 뒤덮은 몇 그루의 아카시아 나무 사이로, 그 너머의 강과 소라우(Sorau)로 가는 국도의 포스트브뤼케(Postbrücke), 멀리 온천과 제염소가 있는 명반광산들이 바라보인다(그림 XXI). 금색과 은색, 그리고 다양한 색상의 꿩들을 모아놓은 꿩 사육장 안의 울타리를 쳐놓은 산책로도 관심을 끈다. 아래쪽 푸른 초원에는 작은 동물원이 있어 그 가운데 마련된 정자에서 꿩들에게 편안히 먹이를 줄 수 있다. 사냥꾼들이 외치는 소리에 수백 마리의 새들이 순식간에 날아오르거나, 사람이 있는 것도 아랑곳 하지 않고 흩어져 있는 밀을 먹기 위해 부산한 모습도 만날 수 있다. 겨울에도 아름다운 매력을 어느 정도 유지하고 새들의 아름다운 색상들을 더욱 눈에 띄게 해주기 위해서 동판화 그림에서는 보이지 않는 이 마지막 지역은 완전히 침엽수로 조성했다. 꿩 사육장과 함께 울타리 경계 바깥쪽 길 건너편에 스위스산 젖소를 위한 작은 낙농장을 만들어 놓아 성에서 필요한 것을 편안히 구할 수 있도록 해 두었다. 이곳에서 멀지 않은 곳에 80 피트 폭의 깊은 협곡 위로 높은 적교(吊橋)가 지나가고, 맞은편 떡갈나무 고목 아래에서 나이세 계곡 북서쪽으로 갑자기 넓은 전망이 전개된다. 앞쪽에 솟은 언덕에 영국 풍의 낙농장(y)이 있어, 각종 신선한 고급 유제품을 만들어 오랜 산책 후 상쾌한 기분전환으로 마실 수 있게 해 놓았다.

낙농장 내부시설을 떠올려 볼 수 있도록 간단히 언급해 둘까 한다. 간단한 정자 형식으로 되어 있고, 한가운데 마련된 수반(水盤)에는 우유를 마시는 주발이 떠 있으며 주변에 의자와 탁자들이 빙 둘러있다. 창문은 채색유리로 평범하게 장식되어 있다. 콘솔탁자에는 각종 우유 제품들이 중국풍의 도자기 대접에 담겨 우아하게 대칭을 이루며 정리되어 있다. 제비꽃이나 레세다처럼 냄새가 좋고 수수한 모양의 꽃들이 있는 화단이 낙농장 밖을 에워싸고 있다.

계속되는 산책에서 우리의 관심을 끄는 다음 대상은 불굴의 사원(z)이다. 낙농장에서 나오면 빽빽한 너도밤나무 숲속, 유난히 한적한 오솔길이 이어진다. 숲은 햇살이 그런대로 비칠 만큼 들어서 있다. 반짝이는 햇살로 푸르른 성전은 황금빛으로 가득 물든다. 산골짜기 시냇물이 나무 사이로 졸졸 흐르다가 숲속 가장 은밀한 한 곳, 떡갈나무 가지로 엮어놓은 작은 다리에 이르면 여러 개의 작은 폭포로 갈라진다. 이들 폭포 역시 커다란 돌들을 쌓아 만든 것이다. 정원 안의 이런 작은 길에는 귀부인들의 이름을 따 길 입구 돌에 새겨두어 산책하는 사람들에게 길 안내 역할을 하도록 해 두었다.

사원으로는 보도나 차도로 가게 되는데, 바로 앞에 근접할 때까지 이쪽에서는 알아차리지 못한다. 작은 떡갈나무 숲이 사원을 완전히 가리고 있다가 가까이에 들어섰을 때 갑자기 나타나게 된다. 사원 안으로 들어서면 슐레지아 산 대리석 기둥들 사이로 훤히 트인 전망이 펼쳐진다. 기둥들은 화강암 바닥 위에 올려져 있고 황금색 칠을 한 둥근 천장에는 날개를 활짝 편 독수리 한 마리가 장식된다.[40] 벽에 기대 앉아 넓게 펼쳐진 경관을 조망할 수 있다. 오른쪽으로는 점차 숲속으로 흘러들며 시야에서 사라져가는 강물이 있고, 앞쪽으로는 경사로가 있는 궁성의 전면 파사드, 왼쪽으로는 물레방아, 제방 그리고 거품을 일으키며 멀리까지 소리를 내며 흘러내리는 폭포가 다양하게 펼쳐진다(그림 XXII).

한가운데의 청동 흉상 외에, 사원에는 아무 것도 장식하지 않는다. 청동흉상은 프리드리히 빌헬름 3세를 이 시대의 불굴의 모델로 하여 이 사원의 상징으로 나타내려 한다. 풍요의 뿔은 위에서 내려뜨려 흉상 위로 보물을 쏟아놓는 듯 상징적으로 형상화시키고, 저녁에는 환한 빛으로 우리 모두가 진심으로 사랑하는 군주의 영광을 발하도록 한다(그림 XXIII).

40) 매번 언급하여 이야기의 맥을 끊지 않도록 하기 위해 오해될 여지가 있는 부분, 즉 여기 다루어진 것들이 실제 현존하는 것이 아니라 계획하고 있는 구상에 따라 서술된 것임을 여기서 다시 명시해 둔다.

그림 XXII. 불궁의 사원에서 본 전경

그림 XXIII. 불굴의 사원과 프리드리히 빌헬름 3세의 흉상

계단에 바짝 보호울타리를 둘러 화단을 설치하여 사원과 화원 간의 연관성을 나타내려 한다 — 불멸성은 선과 분별력으로써 내면에서 밖으로 표출하는 만발한 꽃처럼 우리의 삶에 자리 잡기 때문이다. 왕자교(Prinzenbrücke)41)라 이름 붙인 두 번째 협곡 다리를 지나면 이제 멀

41) 이렇게 이름을 붙인 이유는 우리 지역에 있었던 경사스러운 일을 가능한 한 오랫동안 기억토록 하려는 바램에서다. 왕세자와 세자빈께서 무스카우를 방문하셨던 일에 대해 말하고자 한다. 두 분의 정원 방문을 수행하는 영광을 가졌을 때, 이 계통의 전문가이신 왕세자께서는 다음과 같이 매우 정확한 소견을 피력하셨다. "이 다리는 물이 흐르지 않는 계곡 양 끝에 걸쳐 있는데, 제대로 다리 기능을 하지 못하게 되므로, 드러나게 하는 것보다는 오히려 은닉되게 하는 편이 나을 것이다."

나 역시 이런 폐단을 직접 느껴왔지만 달리 개선할 수 있는 방법을 몰랐다. 다른 여러 이유로 그 길을 적절히 다른 곳에 옮길 수도 없었기 때문이다. 왕세자께서는 목재 교각의 측면을 어린 떡갈나무줄기의 격자로 엮어서 아치형으로 하고 덩굴이 머루나무를 타고 올라가도록 하라는 충고를 하셨다. 그렇게 하면 자연스럽게 파골라처럼 되어 그 아래의 깊은 계곡을 내려다보는 장소가리 원경도 차단되어 보이지 않는 숲속 깊숙이 들어서게 된다. 껍질을 벗기지 않은 잔가지 채 엮은 떡갈나무다리(Eichensteg) (그림 XXV) 아래로 내려서면 한참 동안 강에서 벗어난다.

계곡을 따라 얼핏 마왕을 떠올리게 하는 이름의 에를비제〔Erlwiese, 마(魔)의 초원〕라 불리는 넓은 초원(예전에 여기는 깊이를 알 수 없는 늪이었다)이 펼쳐지다가 다시 오르막이 되면서 또 다른 언덕으로 이어진다. 휘어져가는 길 끝머리에 이르면 곧 바로 정면으로 엥글리쉬하우스(aa)가 나타난다. 여기는 사원과 대조적으로 전원적이고 사교적인 밝은 분위기로 되어 있다. 전면에 있는 장미와 머루로 둘러싸인 작은 산장에는 영주 전용의 방들이 마련되어 있다. 왼편 응달진 곳에는 가지 사이로 볼링장이 보인다. 정자 모양의 휴식시설이 셋 정도 마련되어 있는 잔디 광장으로, 이곳에는 자연을 즐기고 야외공간에서 활기를 얻고자 하는 사람들의 모임이 이루어질 수 있다. 한가운데 있는 정자에는 주변의 아름다운 경관을 비쳐 모을 수 있는 벽거울이 설치되어 있다.

별채로 된 두 번째 산장에는 실내카페를 마련하여 날씨가 좋지 않을 때 초대한 손님을 접대하기 위한 곳으로 해 놓는다. 다른 쪽에는 작은 무도회장과 게임을 할 수 있는 두 개의 방이 마련되어 있다. 파리의 르파주(Lepage)나 피르몬트(Pyrmont) 그리고 다른 여러 곳에 있는 것들을 모델로 한 권총사격장 외에도 소총 사대(射臺)와 과녁도 마련해 놓았다.

언덕 위 맞은편 숲속에는 가공하지 않은 목재와 나무껍질로 만든 외딴 살롱이 있는데, 이것도 영주 전용의 건물이다. 일반 서민들이 더 이상 근접하지 않도록 멀찍이 떨어져 있게 해 둔 이 살롱에서는 서민들의 흥겹게 노니는 모습들을 내려다 볼 수 있다. 마을 한가운데에는 작은 종탑을 세워 어둑해지는 저녁시간을 알리도록 해 놓았다. 목가적 취향의

될 것이라는 충고였다. 이런 황공한 충고를 따르면 그 효과는 폐단을 완벽하게 개선하는 데 그치지 않고 중요한 장식효과도 있다(그림 XXIV).

사람들은 목동들이 가축을 몰고 들판을 넘어 집으로 가는 모습이며, 하루일과를 마친 일꾼들이 입을 맞춰 노래를 부르며 돌아가는 모습을 만날 수 있다. 봄이면 나이팅게일 노래가 넘치는 숲 속, 몇 개의 산책로가 나있는 이 지역은 모두 나뭇가지로 만든 격자 울타리를 둘러놓아 별로 신경을 쓰지 않은 듯한 분위기의 플레저그라운드로 간주된다〔그림 XXVI 전경(全景), 그리고 그림 XXVII 조망되는 경관〕.

우리가 지금 향하고 있는 길은 엥글리쉬하우스에서부터 완만하게 오르막이 되어 언덕 정상으로 이어진다. 언덕에 오르면 고벨린 마을(bb)과 그 주변을 둘러싸고 있는 넓은 들판이 멀리 숲속으로 사라져드는 모습이 전개된다. 그곳에서 길은 군데군데 리젠게비르게[42] 방향으로 좁게 시야가 열려 있다. 성채가 서있는 둔덕에서 기독교 신앙 중 가장 온화하고 부드러움으로 조화를 이루는 상(像) 인 성모상이 세워져 있는 곳(cc) 에 이를 때까지 이 일대는 엄숙하고 적막한 분위기가 된다. 이윽고 테라스를 이룬 평평한 대지를 만나게 되는데, 이곳은 장례의식이 거행되는 예배당(dd) 자리로 예정해 두었다(그림 XXVIII 쉉켈의 스케치).

라인강변 보파르트(Boppart) 의 옛 교회에서 옮겨 온 8개의 창으로 교회를 장식하려는데, 이것은 예전에 여행 중 구한 것으로, 전문가들도 인정하듯 쾰른 성당의 그림을 그린 화가의 솜씨라 한다. 제단은 헴스케르크[43] 의 "십자가에 못 박힌 예수"(Kreuzigung) 로 할 예정이다.

우리 영지내의 여러 마을이나 시내에는 카톨릭 신자들이 여럿 있으나, 이들은 교회조차 없어 2마일이나 떨어져 있는 성당의 미사에도 마음대로 참여하지 못하고 있다. 메멘토 모리[44], 깊은 사유(思惟) 는 결코 나약하게 하지 않거나 적어도 그럴 수 있다는 생각에, 매일 궁성으로

---

42) 옮긴이 주 — Riesengebirge. 독일 동남부의 산맥이름.

43) 편주 — Marten von Heemskerck (1498~1574). 네덜란드 화가. 대형 제단화와 제단들을 제작.

44) 편주 — memento mori: 죽음의 순간을 기억함. 영묘(靈廟) 건축, 연대기 1888년 및 1945년 참조.

그림 XXIV. 프린츠브뤼케(Prinzenbrücke)

그림 XXV. 아이헨스테그(Eichensteg)

그림 XXVI. 엥글리쉬하우스(Englischhaus)

그림 XXVII. 엥글리쉬하우스 전경

그림 XXVIII. 가족묘지교회

부터 곧바로 보이는 방향으로 아주 멀리 (우리 삶에서 죽음이란 늘 그렇게 멀리 피상적으로 여겨지듯이) 편안한 마음으로 대할 수 있는 곳에 자리 잡도록 했다. 그리고 무스카우 영주의 가족묘지로서 교회의 본래 목적은 그대로 유지하도록 해두고 언젠가 이 교회는 이들을 위한 예배소로 해줄 예정이다.

동판그림을 자세히 들여다보면, 교회 옆에는 작은 정원이 딸린 성당지기 사옥이 있고, 암자 앞에는 커다란 뜰이 있다. 뜰을 에워싸고 있는 둥근 아치형의 빽빽한 보리수 그늘 길은 이 지역 출신으로 대중들에게 널리 알려진, 내게 참으로 귀한 친구인 철학자 그레벨과 시인 레오폴드 쉐퍼[45]의 이름을 따왔다. 시와 철학 이상으로 종교를 아름답게 승화시키는 게 있을까. 진정한 종교는 시와 철학의 두 요소가 내면적으로 융합된 것이다 — 사원은 이 둘의 조화로 이들에게 감사하며, 교회 뜰을 둘러싼 이 길을 친구들에게 헌정하려는 것이나, 시와 철학이라는 천상의 자매로써 기념하는 것은 그에 적당한 장식일 뿐이다. 이처럼 의미심장한 장소에 어울리는 이름을 생각하며 이 교회의 목적과 내 개인 신앙에 상응하는 시를 골랐다.

사랑하는 사람을 추억하며
영혼의 옷으로 여기 쉬게 하라,
영원한 나라에서
끊임없는 변화 속에,
늘 창조적이며,
한없이 이루어간,
신성한 삶

45) 편주 — Leopold Schefer (1784~1862) : 관련된 학술문헌으로는 Bettina Clausen / Lars Clausen. *Zu allen fähig. Versuch einer Sozio-Biographie zum Verständnis des Dichters Leopold Schefer* (시인 레오폴드 쉐퍼의 이해를 위한 사회학적 시도. 그 모든 가능성), Ffm. 1985. 2권 중 1권. 전기 및 1800년대 무스카우 설계도와 수많은 그림이 수록되어 있음.

앞뜰을 들어서면, 벽에 기대어 놓은 제단을 볼 수 있다. 조이티버(Zeutiber) 상(像)과 스반테빗(Svantewit)의 말(馬)에 둘러싸인 태고의 제단으로, 이곳에서 발견된 것이다. 바로 이 자리에서 용이 나타났으며, 기독교의 천사가 용을 무찔러 인간을 구원했다고 되어있다. 교회 안으로 들어가면 끝에 나무로 조각되어 있는 중앙제단이 정면으로 보인다. 장인에 의해 다양한 색상의 칠과 황금으로 단장된 제단과 함께, 측면에는 가족묘로 정해진 좀 작은 방이 둘 있다. 오른편의 설교단은 슐레지아 지방의 옛 교회의 법식을 따라 다음과 같이 만들려고 한다. 기독교의 근원인 십계명을 든 모세, 속죄양과 함께 유태교의 대 제사장을 실물 크기로 설교단 하단에 새겨둔다. 가운데 부분에는 지주가 세워져 있고 그 둘레로 채눈 세공의 나선형 계단이 가볍게 감싸고 오른다. 지주 위로 거대한 백합이 펼쳐져 설교단을 이룬다. 백합 잎에서 믿음, 소망, 사랑의 세 수호천사가 내려다본다. 위의 천개(天蓋)에는 오른손에 선악의 저울을 든 법의 수호신을 장식한다. 설교단 맞은편 기둥에는 춤추는 이스라엘 사람들에게 둘러싸인 황금 송아지를 저부조(低浮彫)로 조각한다. 이는 인간의 욕망에 대한 끊임없는 직접적 경고로서 부의 축적에 빠지지 말라는 의미다. 중앙제단 뒤로 문이 있고, 짧은 통로가 어두침침한 사원으로 이어진다. 사원 끝에는 감실이 있고 감실에는 위와 양쪽이 밝게 비치는 가운데 아폴로 상을 세워둔다.

아폴로를 모셔놓은 사원을 기독교적으로 그렇게 밀접하게 관련시켜 놓은 것은 나의 불경스러운 태도 때문이 아니기에 이성적으로 판단해 주기 바란다. 여기서 나는 특히 종교에 대한 일반적 관념을 상징화하려 했다. 그 목표에 따라 한편으로는 기독교의 첫 발걸음으로 이교도와의 조화를 이루고, 다른 한편으로는 비록 의미상으로는 속세의 예배이지만 가장 숭고한 그리스 신들 중 한 신을 에워싸서 기독교 교회를 위한 최상의 예술화를 의도했다. 모든 종교는 나름대로의 신성함을 지닌다. 신은 그 모두를 허락했고 오늘날도 여전히 그러하다. 종교에 대한 자신의 생각을 지우면 보다 나은 것을 알게 된다. 이곳에서 종교는 숭배의 대상으로서가 아니라 역사적 변화의 암시로써 자리하는 것이다.

교회에서 15 분 정도 가면, 폭 120 피트, 깊이 40 피트의 침엽수로 울창한 협곡 위에 다섯 개의 첨두아치로 된 석교를 지나 성채에 도달한다(ee). 이곳의 전망에 대해서는 이 장 서두에서 설명했다.[46] 이미 계획해 놓은 건물이 완성될 때까지는 혼효림으로 둘러싸인 휴식장소로만 해놓을 예정이다. 광활한 전망을 만나기 위해서는 계단을 따라 올라가야 한다. 이 성채의 설계 역시 친애하는 친구 쉥켈이 맡아 주었다. 그의 끝없는 재능과 호의가 없었다면 이 모든 구상들도 만족스럽게 완성될 수 없었을 것이다.

그런 친구를 둔 것은 내게 적지 않은 행운이다. 그런데 정작 우리 조국에 대한 그의 공헌은 제대로 평가받지 못하는 것 같다. 별 성과도 없이 예술을 위해 엄청난 재정을 낭비하며 자신의 정신으로 좋은 결실을 맺게 하고 그의 재능으로써 많은 소득이 있기를 기원하는 영국인들을 자주 보아왔다! 이런 점에서 나쉬 씨만 해도 얼마나 많은 재정을 낭비했으며, 쉥켈이라면 그만한 재화로 또 얼마나 값진 무엇인가를 창조할 수 있었을까!

하지만 우리 독일에서도 몇 가지 유감스러운 점은 있다.

쉥켈의 이름은 많이 알려져 있고 나날이 그 명성도 높아간다. 그렇지만 많은 사람들은 그의 건축적 능력만 알고 있다. 이루 말할 수 없는 풍요로움으로써 조악한 돌덩어리를 멋진 기념비적 건축물로 탄생케 한다거나, 조각가로서도 숭고하고 다양한 본보기들을 독창적으로 고안해내며, 노련한 손끝으로 화폭에 감동적인 그림을 담아내는 등 모든 예술

46) 옮긴이 주—"건너편 강변에서 그리 멀지 않은 곳에 정원에서 두 번째로 높은 고지를 형성하는 나지막한 산등성이가 동쪽으로 뻗어 있다. … 멀리서도 우뚝 솟아 보이는 번쩍이는 교회 첨탑들 외에는 이 숲을 가로막는 것은 아무 것도 없다. 이 언덕에 지금은 거의 허물어져 가는 정자가 서 있다"(142~145쪽) 고 했던 부분.

분야에 정통한 미적인 능력, 즉 그의 천재적이고 감탄할만한 전인성(全人性)은 실제보다 훨씬 덜 알려져 있다. 내 느낌으로는, 이들 주목할 만한 총체적 장르들 중의 하나인 회화에서, 라파엘[47] 시대 이후로 더 이상 천재는 나오지 않았다. 이즈음에서 몇 마디 개인적 의견을 피력해야만 한다면, 어쩌면 회화에 관한 이야기는 이 책의 여러 내용들과는 상관없어 보일지 모르지만, 관점에 따라서는 (극단에 흐르지는 않는 한) 이 역시 목적에 부합될 뿐 아니라 많은 사람들에게 공감을 받을 수 있는 일일 것이다.

말하자면, 조국의 모든 예술가들의 최고의 관심사이며 최고의 영감을 불러일으키는 작품으로서, 베를린 박물관의 주랑 홀의 장엄하고 심오한 시적 의미에 대해서, 그리고 특별한 이유도 없이 작품의 완성이 지금까지 지체되고 있는 것에 대해 논의하려고 한다.[48] 지금까지 수백 년을 이어오며 선왕들이 온 백성들에게 위대한 작품을 보여주기 위해 수많은 예술품들을 탄생시켰듯이, 왕의 관용으로 교양 있는 백성들에게 교훈과 즐거움을 주는 풍요로움의 원천을 막지 않기를 바란다. 프리드리히 대왕의 수도라 여기는 차원에서부터 마치 놀이공원쯤으로만 여겨질 듯한 차원에 이르기까지의 극단적으로 대조되는 모습이 혼재하고 있다.[49] 몇몇 믿음이 깊은 사람들로서는 그들의 경건함에서 비롯된 정숙함으로 해서, 관중들이 보기 전에 사랑의 신에게는 바지를, 비너스에게는 속치마를 입혀 주고 싶은 심정일 것이다. 그것도, 이런 누드상은 부

---

47) 편주 — Raffaello Santi(1485~1520), 혹은 Raphael로 불림. 퓌클러는 라파엘의 그림을 여행 중에 알게 되었다. 그 작품의 서명에서 인용해 이름을 Raphael로 쓰고 있다.

48) 옮긴이 주 — 무제움 암 루스트가르텐(Museum am Lustgarten). 현재는 알테스무제움(Altes Musem)이라고 불리기도 한다. 쉥켈은 이곳의 주랑 벽면을 장식할 벽화 연작을 마련해 놓았으나 실행되지 못하고 있다가 쉥켈의 사후 1870년에야 시행되었다고 한다. 이 벽화는 2차 세계대전 때 멸실되었다.

49) 옮긴이 주 — 당시 베를린에 대한 다양한 시각을 일컬음.

도덕적이며 더구나 성스러운 돔 지붕[50] 근처에서는 어울리지 않는다는 즉각적인 반응을 내보인다 — 이미 여러해 전부터 누구나 누드조각과 '그리스 신들'에 적응하는 충분한 기회를 가진 대단한 일을 해 온 박물관 모두 벌을 받아 마땅할 수도 있겠다. 사람들은 거기서 기독교 성화, 수많은 성자들, 교화적인 지옥의 형벌 등이 다양한 모습으로 옛 고전 예술과 결합되어 있는 것을 만나면서, 기독교 교회는 쉰켈의 작품으로 표현된 중요한 아름다운 인간형상에서 초세계적이고 의인화된 속세의 역사 개념들을 받아들여야 할 이유를 알게 된다. 기독교 중앙사원인 로마의 베드로 성당도 바티칸궁전 바로 곁에 온갖 종류의 세속적인 벽화와 나체상의 그림과 조각을 과시하고 있지 않는가. 카피톨의 아라 코엘리(Ara Coeli) 제단에도, 즉 박카스와 프락시텔(Praxitel)의 비너스에 단순히 자연을 표현한 하나의 장식이란 의미로 수용하지 않았던가. 가톨릭 신자들은 우리 개신교 신자만큼 믿음이 그렇게 깊지 않으며, 교황도 물론 우리의 열광적인 신도들에 비해 너무 진보적이어서 그럴지 모르겠다. 나의 의도를 보다 효과적으로 전하는 데는 일상적인 생활주변의 예를 드는 것이 나을지 모르겠다. 교회와 극장이 서로 다정하게 손잡지 않는다고 오페라의 무용수들은 가톨릭 신자나 개신교 신자들, 혹은 신앙심이 깊은 경건한 사람이나 그렇지 않은 사람들을 위해 매일 저녁 성실히 인체의 은밀한 자연스러운 선의 세계로 끌어들이는 자신들의 고유한 임무를 외면하고 있어야만 할 것인가? 가제로 만든 옷이든 팬티스타킹이든 무용수들의 의상을 문제 삼아 무대에 오르지 못하게 반기를 드는 경우를 보지 못했다.

이런 장애요인들보다 더욱 걱정스럽고도 중요한 것은 작가가 자신의 작품행위를 실행할 수 있도록 보장되어, 쉰켈의 위대한 작품들이 완성되기를 바라는 것이다. 삶을 피우는 불꽃은 쏜살같으며 갑작스럽게 사

50) 마찬가지로 최근의 이런 진부한 신자들은 교회 탑 위로 지나가는 전신전파에까지도 반대하며 항의를 한다.

라질 수 있기에 아무리 건강한 사람이라 하더라도 그 끝을 알 수 없다! 쉥켈의 육신은 영원할 수 없겠지만, 완전하고 자유로운 영감을 보장받고 작품이 탄생되는 것을 억제하거나 훼손시키지 않는다면, 그의 작품들은 영원할 수 있다.

너그러운 독자께서, 내가 여기에 강하고 심오한 내용을 정성스럽게 다룬 글을 첨가하는 것을 양해해 주고, 전적으로 다른 이의 손을 빌어 독자적인 우수한 논문으로 이 책의 가장 중요한 핵심 부분을 대신하고자 하려는 것을 용서해 주신다면, 나보다 교양 있고 능력 있는 학자로 하여금 이 테마에 대해 논변하도록 하려 한다.

풍부한 지적 능력을 갖춘 논자는 아주 간명하게 적절한 관점에 따라, 도처에서 찾아볼 수 있는 훌륭한 예술작품과 천재성으로 창조된 모든 것에 담긴 그의 지적 활동에 대해 다음과 같이 논의하고 있다.

> 사랑과 진심은 언제나 인류문화의 향상이라는 아름다운 목적으로 이어진다 — 열정적으로 노력해 온 자는 영원불멸을 이루고 그로써 현세적인 것과 내세적인 영원함 사이의 어떤 간극도 없어진다. 이는 일생을 통하여 우리에게 남겨진 말이다.
>
> 괴테의 훌륭한 탄생 별자리는 이미 젊은 시절에, 자신이 펼쳤던 일에 어떠한 곡해도 없이 순수하게 향유해준 민중을 만나게 해주었고 다방면에 걸친 재능을 마음껏 펼칠 수 있도록 능력 있는 후원자를 만나게 해주었다 — 뿌리를 내린 땅에서 자양분을 흠뻑 받아 지역을 넘어서 널리 펼쳐져 간 꽃가지들을 이룬 한 그루의 거대한 나무였다. 괴테의 늘 새롭고 풍요롭게 흘러넘치는 활기찬 힘의 원천은 영주의 변함없는 관심에서 비롯되었다. 영주의 순수한 열정은 그를 나라의 소중한 자산으로 여겼고 친밀한 친구로 대했다. 그의 민중은 그를 비판 없이 어린이다운 순수함으로 받아들였다. 우리는, 그가 마지막 숨을 거둘 때까지 민중들의 순수한 사랑으로 보내준 꾸밈없는 반향을 간직하였던 것을, 그리고 그에게서 현세와 영원 사이의 어떠한 간극도 없었음을 확신할 수 있다. 이를 통하여 우리를 인도하는 정신적 발전의 동기가 되는 모든 창

작품은, 온 세상으로 충분히 펼쳐나가기 위해서, 반드시 사랑과 인지의 토양에서 솟아나는 자양분에서 비롯되며, 그리고 어디에도 치우치지 않도록 순수한 발전을 이룰 수 있는 바탕이 뒤따르는 행운이 있어야 한다는 사실을 떠올릴 수 있다. 우리가 충분히 이해하지 못하면 비판도 시기로 오해될 수 있다. 높고 격정적인 열정으로 사랑도 격정도 궁극에는 행복으로 풀어나가 괴테가 영주와 백성들에게 고귀하고 신비로운 존재가 되어 주었듯이, 아직 성장하지 않았다고 느끼는 현상이 곧 우리의 정신에서 가장 근본적이고 중요한 수수께끼일지 모른다 — 문학을 통해 인생에 보다 고양된 도약, 보다 높은 의미를 부여하는 것이 괴테 시대의 조건이었듯이, 지금 이 시대는 조형예술이 이상적인 교양을 위해 얻을 수 있는 모든 것을 촉진시키는 역할을 하는 사회로 바뀌었다. 그러므로 진정한 예술로써 이런 정신을 실현시키며 새로운 개념을 부정하는 것이 아니라, 함께 느끼며 발전시켜 가는 것이 오늘날 우리가 취할 바이다.

우리들 가운데서도 천재(여기서부터 천재 또는 예술가란 호칭은 쉥켈을 지칭하는 것으로 보임: 옮긴이 주)는 이미 나아갈 길을 찾았고 풍부함과 우월함 그리고 원칙적인 것을 표현해 낼 구체적 상징을 만들어 내는 데에 진력을 다해 달려오고 있었다. 한 시대를 헌신해온 시인이 정성을 다해 영감을 일깨운다면, 천재에 그렇게 유연하지 않은 우리 시대에, 예술가는 모든 교양인 계층에서 한 단계 한 단계 꾸준히 영향을 주고, 밤낮으로 끊임없는 열정으로 우리가 미처 깨닫지 못하고 있는 것들에 고귀한 관념과 경험을 바탕으로 무한한 영감의 고리를 이어주며, 평범한 것에도 독특함을 부여함으로써 예전엔 한낱 수공업에 불과했던 것들을 예술로 승화시킨다. 예술가의 큰 공로는, 아름다움의 가능성을 필수적으로 변환하는 데서 어떤 것도 미미하다거나 사소한 것으로 지나쳐 보지 않는다 — 활력이 넘치는 순수한 과정으로 한결같이 확실하게 우리 시대에 작용하게 하는 폭넓은 활동 외에, 환상을 수용할 줄 아는 행운아에 속한다. 이런 관계에서 볼 때, 예술가는 가장 폭넓은 활동을 통하여 우리 시대 최고의 인물로 꼽힌다. 박물관 주랑현관의 벽화를 위한 그의 스케치는 예술을 잘 아는 모든 사람들에게 널리 인정받을 만하고 그 아름다움에 깊은 감동 없이 지나칠 사람은 거의 없을 것이다 —

이런 감동들은 모든 고전문학작품처럼 단순한 개념에서 우러나오는 것이다. 그의 표현형식은 내용만큼이나 순수하다. 그런 이미지로 총합할 수 있는 정신은 내면으로 호소한다. 인간의 삶은 하늘에 달렸다. 인간의 힘을 기르는 모든 숙명적인 것들은 꿈의 세계와 비교해보면 밤의 외투 아래 불길한 꿈과 같다. 청춘의 사랑, 어머니의 모성, 전쟁과 평화, 정신적 사변, 먼 동경, 각성된 예감, 이들은 매력적이고 이상적인 무리로 고리를 형성하며, 현실이 반영된 덩굴의 무성한 결실로 우리에게 다가온다. 넘치는 아침을 향해, 현세의 매혹을 예시하는 시의 마법은 은총 가득한 이슬에 담겨 땅속에서 움터 오르는 봄날 파종한 씨앗 위로 쏟아진다. 신선한 아침 여명이 대지 위로 몰려오고 기도하는 순수한 마음은 종달새의 아침노래와 함께 얼굴에 얼굴을 마주하여 영혼의 할렐루야 속으로 날아들고, 태양은 찬란한 햇빛을 펼친다. 밤의 불안을 낮의 밝고 현실적인 명쾌함으로 변화시킨다 — 모든 진정한 예술을 성직자와 연관지어야 하는 사원처럼 장식해야 한다면, 박물관을 보다 아름답게 고안해 낼 수 있었을까? 가장 아름다운 성공의 혜택을 받았으며, 어떤 선입견도 없이, 어떤 규범으로도 규제되지 않는, 그리고 어떤 유사한 묘사에 의존된 흔적도 없이, 격의 없이 순수한 존재로부터 받은 정신적 사랑으로 가득한 작품이라면, 가장 훌륭하고 천재적인 발명으로는 차선이 될 수밖에 없다 — 낮은 하늘에서 지상으로 내려오고, 이른 아침의 향기는 봄기운을 일깨운다. 양치기들은 예언자 주변에 자리를 잡고, 지혜로운 예언을 기다리는 젊은 가슴은 두근거린다. 무르익은 여름과 열광에 불타오르는 삶의 정오를 예견한다. 음악은 모든 조형 능력을 일깨우는 데 필요한 첫 번째 요소이다. 프시케는 현을 조율하여 가슴속에 묻혀 있는 그리움을 털어내어 흥분된 마음을 진정시키고 조형예술을 만나게 한다. 지금 우리가 고상한 예술의 틀 아래 완성을 기대하듯이 목자의 아이들이 몰려들어 행복한 즐거움과 교양과 훈련된 틀을 깨고 나온 충동적 호기심으로 관조한다 — 밤의 구름층이 열을 식히듯, 여름은 곡식을 무르익게 하여 젊은 시절의 노력을 성숙하게 하고 안정을 위한 갈등과 근심에 보답하며 조형의 재능을 고양시킨다. 교양은 높아지고 더 확고해진다. 거친 힘은 대담한 재능과 자기 절제력이 되어가고, 예전의 거친 만용은 이제 연마된 용감함이 된다. 예술은 더 이상 예감을 찾아 헤매지 않는다. 예술은 그 스스로, 자체의 마력적인 힘으로 창조되어 간다 — 나날의, 그리고 사계절의 삶 한가운데 문학이 군림하고 있다. 문학은 다양한 기능의 원천을 사방으로 쏟아 붓는다. 그 순수한 거울은 모든 현상을 비쳐주고, 천상의 고요 속에서 동요되지 않는 마음은 운명의 여신들의 동굴에 넘쳐들고 인간의 수호신으로 변화되어 미소지으며, 여신들은 물레에서 평화로우면서도 강력한 운명들을 인생의 실로 끌어낸다. 이보다 더한 예술찬양을 생각할 수 있을까? — 모든 것은 실제의 삶 속으로 흘러들고, 노력하고 소망해온 모두가 이루어져간다. 따뜻한 햇살은 과일을 무르익게 하고 인간의 정신은 예술과 학문을 통해 철학의 깨달음으로 비춰주고, 자기 이해와 자의식 속에서 작용의 열매들을 얻을 수 있다. 가을은 무르익어 조용한 휴식의 저녁을 품속에 품는다. 용맹한 투사들은 고향으로 돌아오고, 역사의 종횡에 감싸인 그 정상에 승리의 기운이 감돌 때 고향의 산을 휘감은 화환 뒤로 그 모습을 드러낸다. 우리 시대의 행운, 우리 왕국의 교양수준을 이 보다 아름답고 고상하게 표현할 수 있을까? 아직 우리들의 천재를 불러갈 겨울이 오기 전에, 부드러운 시선에서 맺어진 수많은 열매들로 눈을 돌린다. 겨울은 별들을 동경하고 프시케를 소리쳐 부르며 노인이 삶의 끝에서, 이곳 그림의 이야기에서 보듯, 이생의 노력으로 이룰 수 있었던 모든 것, 자신의 집이나 사원 한가운데에서 신을 찾으며 외친다 — 여기서 두 번째 그림이 끝난다. 겨울 구름으로 덮인 밤이 지금 인생과 계절의 찬 겨울과 함께 시작된다. 예술의 여신들은 현세의 마지막 걸음까지 춤추며 달려와 미지의 저세상으로 배를 타고 건너는 젊은이를 동반하고, 탄식하며 그에게 손을 내민다. 구름을 뚫고 나온 달은 영혼의 순수함을 상징하며, 동시에 서로 상징적으로 작용되는 두 그림 간에 놓인 천체를 엮어준다. 여기 작은 그림으로 보여주듯, 작품의 시발은 재능 있는 천재를 표상하는 행운의 별자리로, 유일한 정신과 드높은 차원으로 영원히 존재토록 해줄 황도십이궁으로써 설명된 자연의 기운으로 여겨진다 — 종결은 시간성을 내포한 정신의 변용이다. 삶을 함께하는 인생의 동반자들이 그들 삶에 기쁨을 주어온 그의 삶을 추모하고, 깊은 애도와 위안과 화해의 어린이 같은 순수함으로 기념비에 둘러서서 그에 대한 기억을 깊이 새기는 가운데, 고인은 원주를 따라 순환하며 영원한 사랑 속에서 잠시 머물다가 사라진다.

예술작품에 대한 우리의 인식 영역은 구성의 어떤 것도 간과할 수 없다는 사실을 구태여 부연 설명할 필요는 없으리라. 모든 것을 포괄하는 완성은 단순하고 위대하며 장엄한 강물처럼 결코 마르지 않고 우리 눈앞에서 쏟아진다. 도덕적 순수함과 심오함에서, 그리고 선입견 없는 신뢰를 통해서만 충분히 증명된다 — 하지만 높은 목적을 위해 열정적으로 추구하고 이를 가치 있게 하며, 이런 작품의 총애를 통해 훌륭하게 성숙될지 모르는, 근면과 심사숙고의 결실을 잃어버리지 않도록 하는 것도 필요하다. 예술분야에 발을 들여놓는 모든 이에게 재치 있는 상상을 형상화하는 것을 돕고 새로운 교육단계를 예시하는 역할을 했다. 물론 이런 것뿐만은 아니지만, 이런 장점들은 작품의 계발을 통해 사방으로 널리 전파될 것이다. 예술의 이해와 지원이 있어왔다는 하지만 아직까지 어떤 본질적인 것도 생현되지 않는 현실에서, 예술을 위한 보다 높은 교육을 위한 수단이자 목적의 도구 역할을 한다. 고대의 위대한 대가 연구를 통해 개개인의 잠재력을 계발하고 균형을 이루는 일은 아직 없다. 독일에서는 높은 수준의 교육을 받을 수 없다는 듯이 젊은 예술가들은 서둘러 이탈리아로 향하고, 급기야 그들의 자금, 열정과 인내심은 갈기갈기 찢어져 나가거나 심지어 소진되어 버리기도 한다. 그들은 낯선 곳에서 스승을 찾지 못하고, 옛 대가의 걸작의 가치를 능가할 새로운 예술작품도 발견하지 못한다. 비록 아름다웠을지는 모르나 잃어버린 시간을 가지고 돌아온다. 그리고 낯선 문물이 지닌 개성적인 것을 미처 소화시키지도 못하고, 미숙한 상태로 생계의 어려움 때문에 포기하지 않을 수 없게 된다. 그러므로 아직 성숙하지 않은 나이에 하는 여행이 이득 보다는 손실을 초래하지 않으려면, 언젠가 훗날 성장한 뒤에 해야 할 것이다 — 창작력은 젊은이들에게 가장 본질적인 것이다. 그들은 재능을 어떻게든 얻으려 하고, 그렇게 되면 자칫 옆길로 빠져 예술의 본질을 피해가거나 예술의 진정한 빛으로 나아가지 못하게 될 우려가 있다. 한편으로 그들은 목적을 잃고 단지 경험과 초보적 응용으로 쉬 얻어낸 기교만을 취하려 하며, 다른 한편으로 쓸모없는 상상의 산물들을 예술의 영역으로 끌어들여 결국 예술의 올바른 가치를 부여하지 못하고 경향에 치우쳐 잘못 이끌려 갈 수밖에 없다. 인내와 사랑에서 나온 재능에 따라 진솔하게 태어난 창작이 물론 가장 바람직하며, 그런 타고난 재능은 쉽게 다른 길로 벗어나지 않는다. 어떤 계기를 통하여 우러나온 고갈되지 않는 풍부함을 간직한 (후천적) 재능은 그와는 다르다. 수많은 도제들이 대가 아래로 들어가고, 거기서 미숙하고 예술의 성역에서 빗겨나 재능을 찾아 헤매는 학생들을 한데 모아, 그들 영혼을 공동체에서 분리시킨 인상을 만들지 않기 위해 많은 사람들에게 고갈되지 않는 재능을 풍부하게 함유한 효력 있는 샘물을 제공한다 — 창작의 재능은 결코 완전한 자유로부터 형성될 수 없고, 천의 손들로 하여금 하나의 정신으로 몰두하게 하는 겸양, 자기부정, 지치지 않는 인내심, 부단한 근면성이 제공되지 않는다면, 결코 훌륭한 작품, 자신과 예술특성을 드러내는 작품을 창조할 수 없다. 예술학습은 재능과 보다 높은 자유를 추구하고 자신을 손상시키지 않게 하며 행운과 순수함의 무고한 의미를 통하여 매일의 신성함을 이루고, 오류와 악습 그리고 부패된 취향과 정신을 정화시키는 도덕적 관념에 적응하는 능력을 통해 만들어진다. 그리고 나쁜 것에 대한 규제와 시대적 요구에 따른 장점으로 모든 학생들을 결합하고, 이를 통하여 학생들은 아름다움이라는 교육 아래, 부족하거나 부정하다는 선입견에서 해방되어 성숙해간다. 성숙된 정신을 보다 고양시키는 데 구성원의 간섭이 개입하지 않으면서 성장해 나간다 — 비록 우리의 예술가에게 가장 훌륭한 작품들이 공공의 무대에 오를 수 있도록 좋은 운명의 별이 작용한다 해도, 이런 장점들과 다른 많은 장점들은 쉽게 조화를 이룰 것이다. 그들의 풍부한 창작, 순수한 양식, 기술적 요구들은 시도되지 않은 것과 새로운 인식을 서로 엮어가면서, 다방면의 접촉과 자극이 되어갈 것이다. 예전에 대가인 냥 오인했던 많은 사람들은 여기서 다시금 아직 배워야 할 학생으로 자각해 갈 것이다. 결국, 모든 진정한 예술 작품들이 그렇듯, 자신의 뜻에 따라 완성되어 갈 수 있다. 다른 어떤 학교도 쉽게 따라하지 못할 베를린의 예술학교 태동도 그렇게 비롯되었을 것이다. 젊은 예술가들을 위한 후원은, 평소 왕겨처럼 바람에 날리기 쉬운 이들로 인해 잘못된 길로 들어서지 않고 자신의 능력을 일깨워가는 데 절반의 역할을 담당한다. 여름철의 수확은 그들의 학업을 위해 겨울철을 확보해 놓은 일과 같다. 순수 미학을 익힘으로써, 적어도 오시안이나 호머 그리고 니벨룽겐에서 영웅과 영령을 찾아 더 이상 헤매지 않아도 될 것이다. 즉 아름답고 명료한 자연을 최상의 예술로 묘사하는 것. 젊은 예술가들은 시간의 낭비 없이 꾸준히 예술에 필요한 모든 것을 단순한 방법으로 충족시키는 법을 통하여 그들이 익혔던 건전한 창작활동에 기꺼이 몰두할 것이다. 하지만 예술가에게 유일하고 근본적인 보답은, 아마도 어려운 여건 속에서도 끊임없는 열정으로써 자신과 이 시대의 뭇 사람들을 위해 결코 잃고 싶지 않을 최상의 경지일 것이다.

여기서는 예술 자체의 유익한 점들을 개략적으로 훑어보았다. 마찬가지로 예술 감상에 관심을 기울이게 해줄 것들도 기꺼이 개관해 볼까 한다. 아름답고 밝은 작품은 찾아오는 모든 이들에게 우리 도시에 새롭고도 유일한 매력과 높은 수준의 예술 도시로서의 기운을 발산시켜, 분명히 그들이 흥겹고 여유로움을 향유하게 해 줄 것임이다. 이런 일에 대한 열정은 계속해서 확산될 것이며, 그리고 작은 장애를 막대한 보상으로 이끌어줄 이런 커다란 소득은 간단한 문제로 해결할 수 있다. 사랑과 선의에서 비롯된 끊임없는 진지함은 늘 목적을 달성하게 한다는 괴테의 말은 결코 우리를 좌절시키지 않을 것이다.[51]

이상, 나의 친구에 관한 것이었다. 유감스러운 마음으로 이런 햇살을 쫓아간 외유(外遊)로부터 다시 내 이야기의 사소한 일로 되돌아와, 마치 도약 전의 숨 막힌 듯한 긴장감을 느낀다. 사소한 일이지만 성실한 노력으로 어쨌든 관대한 평을 받게 된다면, 사소한 것도 역시 빼놓을 수 없다는 생각이 든다. 예를 들어, 괴테의 불멸의 작품으로 시작한 사람이라도, 정오쯤이면 〈베를린 일요신문〉(*Berliner Sonntagsgast*)이나 혹은 식단메뉴나 들고 있는 정도에서 끝나듯이, 인생에서도 위대한 것과 사소한 것은 종종 극히 일상사처럼 교차되곤 하지 않던가.

우리는 정원의 옛 성채에 와 있다. 그림 XXIX는 성채와 그 주변을 보여준다.

작년, 이 부근에서 토목공사를 하던 중, 울창한 삼림 지하 3 피트 정

---

51) 편주 — 출처불명. 바른하겐 학파의 글에서 인용한 것으로 추정.

도 되는 곳에서 보존상태가 좋은 유골이 발견되었다. 외관으로 보아 젊은 남자의 골격이었다. 균형이 잘 잡혀 있는데다 골상학적[52] 으로도 구조가 훌륭하였다. 치아도 빈틈 하나 없이 완벽했다. 생물이든 무생물이든 정원에서 발견되는 모든 것은 정원을 구성하는 데 도움이 된다. 그래서 연유를 알 수 없는 발굴유골도 정원구성에 긴요하게 활용했다. 유골을 위해 이곳 야생 지역에 푸른 초지를 조성하고 소박하게 돌 십자가를 세워 무덤을 만들었다. 비명에는 무명의 유골이 십자가 아래 휴식하고 있다고 새겨두었다. 그 옆 벤치에서는 멀리 깊은 숲 골짜기를 조망할 수 있다.

성채에 딸린 눈에 띄게 광활한 공간은 농업용으로 활용하고, 일명 알트 부르크(Alt Burg) 라 부르는 외따로 서 있는 첨탑만 영주를 위한 기념물 용도로 남겨 둔다. 성에서 그리 멀지 않은 곳의 작은 평지에는 한 바퀴 도는 데 한 15분 정도 걸리는 작은 경주로를 조성하고 "고난과 함께"(*mit Schwierigkeiten*) 라 명명한다. 경주로를 계획할 때는, 유감스럽지만 국내 경주로를 모범으로 삼지 않고 아일랜드 방식을 따르려는데, 예를 들어 5피트 높이의 토담 장애물 벽에 바로 뒤이어 도랑이 있고, 5 피트 높이의 석벽과 12 피트에서 16 피트에 이르는 너비의 목재 장애물과 도랑이 도사리고 있어서 훌륭한 기수와 명마들도 정말 달리기 어려운 경주로다. 레인이 워낙 좁아 광장 한가운데의 관람대에는 세 줄의 관람석을 언덕으로 파고 들어가게 설치해 놓는다. 거기서는 경기장의 모든 진행상황을 분명히 볼 수 있으며, 경주하는 동안 말들은 내내 시야에서 벗어나지 않도록 한다.

---

52) 편주—"서론" 주 4)의 편주. 골상학 참조.

그림 XXIX. 계획 중의 성채

그림 XXX. 도펠브뤼케에서 본 방앗간

그림 XXXI. 블라우가르텐(Blaugarten)

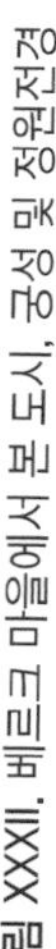

그림 XXXII. 베르크 마을에서 본 도시, 궁성 및 정원전경

여기가 오늘 답사의 가장 외곽지점이다. 여기서 우리는 화살표 표시를 따라 아직 지나온 적이 없는 길을 따라 궁성으로 돌아간다. 되돌아가는 동안 도펠브뤼케(Doppelbrücke) (ff) 에서 또 하나의 아름다운 전경으로 제분소(gg) 일대의 경관을 만난다(그림 XXX). 그 끝에서 블라우가르텐(그림 XXXI) 의 화려한 색상에 마지막 시선을 주면서 이제 모든 정원의 장면들과 작별을 고하게 된다.

두 번째 탐방로

독자들에게 아직 소개하지 않은 세 번째 탐방로 역시 그렇게 할 생각인데, 이번의 두 번째 탐방로도 앞의 첫 탐방로만큼이나 많은 장소들과 접해 있지만, 이들을 좀 적게 포함시켜 간단하게 다룰까 한다.

우선 객관이 있는 쪽으로 (푸른 화살표를 따라) 방향을 잡아 간다. 여기는 영주의 손님이 편안히 묵을 수 있는 넓은 거주지로 아직 완성되지 않은 상태다. 이 짧은 구간은 사방이 훤히 트여있다. 전날 반대 방향으로 지나갔던 곳으로, 비록 같은 장소이긴 하지만 서로 방향이 다르기 때문에 전망은 매우 달라 보인다.

곧 바로 서쪽 언덕으로 접어든다. 도시를 따라 길게 뻗어 있는 언덕 뒤편으로 가파른 산비탈이 이어진다. 베르크 마을의 과수원들을 지나 계속 나아가 "조르겐프라이"(Sorgenfrei)[53] (hh)이란 이름의 벤트(Wend)식[54] 농가에 이른다. 이 마을의 부유한 농장주가 취향에 따라 지어놓은 것이다.

여기서는 눈앞으로 정원 전체가 펼쳐져 보이고, 시가지의 건물지붕 위로 높직이 솟아 있기에 발아래로 시내 전체의 가로가 자세히 내려다보인다. 궁성(그 탑들은 다시 세워놓지 못했다), 루시 호수, 플레저그라운드와 화훼정원들, 모든 것들도 마치 지도처럼 굽어보인다. 온통 울창한 활엽수로 가려있어서 하늘은 한정된 시야로 아주 멀리 있어 보인다.

---

53) 옮긴이 주—'근심걱정 없는'이란 의미로 포츠담의 상수시 궁이 '근심걱정 없는'이란 뜻인 것과 무관하지 않음.

54) 옮긴이 주—Wend: 벤트 족.

집 주위에는 작은 초지와 채소밭이 둘러있고, 그 한 곳에 오버라우지츠에서 가장 오래된 교회 폐허가 서 있다. 지난 세기까지 로마에서는 이 교회를 보존하기 위해 많은 애를 썼다. 규모는 작지만 건축학적 관점에서 흥미로운 점이 없지 않으며, 키 큰 보리수나무들이 커다란 그늘을 드리우며 그림처럼 아름다운 뜰 한가운데 서있다. 이 모습은 그림 XXXII를 참조할 것.

오래된 고목나무 둘레로 벤치가 둘러져 있고 이곳은 나의 조부 시절부터 편히 쉴 수 있는 장소였다. 그래서 이곳은 내게 종종 제 2의 메멘토[55]를 떠올리는 장소가 되곤 한다 — 첫 번째로는 신에 대한 감사로써, 신이 창조한 만물을 만나 기쁨을 누릴 감정을 주신 것에 대한 것이며, 두 번째로는 인식으로, 극히 제한된 상황, 말하자면 예술적으로든 혹은 극히 순간적으로 형성된 것으로든, 평화로운 행복에 즐겨 미소 짓고 나쁜 근심들을 멀리하는 것 같은 상황을 알아차리는 일이다.

많은 협곡과 깊은 만곡을 이루고 있어 대부분 다리를 통해서만 이동할 수 있게 되어 있기 때문에, 이 구간의 탐방은 용이하지 않다. 다행히 나무 값이 다른 여러 지역들처럼 싸고 풍부해서 이런 편리함이 없었다면 길을 만드는 데 엄청난 비용이 들었을 것이다. 일부 높이 자란 숲을 제외하고는 대부분 과수나무들을 심어 놓았는데, 궁정정원 감독관 레네에게서 얻은 이 아이디어는 적당한 장소가 잘 물색되어 확실히 훌륭한 효과를 보았다. 마을과 도시 사이, 그리고 정원들 사이를 이어주며, 계곡에서 바라볼 때 멀리 계단식으로 과수가 있는 산비탈로 채워진 산보다 효과적인 경관은 분명히 없을 것이다. 산 위에서도 마찬가지여서, 봄에는 무리지은 많은 꽃들로 덮을 수 있고 여름에는 나무 아래로 고운 잔디의 녹색 빛을 가득히 비추게 할 수 있다. 그 동안 과수의 수형은 대부분 초라하거나 보기 흉할 수 있기 때문에 이런 불리한 조건은 아름다

---

55) 옮긴이 주 — Memento, 제 2의 메멘토 모리라는 의미로 조부로 비롯된 여러 생각을 뜻함.

운 야생의 사과나무를 섞어주어 가능한 보완해 줄 수 있다.

과수원에서 나오면, 마을 바로 뒤 가파른 기슭에 너도밤나무 고목으로 가득한 좁은 계곡의 위쪽 가장자리에 이른다. 거기서 명반광산의 기둥과 갱도들이 여기저기 노출되어 있는 것을 볼 수 있다. 길은 다시 휘어지면서 내리막이 되어 광산 작업장의 넓은 들판으로 내려선다. 가지각색으로 예쁘장하게 단장한 광부들의 거주지 옆을 지나 15분 정도 달려서 바우첸과 괼리츠 지역으로 넓게 열린 전망의 포도밭(ii)에 도달할 때까지 마을 근처 덤불로 덮인 작은 호수를 지나간다. 6마일 정도 떨어진 들판 한가운데, 이 지역 전체를 덮고 있는 질펀하게 펼쳐진 숲의 바다에 둘러싸여 묘하게 고립되어 보이는 둔덕 하나가 지평선을 가르며 자리하고 있다. 포도재배원에서 잠시 휴식을 취한 후, 명반석 광산이 있는 산등성이를 따라 계속 휘어지는 길을 따라 이동한다. 광석을 나르는 널판으로 된 통로를 지나거나, 경우에 따라서는 수직갱도로 들어가 보기 위해 여기서 잠시 마차에서 내려 볼 수도 있다. 목욕시간에 따라 특별히 정해진 날에는 환하게 조명을 하여 색색의 명반수정 장식을 비추게 해 놓았다. 혹 관심이 있다면 광산 작업장과 여타의 광산시설들을 모두 상세히 탐방할 수 있다.

이곳의 자연은 거칠다. 온통 사질토의 땅바닥에 대부분 소나무로만 덮여있지만, 검은 광석이나 갈탄 무더기에 색색의 자갈돌이 자주 드러나 보이거나 지각변동으로 뒤죽박죽된 지층의 험준한 모습이 만드는 아름다운 그림들을 만나기도 한다. 현장에서는 일종의 작은 화산을 만나기도 하는데, 인공적으로 만든 것이 아니라 자연에서 일어나는 일종의 대지의 연소로, 뿜어 나오는 연기와 함께 종종 화염도 솟아 지하 갈탄층의 적열현상이 나타나는 것이다. 이런 지하의 화염으로 종종 광부들이 곤경에 처하기도 한다.

갈라진 지층의 혼란스러움과는 대조적으로, 초석(硝石) 제조장 바로 뒤에서 꽃이 만발한 온천장 정원을 만나게 되면 모두들 놀라워할 것이다.

요양소(ll)에서 넓은 플레저그라운드를 돌아 광천욕장(mm)과 이토욕장, 그리고 산장(nn), 근처 산으로 거미줄 같이 이어진 여러 보행산책로를 돌아가며 편안한 마찻길이 이어진다. 정원 내에서 가장 야생의 모습을 지니고 있는 이 지역에는, 다양한 방법으로 거칠게 다루어 놓고 어제 본 지역들과는 대조되어 보이도록 가능한 변화를 주어 신중히 고려했으며, 마찬가지로 새로운 먼 조망을 끌어내거나 익숙한 조망대상에 대해서는 적어도 다른 방향으로 조망할 수 있도록 고려했다.

그래서 인공에 얽혀있지 않은 완전 자연 상태를 주창하는 자연애호가들에게는 이곳이 가장 마음에 들것이다. 기껏해야 코일라(Keula) 쪽에서 들려오는 단조로운 쇠망치 소리 외에, 간간이 나무딱따구리 소리가 부드럽게 들려오거나 혹은 광부의 검은 머리가 땅 속에서 불쑥 올라 유령처럼 나타났다가 사라지는 일이 가끔 있을 뿐, 생각을 방해하는 것이 전혀 없는 울창한 숲이나 골짜기에서 깊은 고요함을 발견하는 일은 그다지 어려울 일이 아니다.

이곳의 플레저그라운드는 궁성 주변과는 완전히 다르게 다룬다. 공공장소인 온천장은 극히 개인적인 용도로 사용되는 곳과는 사뭇 다르다. 그늘진 통로와 편안하고 널찍한 휴식 장소들이 요구된다. 온천 성수기에 맞춰 늦여름에 꽃을 피우는 식물을 선정하는 것도 고려되어야 한다. 요양소 오른쪽의 작은 화원은 애초부터 높고 가파른 언덕 위에 바로크 풍으로 만들어 가파르게 깎아지른 듯한 벼랑 위에 화려하고 다양한 정자들이 있는 동양풍의 정원으로 가꿀 계획이었다. 잘 알다시피, 그리고 익히 들어오다시피, 정자의 고립된 모습은 이곳의 자연스러운 환경조건상 원하는 대로 실현하기에 적절한 장소임을 잘 말해주고 있다. 더욱이 앞서 언급한 바와 같이 대중들을 위한 공중시설에서는 많은 사람들의 다양한 취향을 맞춰가기 때문에 특정한 취향에 맞춰가는 사적인 정원 조성보다는 훨씬 폭넓게 고려되어도 좋다. 지금의 상태로도 별다른 보완 없이 플레저그라운드는 어느 정도 이국적인 면을 갖추고 있다. 그림 XXXIII의 동판화는 완성된 모습을 보여준다. 그림 XXXIV는 전체 온천장의 전경이며, 그림 XXXV는 이끼원 살롱에서 조망되는 모습을, 그림 XXXVI는 약수원 전경(oo)을 보여준다. 이런 약수원에는 장미류를 가득채운 바구니로 장식한 고풍스러운 파골라에 벤치를 놓아두고 그 배경에 수국을 심어놓아 주변이 모두 막힌 작은 폐쇄공간을 이루도록 할 것이다.

이런 것들을 모두 찾아다니려면 몇 시간은 족히 걸릴 수 있으니, 다시 마차에 올라 지나온 마찻길을 따라 길게 이어진 깊은 협곡을 따라가면서 먼저 클레이사격장을 들르고, 그리고 계속해서 낮은 산맥으로 연이어진 곳으로 들어가 말 훈련장의 개방된 경주로와 장애물 외에도 많은 놀이시설과 간이시설을 만나도록 한다(pp).

다시 산을 따라 올라가면 석탄채굴장을 지나게 되는데, 산골짜기 깊이 명반작업장으로 협궤열차가 이어진다. 정상에 오르면 넓게 펼쳐지는 원경을 즐길 수 있다. 정상에서의 주 조망지점으로 "부시나"(*Wussina*, 야생)가 눈에 띈다. 이에 대해서는 후에 좀더 상세하게 다룰 예정인데, 1마일이 채 안 되는 거리에 있는 레파크(Rehpark, 노루원)다.

이렇게 온천장에 속하는 구역을 완전히 돌아본 후 다시 내리막길로 방향을 잡아 광산지역을 떠난다. 나이세 강을 따라 온천 손님들을 위해 마련해 놓은 다양한 모양의 여러 산장들을 지나 궁성으로 되돌아간다. 여기서도 짧은 구간 어제 지나간 길과 겹쳐지지만 진행방향이 서로 다르기에 시야에 들어오는 경관은 전혀 다른 모습이다.

그림 XXXIII. 오리엔탈 정원 취향의 온천장의 플레저그라운드

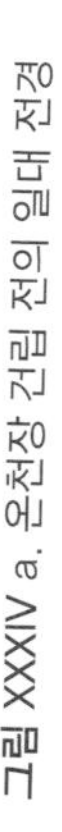

그림 XXXIV a. 온천장 건립 전의 일대 전경

그림 XXXIV b. 온천장 전경

그림 XXXV. 이끼원 살롱

그림 XXXVI. 약수원 정원

세 번째 탐방로

똑같은 것을 반복하면 당연히 단조로울 수밖에 없다. 정원의 전체 상황을 자세히 연구하기 위한 방법으로, 지금까지는 독자들께 상세히 서술된 안내서가 불가피했다. 참을 수 없을 정도로 지루하지 않으면서 좀 더 수월한 방법으로 권할 수 있는 방법으로, 중심 산책로를 제시해 두어 별도의 안내 설명 없이 자신들의 생각에 따라 그것도 아주 조용히 배치도면을 따라가면서 보다 폭넓게 알아가도록 하려던 것이다.

이번 코스는 첫날 산책에서 중단했던 곳에서 시작하여, (노란화살표를 따라[56]) 불가피하게 익히 알고 있는 짧은 구간의 길을 따라 간다. 잠시 후, 일전에 멀리서나마 그 일부를 보았던 나이세 강의 커다란 다리로 이어지는 다른 길을 만나게 된다. 한참 동안 둑을 따라 강과 키 큰 떡갈나무 사이의 길을 따라 가다보면, 누각(qq)이 세워져 있는 루크니츠(Lucknitz) 언덕에 이른다(그림 XXXVII 참조). 시민 사유지의 초원과 들판이 펼쳐지는 곳을 지나 명반광산의 높은 암벽에 비스듬히 기대어 급하게 휘어지며 강물이 관통하고 있는 나이세 목초지와, 목초지에 둘러싸인 산등성이를 따라 가게 된다.

여기서는 도시의 여섯 개의 첨탑들이 서로 겹쳐있으면서 멀리에서 높이 솟아있는 것처럼 보인다. 낯선 사람들은 가까이에 대도시가 있는 걸로 착각할지 모른다. 이런 전경이 언덕 너머로 천천히 사라지고, 이제 어린 활엽수림 지대로 들어가, 숲에 가려진 한적한 길을 반시간 정도 돌

---

56) 옮긴이 주 — 원문에는 '노란화살표'라고 언급했지만 배치도에는 그런 표시가 없다.

아 정원 내에서 가장 높은 고지에 도달하게 된다. 급하게 휘어지는 길을 돌아 나오면 갑자기 넓은 대지가 나오고, 슈네코페(Schneekoppe)에서 바우첸(Bautzen) 산맥의 동쪽 끝까지 지평선의 반을 둘러싸며 서로 연이어진 산맥들이 바로 눈앞에 펼쳐진다. 거뭇한 전나무 숲과 우뚝 솟은 성채의 흉벽이 전경(前景)을 이룬다. 여기에 천문대를 세우려고 구상하고 있다. 맞은편으로는 여러 높고 낮은 산봉우리들이 천천히 솟아올라 있고 초원이 굽어보이는 가운데, 경마용으로 쓰일 커다란 경주로와 종마소(rr)의 고풍스러운 건물들이 있다(그림 XXXVIII 참조).

아카시아가 주종을 이루며 듬성듬성 작은 숲이 흩어져 있는 목초지를 지나면서 길은 앞서 언급한 그 종마소로 이어진다. 말 애호가들의 관심을 끄는 것 외에는 별다른 것은 없다. 그러므로 여기서 오래 머물 필요는 없고 곧장 성채 외곽의 들판으로 나간다. 이곳은 특별히 표준농장경영의 모델이 될 것은 아니고, 다만 좋은 소득지가 되도록 애쓸까 한다. 표준농장경영이란 고효율의 공동이익을 가져다주는 일이기는 하지만, 그런 수확을 위해서는 끊임없이 투자해야 할 수많은 실험과 훗날 우리 이웃들이 더 이상의 불필요한 출혈 없이 모범으로 삼고, 사실상 손실 없는 이득을 보장할 수 있도록 값진 희생을 감수해야 하는 일이다. 나는 이미, 정원을 예술적으로 조성하기 위해서 막대한 비용을 쏟아 부었고, 그 결과 다른 사람들이 정원 조성의 표준에 해당하는 일을 위해 더 이상 많은 경제적 손실을 감수할 필요가 없도록 해 놓았기에, 이를 표준정원이라 불러도 좋으리라 본다.

이런 관점에서, 여러 독자들은 값비싼 독자로서 목양장(ss)을 지나가게 된다. 모직에 관한 한, 우리가 처한 불리한 시대에 대비해 2년 전부터 이곳의 양을 역 개량하는 일을 해오고 있다. 즉 다소 거칠기는 하더라도 풍부한 양털을 얻어내도록 하는 방식이다. 이제 우리는 대규모 경주로에 도착하게 되는데, 장차 독일의 마필사육조합에서 종마육종에 이용할 수 있도록 고려하고 있다(tt). 관객들을 위한 관람공간 외에, 독일식 단위로 반마일의 길이에 120 피트 폭의 경주로가 있고, 전체적으로 거대한 타원형을 이룬 가운데 일곱 개의 다양한 필드로 나누어, 각각의 필드는 서로 다른 모양으로 만든다. 높은 곳에서 다양한 색깔의 거대한 별 모양의 패턴을 조감할 수 있다.

높은 곳에 마련된 조망대에서 전체 경마장과 여러 작은 호수들의 활기찬 모습의 낭만적 전원을 조망할 수 있다. 조련중인 말들을 위한 마구간과 다른 용도에 필요한 것들은 근처에 둘 예정이다. 호수 중 하나를 특별지역으로 정해서, 물가에는 수양버들의 울창한 숲으로 둘러두고 곳곳에는 험준한 바위덩어리를 빙 둘러 놓아 호수의 모든 섬을 두루 다닐 수 있도록 해둔다. 바위에는 고인들의 값진 죽음을 추모하는 이름을 새겨둔다(uu). 경주로는 이런 추모 호수가 있는 지점을 지나게 해두어, 힘차게 달려가는 말에서 내려다보면서 고이 잠들어 있는 고인의 기념비에 시선을 주기도 한다면, 그들은 이 경주로를 따라 이승에서 영원히 함께하게 될 것이다.

정원의 수목 대부분을 공급해주는 거대한 수목원 역시 주의를 끌만한 곳이다(vv). 근처에 있는 호수는 종묘 재배원에 필요한 물을 공급하지만, 어린 묘목들이 처음부터 강하게 적응하도록 물은 의도적으로 극소량만 주며, 마찬가지의 이유로 토질이 좋지 않은 땅을 택했다. 길은 다시 경주로에서 벗어나 다양한 모습의 농가들이 모여 있는 고벨린(Gobelin) 마을로 이어진다(bb) (그림 XXXIX 참조). 미리 구상해놓은 모습의 이 부락에는 대부분 정원 일꾼들이 살게 될 것이다. 높은 언덕에는 수백 년은 된 듯한 떡갈나무 고목들이 흩어져 자라고 있다. 몇 년 전, 그 중 한 그루 아래에서 30년 전쟁 때 매장된 것으로 보이는 작은 보물이 발견되었다. 나는 이들 동전 몇 개를 아직 보관하고 있다. 그 동안 땅을 수없이 뒤집어엎을 때마다 발견되어 나름대로 자랑스럽게 여긴다. 혹은, 아버지가 아들들에게 포도원을 부탁하면서 약속했던 보물에 관한 교훈도 간과하지 않을 일이기에, 모든 땅 소유자에게 그 같은 보상을 시도해 볼 것을 추천한다.

그림 XXXVII. 루크니츠 언덕 정자에서 본 도시와 궁성 조망

그림 XXXVIII. 평원 너머로 리젠게비르게와 오른쪽의 성채조망

그림 XXXIX. 고벨른 부락

그림 XL. 부시나(Wussina)

역시 정원에서 일하는 노동자들이 거주하는 마을 쾨벨른(Köbeln)을 지나(ww) 예전에는 마차가 다닐 수 없었던 나이세 강변길을 따라 궁성으로 되돌아온다. 지난 탐방에서 지나간 적이 있어 익숙해진 길이라 하더라도, 진행방향을 바꾸어 산책객들은 다양한 길을 따라 같은 날 똑같은 것을 만나지 않도록 하면서도 중요한 경관을 모두 만날 수 있도록 배려해 둔다. 또한, 세세한 것들에 많은 관심을 기울이게 하는 것과, 어떤 곳의 어떤 상황에서라도 건전한 보행자에게만 드러나는, 결코 끝나지 않을 듯 끊임없이 이어지는 자연의 소리에도 많은 시간을 할애하도록 하는 것이 중요함을 명심해 두기 바란다.[57]

정원탐방에 관한 것은 여기서 종료하겠지만, 정원과 관련된 부수적인 것 몇 가지에 대해 언급할 일이 조금 남아 있다.

이 지역이 가지고 있는 장점들 중 어느 하나도 결코 무시해서는 안 되므로 다음과 같은 방법으로 이들을 이용하려고 한다.

무스카우에서 1마일 정도 남동쪽, 슐레지아 산악지대에 별장과 수렵용 산장과 함께 야생노루 사육림을 조성하고, 남동쪽[58]으로 2마일 정도 떨어진 곳에는 좀더 규모가 큰 원림으로 교목림과 흑림을 조성토록 한다. 후자의 경우는 오래 된 수렵용 산장과 여름 별장이 있고 이미 수백전 전부터 고상한 사냥놀이를 위한 사냥감을 제공해 오던 곳이다. 두 정원은 영주들만 이용하는 양방도로(즉 한 쪽은 가는 방향, 다른 쪽은 돌아오는 방향)로, 슐로스파크와 연결되어 있어 영지를 벗어나지 않으면

57) 말한 대로, 세 방향의 탐방로 모두를 여기서 규정해 놓은 것과는 다른 방식으로, 즉 같은 대상들로 구성되어 있더라도 경로를 단축하거나 완전히 다르게 나누는 방식으로 잡아간다면, 지금까지 밟지 않은 다양한 연결로를 통해 대부분의 탐방경로를 다양한 전망이 있는 새로운 연속체계로 해 갈 수 있다. 여기에 보행산책로 마저 포함시킨다면 정원을 완전히 익히는 데는 8일 정도는 필요할 것으로 보인다.

58) 편주 — 바이스바서(Weisswasser, 무스카우 인근의 도시: 옮긴이 주)의 티어가르텐(*Tiergarten*). 따라서 두 번째의 것은 남서 방향에 있는 원림을 의미하는 것.

서도 흥미로운 곳들을 다닐 수 있다. 그래서 예전에 언급한 가로수 길도 이곳저곳 온종일 다닐만한 거리로 연장하여 확장시켜갈 수 있다. 그 외에도, 두 티어가르텐 사이를 직접 연결하여 영지 바깥으로 또 하나의 지역을 이룬다면, 이제 수 마일이 계속 이어지는 대 수림을 지나는 탐방로가 된다. 몇몇 고분에서 발굴해 낸 거석유적을 바탕으로 제단을 복원하려 했던, 연대기에서 언급된 왕들의 고분들과 슈반테비트의 제단언덕 등의 유적들을 거쳐 가는 다섯 번째 탐방로가 되는 셈이다.

첫 정원은, 예전에 슬라브어로 "부시나"라고 명명했던 곳으로, 울창한 독일가문비나무의 원시림을 이룬 한 곳을 제외하고는 대부분 활엽수림으로 구성되어 있어, 마탄의 사수에게 "늑대의 계곡"(Wolfsschlucht)이라 이름을 붙여준 곳이다. 때로는 그곳에서 한밤중에 주변의 분위기와 잘 어울려 이중으로 무시무시한 효과를 내도록 베버의 악마의 곡(*Teufelsmusik*)이 울려 퍼지게 해놓는다. 부시나를 관통하여 흐르는 시냇물은 정원을 양분하여 경계를 이루는 나이세 강으로 흘러든다. 세 번째 경계는 넓은 길과 노루가 쉽게 뛰어넘을 수 있도록 낮은 울타리로 이루어진다. 아무리 온순한 동물이라 하더라도 폐쇄된 공간에 가두어 둘 수만은 없을 뿐 아니라 최소한의 자유를 누리도록 배려한다.

이곳은 산간지역으로 숲이 우거진 한적한 협곡과 깊은 계곡의 초원, 리젠게비르게의 여러 산정상의 다양한 경관이 주요 경관의 특징이 된다(그림 XL 참조).

그와 대조적으로 광대한 티어가르텐(*Tiergarten*)은 둘레를 돌자면 여섯 시간 내지 여덟 시간은 족히 걸리는 규모다. 예전에는 높은 생 울타리로 폐쇄해 놓았던 지역으로 완전히 다른 특성을 띤다. 둘레에 울타리로 쳐 놓았던 것들은 최근 나의 명으로 철거하고 간단히 도랑으로 대체해 놓았다. 그 이유는 밀렵꾼에 의한 손실이 많았기 때문이다. 현행법상으로는 현행범이라도 경미한 처벌로 훈방되는 까닭에 근처에서 밀렵행위가 자주 있어왔다. 다른 한편으로는 협소한 공간에 형성된 고산림으로 해서 성장이 좋지 않아 키도 작고 빈약하며 수형도 좋지 않아 야생의 모습을 유지하도록 개량하였다. 양떼들의 특성을 잘 맞춰 도입한 영국의 예를 따르면, 울타리 없이도 야생동물들은 일정한 구역 내에서 제때 사료를 취할 수 있고, 다른 효과적인 관리를 통하여 포획상태의 동물을 약화 또는 위축시키지 않으면서 사육지역 내에서 잘 공생하게 할 수 있다.

15년간의 경험은 많은 교훈이 되었다.

내가 울타리를 허물었을 즈음, 묘하게도 두 이웃이 거의 같은 기간에 울타리로 둘러진 동물사육장을 조성하기 시작했다. 나 역시 이 방식을 따르기로 결심하는 데는 15년의 세월을 필요로 했다. 15년 후쯤이면 그들도 나를 따라 할 것이라고 확신한다. 누구나 각자의 경험을 통해 가능한 저렴한 비용을 들이도록 영리해질 것이기 때문이다.[59] 정원은 완전히 평지에 있어 언덕도 없이 끝없는 삼림이 펼쳐지고, 특히 아름답고 오래된 고목들이 두드러져 보인다. 대부분 보기 드물게 큰 떡갈나무, 가문비나무, 소나무로 구성되어 있다. 150 피트의 키에 줄기가 쭉 뻗은 것들이어서, 독일에서 흔히 볼 수 있는 덜 아름다운 수형의 유럽 소나무라기보다는 오히려 이탈리아 소나무처럼 보인다.

이런 숲을 신선하고 쾌적하고 매력 있는 곳으로 만드는 것은, 도처에 양탄자처럼 빽빽하게 덮여있는 월귤나무, 야생 로즈메리들이다. 야생 로즈메리와 번갈아 나타나는 월귤나무의 밝은 초록으로 반짝이는 잎은 짙은 숲 속에서는 분명 어떤 아름다운 잔디보다 낫다. 또한 인력으로는 도저히 그렇게 촘촘하게 해 줄 수도 없다. 여기저기 이런 식생들을 제거했던 그늘진 곳에서는 절대 새로 나지 않는다. 넓은 구간을 다시 지피식

59) 이 글 때문에 뭇 진보주의자들이 나에 대해 실망하지 않도록 다음과 같은 도움이 될 정보를 더해 놓고자 한다. 지역민들을 고려해 십삼만 모르겐에 달하는 숲에 법으로 허용되는 수의 삼분의 일에 불과한 야생동물을 기른다. 그 밖에도 이웃한 주민들 중 혹 우려가 되는 곳이 있다면 그들의 경작지 주위에 울타리를 둘러칠 수 있도록 숲으로 남겨 두었다.

물로 풍성하게 뒤덮이게 하려면 사람의 한 세대 이상의 기간이 필요할 것이다.

궁성에 사냥을 하러 온 수많은 손님용 숙소를 마련해 놓으면 티어가르텐은 사슴과 야생돼지, 노루 사냥을 위한 주요 모임장소로 애용될 수 있다. 사냥에서 가장 흥미로운 일은 점점 희귀종이 되어가는 뇌조들의 교미를 볼 수 있는 일이다. 교미 때에는 파크 내의 40에서 50마리에 이르는 뇌조들이 한꺼번에 내는 소리를 듣게 된다. 이런 장면을 즐기기 위해서는 일찍 일어나야 하는데, 시민들은 이런 일을 반기지 않기 때문에, 한밤중에 무스카우에서 출발하여 횃불을 밝혀 숲을 지나가는 것이 좋다. 저렴한 비용의 간편한 조명으로 밤의 향연과 함께 남은 시간을 수렵용 별장에서 보내고는 곧장 뇌조를 향해, 사냥꾼 용어로, "공격"한다. 이런 일로해서 나의 정원은 많은 호응을 얻게 될 것으로 기대한다. 이런 방식으로 부인들도 사냥에 여러 번 참여할 수 있는데, 어울리지 않는 이런 일까지 언급하는 것은 모두 부인들을 배려한 것이므로 이를 널리 양해해 주기 바란다.

다른 야생동물들이 찾아들 수 있도록, 아름다운 구역을 따라 열 내지 열두 개 정도의 수렵용 도로를 설치해 놓는다. 이런 길들을 중심으로 사냥꾼들 간에 잠정적인 점유지로 분배하는 사전 약조를 하고 누구나 지정된 길을 이용하도록 해두면, 같은 길에서 벌어지는 모든 충돌을 안전하게 미연에 방지할 수 있다. 규칙을 위반하면 다른 사냥꾼들의 권리를 침해한 부적절한 행위로 간주하도록 해둔다면 점유구역 내에서는 밤낮 관계없이 방해 받지 않고 즐거움에 빠져들 수 있다. 효율적이면서 편안한 시설을 설치할 수 있었던 것은 베를린의 파일(Pfeil) 교수와 산림감독관의 호의적인 지도 덕분이다. 그래서 미로식으로 구불구불한 길은 파일 교수의 이름을 따 "파일슈트라세"(Pfeilstraße) 라고 할까 한다.

이곳에는 근사한 나무들이 워낙 많지만, 그 중 두 그루에 대해서 별도로 언급하지 않을 수 없다. 그림 XLI는 들판에 서 있는 독일가문비나무

그림 XLI. 티어가르텐에 있는 수고100 피트에 이르는 독일가문비나무

를 그린 것이다. 키가 100 피트이며 침엽수가지는 지상 7 피트 아래까지 뻗어 있다. 언젠가는 종이로 거대한 솔방울 모양의 초롱을 달아 크리스마스트리처럼 밝혀 놓아 다른 어디에서도 볼 수 없는 크리스마스선물을 했다. 그림 XLII는 85 피트 높이의 보기 드문 떡갈나무다. 24 피트에 이르는 수관 폭으로, 지면 위로 1 엘레(Elle)[60] 정도 올라와 있다. 튼튼한 가지들은 둘레가 9 피트에 이른다.

마지막의 그림 XLIII은 조용하고 한적한 수렵별장 정원에 있는 작은 오두막을 보여준다. 보잘것없는 노력이 이 분야에 헌신하는 사람들에게 조금이나마 도움이 되기를 바라며 지금까지 별로 주의를 기울이지 않았던 것들에 대해 보다 많은 주의를 기울이기를 진심으로 바라면서 이 한적한 곳에서 무미건조한 이야기에 끝까지 인내해 준 친애하는 독자 여러분들께 작별을 고할까 한다. 영주로서 영지를 이상적으로 만들어 가는 일은 이제 겨우 시작한 입장이지만, 언젠가는, 땅이란 경제적인 대상으로서 뿐 아니라 진정한 예술 감상을 위해서도 다루어질 수 있음을, 그리고 전력을 다해 사랑으로 헌신하는 사람에게 자연은 모든 면에서 어떻게 보답하는가에 대해서도 잘 알게 될 것이다. 토지를 소유한 사람이 그 모두를 끈기 있게 일구어내어 수천의 조각들이 하나의 고리를 이루어 아름답게 결합되도록 노력한다면 진정 생시몽주의자(*St. Simonist*)의 꿈이 이루어지게 될 것이다.[61]

언젠가는 대지를 아름답게 조성하는 일이 보편화 되는 때가 오게 될 것이다. 이런 목표에 잘 닿아가기 위해서는, 모든 것을 다 삼켜버리고

---

60) 옮긴이 주 — 독일의 옛 치수, 55~85 cm.

61) 편주 — Claude-Henry Comte de Saint-Simon(1760~1825)은 볼테르와 루소의 철학을 발전시켰다. 이성과 자연에 기초한 개인윤리와 사회윤리를 추구했다. 생시몽주의자들은 생시몽 학파로 특히 3월 전기 시대에 강하게 그들의 이념을 전파했다. 고용주와 피고용주의 대립들은 인간을 통해 인간의 이용관계에서 분명해진다. 퓌클러는 귀족에 속하지만, 생시몽주의자로 이해할 수 있다. 퓌클러의 진보적 태도는 문학적이고 정원창조적인 그의 전 작품에서 입증된다.

그림 XLII. 수고 85피트, 직경 24피트에 이르는 너도밤나무

그림 XLIII. 티어가르텐 수렵산장

되 돌려주지 않는 우울한 정치판으로부터 우리 자신을 잠시 떼어 놓고, 예술에 좀더 관심을 기울여 즐겁게 감상하는 데 관심을 기울일 필요가 있다. 우리 모두가 국가를 다스리는 데 참여할 수는 없지만 자신과 자신의 재산을 순화하려는 노력은 누구나 할 수 있다 — 모든 사람이 여러 국가형태에 대한 이론적인 수많은 새로운 시도보다는 이런 단순한 일을 통한 정직하고 소박한 태도로 보다 조용하고 확실하게 자유로움을 이루려 할지는 의문이다. 스스로 제한하는 자만이 자유로울 수 있다.

부 록

• • • 퓌클러가 무스카우 주민들에게 정원조성 계획을 반포한 글

무스카우 주민들에게

무스카우의 영주로서, 조국의 보호 아래 여러 선량한 시민들과 신하들의 복지를 지키고 나의 모든 수익을 그들에게 되돌려주는 데 앞으로의 나의 생을 바치기로 결심했다. 그렇기에 주민 모두가 나의 진지한 뜻의 사업에 기꺼이 동의해줄 것이며 동시에 그것이 모두에게 만족을 줄 뿐 아니라, 나아가서는 진실로 유용한 일이 될 것이라고 믿어 의심치 않는 바이다. 이를테면 내가 계획하고 있는 정원 전체가 완성되기 위해서는 나이세 강 아래로 소라우와 쾨벨른 간 도로까지, 그리고 나이세 강 건너편의 브라운스도르프 들판 전역이 정원으로 수용되어야 하는 것이 불가피하다.

그래서 나는 전 시민들과, 언급한 지역에 개별적으로 밭이나 초지, 벌목지의 숲을 소유하고 있는 영지 내의 모든 주민들이 적정한 조건으로 내게 양도할 것을 부탁한다. 나로서 모든 개별적인 경우들을 직접 비교 판단할 수 없고, 계약절차를 가능한 한 간소하게 처리하기 위해 내가 추천하게 될 두 사람 외에, 앞서 언급한 토지들을 법적으로나 관례상 합리적으로 평가해 줄 두 명의 대표를 자발적으로 선출해주기를 바란다. 이런 평가에 따라 각자 자율적으로 그 가격을 나의 관할청에 등록하면 5%의 재산 임차료를 감해줄 것이며, 토지교환을 하게 될 경우 동일가격에 해당되는 면적의 토지로 하되 비교적 멀리 떨어진 브라운스도르프나 베르크 들판의 농지는 절반의 가격으로 환산하게 할 것이기에, 상황에 따라서는 두 배의 가치를 얻게 될 것이다.

주민 모두가 내가 바라는 바를 따라주어 모든 토지가 전적으로 나의 소유가 되면 6년 안에 나의 재산을 들여 시를 위해 시청사와 쾨블러 성문 그리고 사격클럽을 건설할 것이나, 혹여 오늘로부터 일 년 안에 토지매입이 이루어지지 않을 경우에는 나의 뜻을 이해하거나 받아들이지 않는다는 것으로 생각하여 영원히 이 무스카우를 떠날 것이며, 성까지를 포함하여 내 소유의 모든 것도 양도할 것임을 무스카우 주민들에게 천명하는 바이다.

오랫동안 폐허처럼 방치되었던 모든 공공건물들을 훌륭히 재건하고 이 도시를 아름답고 장대한 정원으로 가꾸며, 그리고 나의 모든 사업수익이 시로 다시 환원되기를 기꺼이 원하는 바인지, 아니면 다른 한편으로 이런 모든 이익에 고개를 돌리고 나와 나에 속한 모든 것들과 영원한 작별을 원하려는 것인지, 그 모든 것을 무스카우의 주민들 각자의 판단에 맡기려 한다.

주민들의 희생을 요구하는 것이 아니라 작은 호의를 원하는 것이며 모든 것을 최고의 가치로 되돌려주고자 하는 것이기에, 선량한 무스카우 시민들이여, 이미 오래 전부터 쌓아온 성실한 신의로써 나의 소원과 소청을 들어 여러분들의 사랑에 진심으로 보답하건데, 영원히 내가 떠나기를 강요하지 않으리라 믿어 의심치 않는 바이다.

무스카우 슐로스에서 1815년 5월 1일,
헤르만 폰 퓌클러무스카우 백작

600 무스카우 일대, 소르브 족 거주 지역. 무스카우는 성채와 봉토, 그리고 베르크 마을로 이루어짐.

1075 하인리히 4세(Heinrich IV), 봉토로서 라우지츠(Lausitz) 지방 전역을 포함한 마이센 지방을 브라티슬라브 2세(Vratislav II., 1085년 보헤미아 왕이 됨)에게 영지로 수여. 라이프치히-무스카우-브레슬라우 간의 동서 교통로와 괼리츠-무스카우-프랑크푸르트(오더강) 간의 남북 교통로가 인근 나이세 강 유역에서 교차하는 결절점으로 무스카우의 중요성이 점점 커짐.

1251 백작 하인리히(Markgraf Heinrich der Erlauchte von Meißen) 무스카우 세관을 소유.

1309 백작 요한 5세(Markgraf Johann V. von Brandenburg) 성주로 임명.

1316 백작 블라데마르(Markgraf Wlademar. von Brandenburg) 성주로 임명.

1325년 경 옛 궁성 완성.

1338 티츠코〔Thyczco (Ditericus) de Muscove〕, 무스카우의 영주로 임명.

1346 베르크 교회가 문서 기록에 나타남.

1360 보토 4세〔Boto IV. von Ilenburg (Eilenburg)〕, 무스카우 영지 소유.

1361 하인리히(Heinrich von Kittlitz), 보토 4세의 딸과 결혼하면서 영지를 물려받음.

1366 요한(Johann von Penzig), 무스카우 영지소유.

1398 한스 3세(Hans III. von Penzig), 무스카우 영지소유.

1432 후스(Huss)파 교도, 도시를 약탈.

1437 크리스토프(Christopher)와 니켈(Nickel von Penzig), 무스카우 영지 소유.

1441(1444년까지) 니켈(Nickel von Gersdorf), 무스카우 영지 소유

1447 벤첼 2세(Wenzel II. von Biberstein), 소라우(Sorau)에 거주하면서 무스카우 영지 소유.

1450 서슬라브식 교회 건립(안드레아스 교회).

1442 무스카우, 벤첼 2세로부터 시의 자유권을 획득.

1465 요한(Johann von Biberstein), 영지 소유.

1497 울리히(Ulrich von Biberstein), 영지 소유.

1519 지그문트(Sigmund von Biberstein), 영지 소유.

1525 (1530년경까지) 이탈리아 건축가에 의해 새 궁성(*Neu Schloss*) 건립.

1532 무스카우 시 대부분이 화재로 파괴.

1545 히로니무스(Hieronymus)와 크리스토프(Christoph von Biberstein), 영지 소유.

1549 요한 4세(Johann VI)와 크리스토프(Christoph von Biberstein), 영지 소유. 크리스토프는 후손 없이 1551년 사망.

1552 왕 페르디난트 1세(Ferdinand I), 압류된 비버슈타인가의 유산을 백작 게오르크 프리드리히(Georg Markgraf Friedrich zu Brandenburg-Anspach)에게 저당(1552~1554, 1556~1558).

1555 베르크 교회 수리.

1556 시청 건립.

1558 왕 페르디난트 1세, 영지를 파비안(Fabian von Schönaich)에게 매각.

1564 옛 공동묘지의 교회 건립.

1573 무스카우의 최초 유황광산 건설. 한스 게오르크(Hans Georg von Schönaich), 무스카우의 봉건영주. 1587년 무스카우 성에서 사망.

1583 무스카우 대홍수.

1587 파비안, 무스카우 영주가 됨.

1589 무스카우 황실직속 영지가 됨〔황제 루돌프 2세(Kaiser Rudolf II)〕.

1593 무스카우 대홍수.

1595 백작 빌헬름(Wilhelm Burggraf zu Dohna), 저당권으로 무스카우 소유. 무스카우 대홍수.

1597 백작 빌헬름, 황제 루돌프 2세의 영지 매입(27000 헥타르의 영지와 37개의 마을). 루돌프 2세의 유산 차용증에는 무스카우 모든 주민들이 성주에게 고용된 것이 명시됨.

1598 대화재로 묘지 인근의 16개의 창고 소실.

1605 도이취 교회(시립개신교회), 이탈리아 건축가 베빌라콰(Bevilaqua)에 의해 고딕양식으로 건립.

1606 백작 칼 크리스토프(Carl Christoph Burggraf zu Dohna), 영주(대리청정).

1611 무스카우 대홍수.

1612 포드로쉐(Podrosche)에 제지공장 건립.

1613 무스카우 대홍수.

1618 30년 전쟁 동안 무스카우는 여러 군대에 점령당해 약탈당하고 화재를 당함.

1622 도이치 교회(시립개신교회) 완공.

1625 우줄라 카타리나(Ursula Catharinna Burggräfin zu Dohna), 무스카우 영지 소유(대리청정).

1632 페스트로 367명 사망.

1633 크로아티아가 영지를 약탈. 알브레히트(Albrecht von Wallenstein, Herzog von Friedland, 1583~1634) 무스카우 성에 진영을 둠.

1634 군인들 농가에 방화. 화재로 슬라브식 교회, 목사관, 학교 건물과 수많은 주요 문서들이 사라짐. 주민들은 인적 없는 숲 속으로 피신. 무스카우 시 주택의 거의 절반이 파괴.

1635 프라하 독립. 오버라우짓츠(Oberlausitz)는 전쟁 보상금으로 작센 선제후(Kursachsen)에 넘어감. 황제는 영주권을 소유하고, 선제후가 모든 영주의 권한을 보유.

1639 무스카우 대물가파동. 토르스텐손(Torstenson) 장군 휘하의 스웨덴군 오버라우짓츠로 진입.

1643 황제와 작센군에 의해 퇴각하기 전 스웨덴 장군 반케(Wanke)의 군인들이 시립교회와 무스카우 성을 파괴.

1644 스웨덴군과 대치하던 동안, 라이네케 1세(Curt Reineke I. von Callenberg)는 우줄라 카타리나(Ursula Catharinna Burggräfin zu Dohna)와 결혼, 무스카우 영주가 됨.

1645 작센 공작 요한 게오르크 1세(Kurfürst Johann Georg I. von Sachsen)는 쿠르트 라이네케 1세를 오버라우짓츠의 영주로 임명. 칼렌베르크 1세는 시립교회, 학교, 병원 재건.

1647 통치 시작과 함께 궁성을 재건(해자를 두른 옛 성의 기초 위에 옛 모습대로).

1649 (1667년까지) 칼렌베르크 1세, 16개 마을과 농장 영지로 매입.

1650 무스카우에서 도기와 항아리, 병과 난로제조용 타일을 생산해 일부는 수출.

1656 이탈리아의 석고 세공인 쥴리오 비네티(Julio Vinetti)와 요한 코메텐(Johann Cometen) 시립교회의 영주석을 장식.

1664 칼렌베르크 1세, 전쟁 때 소실된 옛 문서들 중 시의 특권에 대한 모든 기록을 새로 작성하도록 지시.

1666 폭풍으로 베르크 교회 지붕이 파괴.

1672 쿠르트 라이네케 2세(Curt Reineke II. von Callenberg), 영지 소유.

1673 명반광산 폐쇄.

1680 심한 우박 피해.

1683 유충피해로 무스카우 숲 상당부분이 훼손.

1686 화재로 가옥 27채, 슬라브 교회, 학교 손실.

1703 무스카우 대홍수.

1709 요한 알렉산더(Johann Alexander Reichsgraf von Callenberg (III)), 영지 소유(대리청정 1714년까지).

1726 무스카우 도기 제작권 복권.

1730 무스카우 제지공장 바우첸(Bautzen)의 고트프리트 피셔(Gottfried Fischer)에게 매각됨.

1750 무스카우 영지내의 마을에 대한 50개 조항에 이르는 광범위한 지방조례를 제정.

1755 최초의 무스카우 삼림법 제정.

1757 프로이센, 7년 전쟁 동안 무스카우를 약탈.

1760 시 양봉조합이 170명의 조합원과 약 7000 통의 벌집을 소유하게 됨. 코일라(Keula)의 용광로 가동.

1762 바세나르쉬 도서(Wassenaarsch Bibliothek)를 매입하여 궁정도서관 설립. 영지의 홍수와 흉작.

1766 대화재로 무스카우 시 전체 피해.

1772 무스카우 두 번째 물가파동.

1773 브라운스도르프(Braunsdorf)의 언덕에 헤르만 폰 칼렌베르크(4세) 백작〔Graf Hermann Reichsgraf von Callenberg(IV.)〕의 누이동생 리페 백작부인(Gräfin zur Lippe)이 전나무 솔방울로 지붕을 덮은 작은 별장을 세움.

1774 게오르크, 영지 소유. 무스카우에는 규모가 큰 중후한 건축만 허가함을 공표. 궁성과 시립교회의 복구 시작. 바이스바서(Weißwasser)의 수렵용 별장 확장 개축. 칼렌베르크 4세〔Georg Alexander Heinrich Hermann Reichsgraf von Callenberg(IV.)〕의 이름을 따 '헤르만스루'(Hermannsruh)라고 함.

1775 무스카우에 92명의 시민들이 백맥주 양조 자격증을 소유.

1778 교회광장에 지난날의 대물가파동을 회고하는 기근 기념비 건립. 주춧돌 아래에 시의 연대기를 보관.

1781 슬라브 교회 신축 초석이 놓임. 원래의 목조건축을 장대하게 개축하고 'Bellevue'라 명명.

1782 요한 베르눌리(Johann Bernoulli)와 나타넬 고트프리트 레스케(Nathanael Gotfried Leske)가 각각 영지 전역을 여행. 영지 전역을 광범위하게 묘사한 그들의 학술서가 1784년 베를린과 1785년 라이프치히에서 출판됨.

1784 칼렌베르크 4세, 베르크에 가로수 길을 만들도록 지시. 클레멘티네 길(Clementinenengang)이 생겼고, 가로수도 조성. 명반광산은 다시 임대방식의 조업 신고. 퓌클러의 젊은 시절 친구이자 고문 레오폴드 쉐퍼(Leopold Schefer)가 무스카우에서 출생. 마지막 칼렌베르크 백작의 상속녀 클레멘티네 쿠니군데(Clementine Cunigunde Reichsgräfin von Callenberg)는 하인리히 폰 퓌클러 백작(Graf August Heinrich von Pückler auf Branitz(Cottbus))의 아들 루드비히(Reichsgraf Ludwig Karl Johann Erdmann

Pückler)와 결혼함.

1785 10월 30일 헤르만 백작〔Heinrich Ludwig Hermann Graf von Pückler, 1882년부터 후작(*Fürst*)〕이 무스카우에서 출생. 클레멘티네(Clementine Reichsgräfin von Pückler), 무스카우 영지 소유〔아우구스트 하인리히(Graf August Heinrich von Pückler)의 관리 하에〕. 무스카우 주민 1200명. 구두기능장 42명. 베르크 교회 폐쇄.

1788 새 슬라브 교회 헌당식.

1790 야콥 하인리히 레더(Jacob Heinrich Rehder)가 오이틴(Eutin)에서 탄생.

1798 루트비히(Ludwig Erdmann Pückler), 브라니츠의 상속인으로서 무스카우 영지 소유.

1799 무스카우 1330명의 주민과 191 가옥 소유.

1804 무스카우 홍수와 흉작.

1807 프로이센의 농노제도가 폐지되었으나 실행은 더디게 진행됨.

1811 헤르만(Hermann Graf von Pückler), 성주로 임명. 무스카우가 나폴레옹 전쟁으로 고통 받음. 프랑스. 코자크. 프러시아 등 각국에서 온 4만 명이 넘는 군인들이 시를 통과해 감. 세금 강제징수와 장티푸스로 영지가 혹사당함. (나폴레옹 치하에서) 퓌클러는 관직박탈만 겨우 면하고 때때로 자택연금을 당함.

1812 나이세 강 동편에 식수. 트레넨비제(히르쉬비제)〔Tränenwiese (Hirschwiese)〕의 온실을 철거하고 슐로스비제(Schloßwiese)에 새로 건축. 꿩 사육장 철거.

1813 퓌클러 라이프치히 전투에 참여.

1815 5월 1일. 퓌클러, 무스카우 시민에게 정원 설치를 공표. 빈 회의 결의안에 따라 오버라우짓츠가 분단됨. 무스카우는 프로이센에 소속됨. 에두아르트 페촐드(Eduard Petzold) 쾨니히스발데

(Königswalde) 에서 출생.

1816 무스카우에 기근. 퓌클러는 정원구상을 실현시키기 위해 200명 노동자들을 고용.

1817 야콥 하인리히 레더, 무스카우의 정원감독관이 됨. 퓌클러는 루시(Lucie Gräfin von Hardenberg, 1776~1854) 와 결혼.

1819 퓌클러, 칼 프리드리히 쉉켈(Karl Friedrich Schinkel, 1781~1841) 과 첫 접촉. 쉉켈은 다음해 성 전체의 개축을 위한 세 차례의 설계안을 제시. 세 번째 안이 퓌클러에 의해 수용되었으나 옥외계단과 경사로 부분만 시행. 빌헬름 아우구스트 쉬르머(Wilhelm August Schirmer, 1802~1866) 는 퓌클러가 지정해 준 자리에서 조망되는 정원의 조감도를 그림. 헤르만스나이세(Hermannsneiße) 가 시작되는 자리에 호프 농장을 설치. 포스트브뤼케(Postbrücke) 와 키르히담토어(Kirchdammtor) 사이에 지피류 식재.

1820 온천수와 약수, 습지에 대한 최초의 수질분석. 트레넨비제(Tränenwiese), 베르크비제(Bergwiese) 의 녹화. 지피식물들을 개량시킴. 엥글리쉬하우스(Englisch Haus) 건축.

1821 헤르만, 나이세의 하상, 즉 나이세(Neiße) 강으로의 유입부에서 나이세 강에서 분기되는 방향으로 북쪽에서 남쪽으로 굴착을 시작함. 쉴프비제(Schilfwiese) 주변의 배수구 작업. 엥글리쉬하우스 주변 지역 조성.

1822 퓌클러, 후작 작위 획득. 옛 보리수 길은 나이세 강의 조망을 위해 이즈음 제거되었을 것임. 엥글리쉬하우스로 가는 다리와 도펠부뤽케(Doppelbrücke) 건립. 존 아디 렙톤〔John Adey Repton, 험프리 랩톤(Humphry Repton) 의 아들〕과 그의 조수 버널(Vernal) 이 무스카우 방문. 광천욕장의 욕조를 설치.

1823 1822년 12월과 1823년 1월간, 혹한의 날씨에 나무를 심음. 슐로

스비제의 잔디 씨를 뿌리고 엥글리쉬하우스 주변에 마차로를 조성. 퓌클러 부인의 주도 하에 헤르만 온천이 개장됨.

1824 바데파크(Badepark) 조성 개시. 쉴프비제 배수 작업. 옛 성채의 해자 위벽 철거. 슐로스제〔Schloßsee, 루시제(Lucie See)〕를 위한 호수 굴착공사. 슐로스제에서 포스트브뤼케까지의 헤르만 나이세 하상 연장 굴착작업. 옛 외양간 건물 철거.

1825 슐로스람페(Schloßrampe) 궁성경사로 건설. 온실(Orangerie) 철거.

1826 목조교량 카르펜브뤼케〔Karpenbrücke, 바이세브뤼케(Weiße Brücke)〕, 푹시엔브뤼케(Fuchsienbrücke), 비아둑트(Viadukt) 건설. 카르펜브뤼케에 저수보 설치. 궁성 경사로 앞에 약 40년생 붉은 너도밤나무 식재. 퓌클러는 부인과 이혼하고(조세처리 등의 금융관계로 문서상의 이혼으로 알려져 있음: 옮긴이 주) 3년간 영국여행을 떠남. 영국 정원을 연구하기 위해 레더와 동행함.

1827 궁성 경사로와 옥외계단의 난간을 거대한 화강암 석판으로 가장자리 장식. 헬미네 길(Helminenweg) 조성.

1828 배수로 작업. 브라운스도르프(Braunsdorf)로 가는 언덕 오르막의 대로 건설. 칼 아우구스트(Karl August)와 라엘 파른하겐 폰 엔제(Rahel Varnhagen von Ense)가 퓌클러 부인의 손님으로 무스카우 방문. 직영 수목원으로부터 조달되는 수목들만 활용.

1829 바데파크의 식재와 슐로스파크에 초지를 조성. 엥글리쉬하우스의 초지 크벨비제(Quellwiese) 조성. 카펠렌베르크(Kapellenberg)의 식재. 편비내(Faschinen)를 이용해 바데파크의 사질토의 산비탈 안정화 시행. 최초의 정원 간벌작업. 바데파크의 토공을 위해 바우첸 가로(Bautzenstraße) 폐쇄.

1830 20년생 캐나다포플러 세 그루를 플레저그라운드〔*Pleasureground*, (슐로스비제)〕에 식재. 나이세 섬에 있던 이 나무들의 이식에는

강력한 이식기계가 사용됨. 아이히제 다리(Eichsee- Brücke)와 산책로 사라의 길(Sara's Walk)의 다리 건설. 루시 호(湖)에 섬을 조성.

1831 칼 프로이센 왕세자(Prinz Carl von Preußen, 1801~1883)와 프리드리히 빌헬름 4세(Friedrich Wilhelm Ⅳ., 1795~1861) 무스카우 방문. 퓌클러를 만나지 못함. 배수로 작업. 케셀비제(Kesselwiese) 조성. 에두워드 페촐드(Eduard Petzold) 1835년까지 무스카우에서 수련. 퓌클러는 극작가 에른스트 호발트(Ernst Houwald, 1778~1845)와 편지로 (호발트의) 정원에 있는 붉은 너도밤나무 매매를 의논. 호발트는 결국 그 나무를 무스카우로 수송하는 데 동의.

1832 칼 프리드리히 쉰켈과 페터 요셉 레네(Peter Josef Lenné) 무스카우에 체류. 아이히 호수 굴착. 헤렌가르텐(Herrengarten)의 개조. 베르크파크, 바데파크, 포도원 식수작업. 유골 발굴〔무명용사의 묘(*Grab des Unbekannten*)〕.

1833 아이히 호 조성작업 계속.

1834 프로이센 왕자 칼이 고슬라(Goslar)의 카이저슈툴(Kaiserstuhl)에 관한 논문 기고.

1835 아이히 호 저수보 조성. 하인리히 라우베(Heinrich Laube)가 부인 이두나(Iduna)와 함께 무스카우 방문. 퓌클러 부인의 진보적 호의 덕에 라우베는 언론법 위반으로 선고된 금고형을 무스카우에서 보낼 수 있게 됨.

1836 베르크파크의 배수로와 하수 공사. 베르크파크의 로테브뤼케(Rote Brücke, 붉은 다리)가 건설됨.

1837 바데파크에 도로 건설.

1838 브라운스도르프 평원에서 아이히 호 제방까지 거대한 암석 수송. 베르크파크에 초지 조성.

1840 '토어-테러블'(Tor-terrible) 건설. 엥글리쉬하우스에 있는 정원 경계를 약 500미터 북쪽으로 넓힘. 궁성에 슐로스가르텐 조성. 나이세 강 오른쪽에 있던 마을 고벨린(Gobelin)을 철거하고 나이세 강 왼쪽으로 이주시킴. 마흐부바(Machbuba) 10월 27일 무스카우에서 사망. 하우프트파크(Hauptpark, 중심정원) 168 헥타르, 바데파크와 베르크파크가 89 헥타르에 이름.

1841 쾨벨른(Köbeln)의 나이세 다리 철거, 정원 바깥쪽 강 하류에 다시 건설.

1842 쾨벨른과 브라운스도르프의 들판을 정원부지에 포함시킴. 수목원 확장. 무스카우 궁정양조장 건설. 고트프리트 젬퍼(Gottfried Semper)의 설계에 따라 온실을 새로 건설(1846년까지). 브라운스도르프 들판 조경. 이회암 갱을 여러 작은 연못으로 개조. 글리머글라스 호수(Glimmerglas-See)를 금고형 선고를 받은 시인 프리츠 로이터(Fritz Reuter, 1810~1874)의 이름을 따서 로이터 호수(Reuter-See)로 명명.

1843 브라운스도르프 들판에 새로운 마차로 설치. 슐로스파크의 배수 및 배수로 작업.

1844 에두어드 페촐드, 바이마르의 에터스부르크(Ettersburg)의 궁정 정원사가 됨. 무스카우에서 소라우(Sorau), 스프렘베르크(Spremberg), 괼리츠(Gölitz), 바우첸(Bautzen)으로 가는 도로 건설 개시. 코일라 공장 지역 계획. 파크의 규모 약 257 헥타르.

1845 퓌클러는 정원과 영지를 노스티츠 백작(Graf von Nostitz)과 하츠펠트 백작(Graf von Hatzfeld)에게 매각. 이혼한 부인 루시와 함께 부친으로부터 물려받은 코트부스(Cottbus)의 브라니츠(Branitz)로 옮김. 브라니츠에서 다음 해 새로 정원 조성 시작.

1846 네덜란드 프리드리히 왕자: 무스카우 영지 소유. 정원의 관리와 보존, 확장을 정원 감독관 야콥 하인리히 레더(Jacob Heinrich

Rehder)가 맡음.

1852 야콥 하인리히 레더, 무스카우에서 사망. 에두아드 페촐트(Eduard Petzold)가 그 후임으로 됨. 궁성에서 시작하여 정원 전역의 간벌작업.

1853 슐로스파크와 베르크파크 사이의 연결도로 건설. 엥글리쉬하우스, 바데파크, 헤렌가르텐을 중심으로 대규모로 확장된 전체 정원의 개조가 이루어짐. 베르크파크의 크고 작은 협곡을 지나가는 가로수길 건설. 사라스워크를 전역에 걸친 다리들의 보강 건설.

1854 쾨니히스브뤼케〔Königsbrücke, (프린츠브뤼케, Prinz-Brücke)〕 새로 건설. 케셀비제(Kesselwiese)에서 수목원으로 가는 길 조성.

1855 도펠브뤼케에서 헤렌가르텐까지 이어지는 보도 구간 개선작업. 시립 공동묘지의 묘당 수리.

1856 엥글리쉬하우스〔하이덴탈(Heidental)〕 아래에서 헤르만스아이헤(Hermannseiche)까지 조경. 무스카우는 2300명의 주민과 주택 248채 소유.

1857 수목원 조업 시작. 온천장 신축. 엥글리쉬하우스 인근의 나이세다리에서 나이세 강을 따라 '토어-테러블'에 이르는 구간의 차로 설치. 소라우에서 무스카우로 연결되는 새 도로에 붉은 떡갈나무(*Scharlach-Eiche*)로 가로수길 조성. 궁성 주변의 교목과 관목들을 제거. 퓌클러가 말 동상을 세우고자 했던 옥외계단의 좌우에 두 개의 사자상(아연주물에 금박을 입힘), 즉 네덜란드 왕세자의 문장 동물의 동상을 세움.

1859 엥글리쉬브뤼케〔Englischbrücke, 기터브뤼케(Gitterbrücke)〕를 보강함.

1861 구름다리(Viadukt) 건설. 정원규모가 약 500 헥타르에 이름.

1862 레오폴드 쉐퍼(Leopold Schefer) 2월 13일 무스카우에서 사망.

1863 바인베르크(*Weinberg*, 포도원) 아래에서 크라우슈비츠(Krauschwitz) 까지 구간 보도 확장.

1864 칼 왕세자, 브라니츠의 퓌클러를 방문. 명반 광산 조업이 시작됨. 새 궁성 (*Neu-Schloß*) 의 개축 (1866년까지) 과 슐로스가르텐의 확장.

1867 수목원 (종묘재배원) 이 사실상 완공. (54 헥타르) 무스카우-바이스바서 구간 철도 건설. 바데파크와 연계시켜 역 주변 지역을 개발.

1869 태풍으로 많은 고목의 뿌리가 뽑힘.

1870 가톨릭교회 건립.

1871 2월 4일 퓌클러 (Hermann Fürst von Pückler-Muskau) 브라니츠에서 사망. 무스카우 주민 3045명.

1872 바이스바서-무스카우 구간의 철로를 괼리츠-코트부스-베를린 구간의 노선과 연결.

1878 에두아드 페촐트 은퇴. 정원감독관: 로트 (Roth), 수목원: 구스타프 쉬레펠트 (Gustav Schrefeld, 1851~1891).

1880 병원 건설 (~1882년).

1881 마리 비트 후작 (Marie Fürstin zu Wied, 네덜란드 공주) : 영지 소유.

1883 트라우곳 헤르만 아르님 백작 (Traugott Hermann Graf von Arnim), 무스카우 소유.

1888 묘당 건설. 무스카우 주민 3300명.

1891 에두어드 페촐트, 드레스덴 (Dresden) 의 블라제비츠 (Blasewitz) 에서 사망. 루돌프 라우헤 (Rudolf Lauche, 1859~1940) 정원 감독관.

1897 무스카우 대 홍수.

1900 무스카우 주민 3500명.

1902 목조 소방감시탑 설치.

1905 나이세 강의 철교 건설.

1908 나이세 강 동쪽〔퓌클러가 '불굴의 사원'(Tempel der Beharrlichkeit) 건립을 계획했던 장소〕에 퓌클러슈타인(Pückler-Stein)(퓌클러 기념비) 설치.

1913 베르크파크에 요양소〔할터(Halter) 박사〕 건설.

1919 아돌프 아르님 백작(Adolf Graf von Arnim), 영지 소유.

1920 포겔헤르트(Vogelherd) 간벌작업.

1922 슐로스파크에 경마장 건설. (현재 체육관)

1924 수목원(종묘재배장) 개조 시작. 로텐부르크(Rothenburg) 주의회 정원 보호를 위한 조례 공표. 새 궁성 붉은색 칠 작업.

1928 루돌프 라우헤 은퇴. 그의 이름을 딴 떡갈나무 식수(황금언덕, *Goldene-Höhe*).

1929 삼림감독관 발터 브룸(Walter Bruhm, 1877~1952) 정원 감독관에 임명. 게오르크포텐테(Georg Potente)(포츠담, Potsdam)의 지원을 받음. 헤렌가르텐의 헤르만스나이세 강가에 오늘날까지 이론이 분분한 로도덴드론 정원이 조성됨. 퓌클러는 그곳에 (전나무를 주종으로 한) 침엽수림을 조성하였는데, 세월이 흐름에 따라 울창한 삼림이 형성되면서 생육부진 현상을 보임. 냉해를 입은 후 이상성장 현상과 수관축소 현상이 나타나게 됨에 따라 모든 나무들을 제거하고 그 자리에 로도덴드론으로 대체하게 됨. 헤르만 쉬타우프(Hermann Schüttauf, 1890~1967), 국립정원관리청 작센(Sachsen)주 책임관에 임명.

1930 요양원 업무개시.

1931 헤르만 아르님 백작(Hermann Graf von Arnim), 영지 소유. 정원의 241 헥타르 자연보호지역으로 지정. 이어 관리차원에서 7444 입방미터의 수목이 벌목됨. 정원 주요부에서 궁성 및 헤렌베르크, 엥글리쉬하우스, 그리고 베르크파르크의 교회 폐허의 조망을 확보.

1937 무스카우 주민 4852명에 이름.

1939 차도 37.80km, 보행로 7.5km에 이름.

1945 무스카우 일대에 주 전선(戰線)이 형성됨에 따라, 나이세 강 동편 고지에 작은 교두보들이 설치되었고, 그 참호 흔적은 오늘날에도 뚜렷함. 러시아 군 일부가 푸작(Pusack)과 쾨벨른(Köbeln) 사이의 나이세 강을 넘어 진격. 나이세 다리 폭파. 5월8일 독일군 완전 제압. 7월 전체 영지가 국유화됨. 헤르만 아르님 백작은 무스카우를 떠남. 이어 새 궁성에 화재가 나서 크게 손상. 화재에서 피해를 입지 않은 일부 가구들은 성 밖으로 옮겨짐. 야외계단 좌우의 사자상이 파손됨. 포츠담 조약에 의해 나이세 강이 폴란드 서쪽 국경선으로 확정됨에 따라 정원은 양분됨. 무스카우시 75 퍼센트 파괴. 정원의 (전체 면적 570 헥타르) 약 370 헥타르는 폴란드에 속하게 됨. 종전 직후 엥글리쉬하우스와 묘당이 파손되거나 제거되어, 현재 그 기초부분의 유적 정도가 확인됨.

1949 5월 23일 기본법 공표와 함께 독일연방공화국(BRD, 서독을 말함: 옮긴이 주)이 됨. 10월 7일 독일민주공화국(DDR, 동독을 말함: 옮긴이 주)이 효력을 발함. 이후의 무스카우 정원 관련 자료들은 특별히 명기하지 않은 한 동독에 속해 있던 무스카우 정원의 서쪽지역에 국한된 것임.

1950 카발리어하우스(Cavalierhaus, 기사관) 내에 이토욕장(*Moorbad*) 다시 개장됨.

1953 무스카우 시의회에 정원 담당부서가 설립됨. 바데파크의 야외무대 공연 개시 (1956년까지).

1955 정원이 문화재 보호대상으로 지정됨. 슐로스파크의 도로 개수작업. 베르크파크 교회폐허 보존처리.

1956 무스카우에 대홍수. 교회광장의 정원 정문 문주(門柱)들을 개수하고 주철(鑄鐵) 문을 다시 설치. 아이히 호 다리에 있는 느릅나

무 한 그루를 제거하고 서양소사나무로 대체. 슐로스파크의 제비제(Seewiese)에 있는 보리수나무 중 심하게 손상을 입은 것들을 10년생 보리수로 대체. 아이히 호안 상부의 나무를 제거. 바데파크의 야외무대에 쉬타우프의 설계에 따라 스탠드가 조성되고, 크롬라우파크(Kromlau Park)에 로도덴드론을 대대적으로 식재. 바데파크의 산장〔Logierhaus, 일명 "빌라 벨레뷰"(Villa Bellevue)〕 주변을 새로 조성.

1957 궁성과 베르크파크의 도로보수. 야외무대와 산장 아래에 10년생 보리수 식재.

1958 무스카우 대홍수.

1959 파크가르텐에 열대식물 온실 개장.

1960 1930년 이후 처음으로 궁성 전정에 화훼원 재조성. (1964년부터 영구시설로 되었으나 이후 관리 소홀) 체육관(실내승마장, *Reithalle*) 지역에 헤르만스나이세 강의 다리 건설. 슐로스파크와 바데파크의 간벌 작업.

1961 글로리에테(Gloriette)를 조망데크 형태로 복원. 평면이나 입면 등 원형을 알 수 있는 상세한 설계자료가 없음. 바데파크의 용천수가 약수로 다시 사용됨. 이 해부터 이후 계속해서 드레스덴 공과대학에서 무스카우의 정원과 도시의 개선을 위한 여러 기본계획안이 졸업논문으로 발표됨.

1962 헤르만나이세의 준설.

1963 용천수가 약수로 국가공인 받음. 무스카우 도시기본계획 추진을 위한 사업공동체가 만들어짐. 문화재 보존 국가기관 및 지역기관과 드레스덴 공대로부터 직원 파견.

1964 옛 궁성(현 연금관리국)의 복원사업 개시. 베르크파크의 로테브뤼케 복원. 약 40센티미터 높이의 버섯 모양으로 아래쪽이 뾰족하게 내려가는 붉은 색의 난간 부분을 재현하는 데는 실패. 사각

형의 석재로 다리 측면부에 개구부를 둔 것으로 대신함.

1965 무스카우 정원 150주년. 옛 궁성에 레더와 페촐드 기념현판 제막식. 퓌클러의 이름은 후에 추가됨.

1966 슐로스파크에 20년생 보리수 14그루 식수. 산장(빌라 벨레부) 수리.

1967 태풍으로 많은 나무들이 쓰러짐. 그 중에는 슐로스파크에 있던 세 그루의 포플러 중 남은 한그루도 포함됨. 정원 감독관 쉬타우프 교통사고로 사망. 바데파크에 그를 추모하는 조망대를 설치. (쉬타우프 언덕, Schüttauf Höhe). 새 궁성의 국제관광호텔 리모델링 계획안이 제시됨. 보이보트(Wojwod) 주 수도 질로나 고라〔Zielona Gora (그륀베르크, Grünberg)〕의 폴란드 문화재 보존위원회와의 공동정원관리 협약을 위한 첫 회합.

1968 옛 궁성의 내부수리가 부분적으로 완료. 출입구 상부 르네상스 양식의 부조(浮彫)를 새로운 형상으로 바꿈. 옛 영주들을 보여주던 벽감의 인물들은 추상화시킴.

1969 블라우가르텐(Blau-Garten)의 목교를 새로 만들고 레더브뤼케(Rehder-Brücke)라 명명.

1970 베르크파크의 교회 폐허 주변 재 조성.

1971 온실 파사드를 보수하고 새 궁성의 잡목을 제거. 폴란드 최초의 정원관련 논문이 발표됨. (잡지 *Ogrodnictwo*) 퓌클러 서거 100주기.

1972 포스트브뤼케를 통하여 소규모의 국경왕래가 실시됨. 바르샤바 대학에서 정원 관련 석사논문이 발표됨. 슐로스비제의 보식(補植) 사업

1974 트레넨비제에 식재. 슐로스비제 너머의 폴란드 지역 나이세 강변 벌목.

1981 홍수로 아이히 호수의 다리가 큰 피해를 입음. 포스트브뤼케의 국경 왕래 제한.

1982 베르크파크에 있는 구 요양소(할터 박사) 자리에 아동요양소 건립 개시. 헤르만스나이세 수문 보수. 아이히 호와 슐로스제(루시 호) 준설. 쉐퍼브뤼케(Schäferbrücke) 개축. 상기 호수 주변 관목과 교목 제거.

1983 푹시엔브뤼케를 원형에 따라 코일레 지역에 새로 복원. 푹시엔브뤼케 부근 언덕(Liebes Höhe)의 마지막 야생느릅나무가 고사됨(버섯과 해충 피해). 헤르만스나이세 준설작업 계속. 무스카우 주민 5000명 이하로 감소.

1984 아이히제브뤼케 신축공사 준비. 아이히 호수의 돌 벤치 옆의 떡갈나무 노거수(게오르크아이헤, Georgs-Eiche)가 태풍으로 심하게 손상. 이토욕장에서 헤렌가르텐으로 가는 길 가의 붉은 너도밤나무 노거수 역시 큰 피해를 입음. 콘서트홀 개장과 함께 옛 궁성 내부수리 완료.

1985 퓌클러 탄생 200주년. 슐로스비제의 랜드마크였던 포플러 세 그루 식재. 아이히제브뤼케는 철근 콘크리트로 골조를 하고 붉은 점토 벽돌로 마감함. 다리의 홍예와 난간을 밝은 색의 자연석으로 강조. 10월 29일 완공식. 아이히 호의 돌 벤치 옆에 새로운 게오르크스 떡갈나무 한 그루를 식재. 퓌클러 기념비를 노흐텐(Nochten) 노천광에서 채집한 바위로 관사(*Amtshaus*)와 루시 호수 사이에 세움. 주철판 표석(70x50 센티미터)에 두상과 퓌클러의 생몰일(生沒日)을 넣음. 폴란드 지역에는 포스트 브뤼케 앞 작은 장소에 비를 세웠는데, 60년대에 제거했던 퓌클러 기념표석 대신. 다음과 같은 내용의 새 표석을 넣음(날짜는 건립 날짜와 일치하지 않음).

CHWAŁA I CZEŚĆ BOHATERSKIM ZOŁNIERZOM
ARMII RADZIECKIEJ I WOJSKA POLSKIEGO
POLEGŁYM W WALKACH O WYZWOLENIE

MIASTA ŁEKNICY
SPOŁECZEŃSTWO
WMUROWANO W 40. ROCZNICE W. P. 12. 10. 1983 r.

(레크니시 해방전선의 소련군과 폴란드 대원들의 영웅적인 전투를 기리며 이 비를 세운다. 1983년 10월 12일 40주년을 맞이하여)

베르크파크의 아동 요양소 골조 완성. 브라니츠와 코트부스에서 개최된 3일간의 콜로키움에서 처음으로 퓌클러의 정원예술 및 문학 작품의 보존을 위한 이론적 실용적 문제가 공식적으로 활발하게 논의됨. 청중들로 하여금 퓌클러의 정신문화적 유산에 보다 집중되고 지속적인 관심을 기울이도록 국가적 차원에서 제안됨. (쿠르트 뢰플러, Kurt Löffler)

1986 베르크파크의 아동요양소 개원.

1987 새 궁성의 잡목들을 제거. 6월 5일 무스카우 약국이 "레스케(Leske) 약국"으로 명칭을 바꿈(연대기 1782년 참조). 장기목표: 크라우쉬비치 파크(19헥타르) 지역으로 정원확장, 나이세 계곡 조망 확보를 위한 베르크파크까지 정원확장, 정원 인접지역의 환경보호(지역보호) 문제.

1988 옛 궁성에 콘서트 시설 확장. 정원 관리와 보존을 위한 무스카우와 크롬라우의 지역자문위원회의 공동사업. 헤르만 온천장의 복원; 옛 궁성 관련 제반 사업 완료 및 카발리어하우스의 연속적 복구사업. 짜리(Zary) 시와 문화교류를 위한 새로운 협정 종결. 무스카우 정원의 총체적 복원을 위한 드레스덴(Dresden)과 질로나 고라(Zielona Gora)의 사적보호 전문가들의 공동연구. 바르샤바(Warschau)와 루블린〔Lublin(KUL)〕에서, 특히 폴란드 문서자료실에 보관된 무스카우 정원 관련 원천자료를 다룬 것이 주목되는 두 편의 학술논문이 발표됨.

• • • 도 면

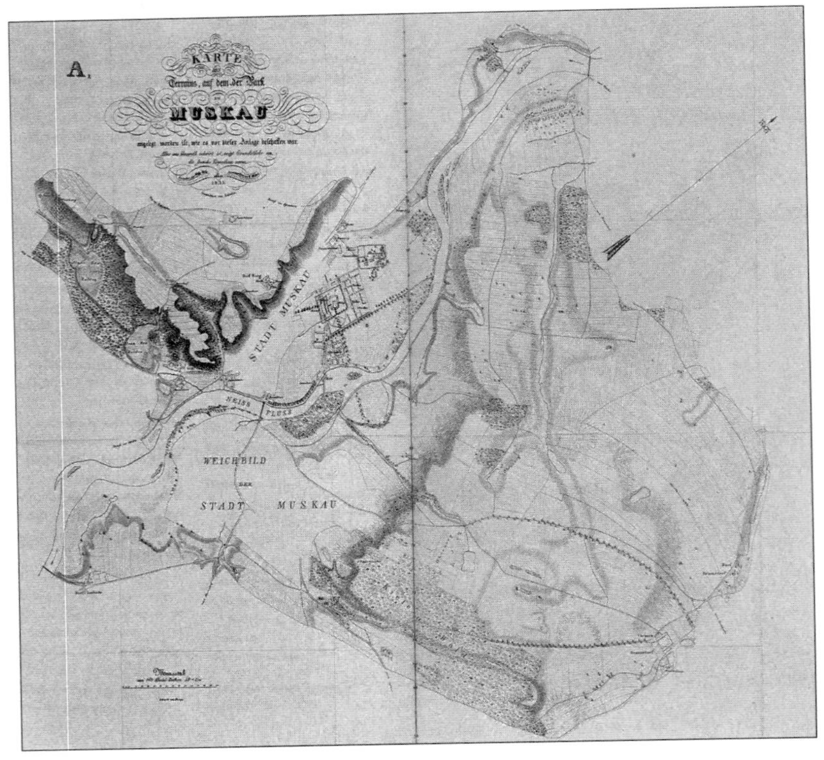
A.
KARTE
MUSKAU
STADT MUSKAU
NEISS FLUSS
WEICHBILD
DER
STADT MUSKAU

도면 A

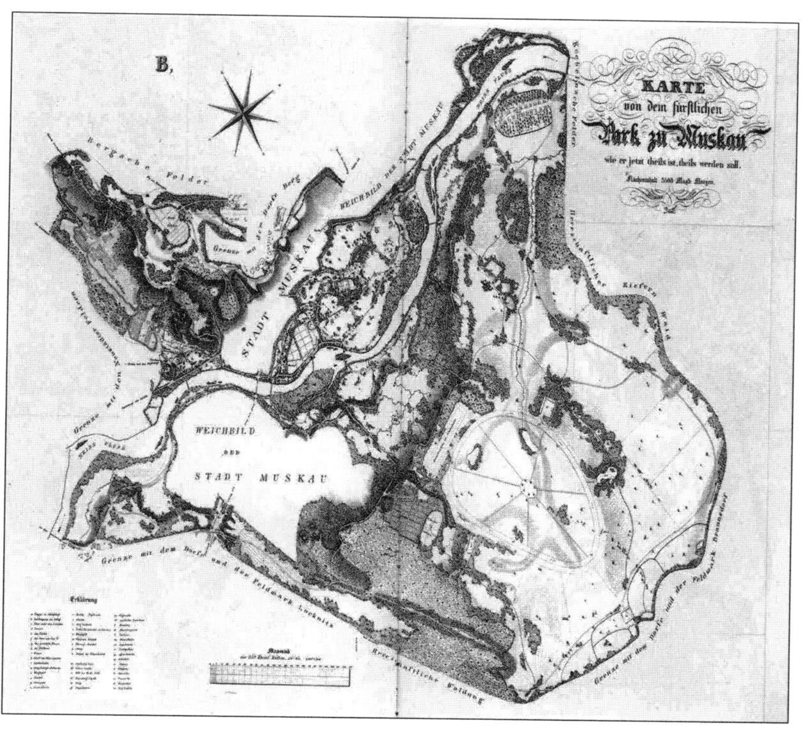
B,
KARTE
von dem fürstlichen
Park zu Muskau
wie er jetzt theils ist, theils werden soll.
WEICHBILD
DER
STADT MUSKAU
STADT
MUSKAU
Bergsche Felder
Erklärung

도면 B

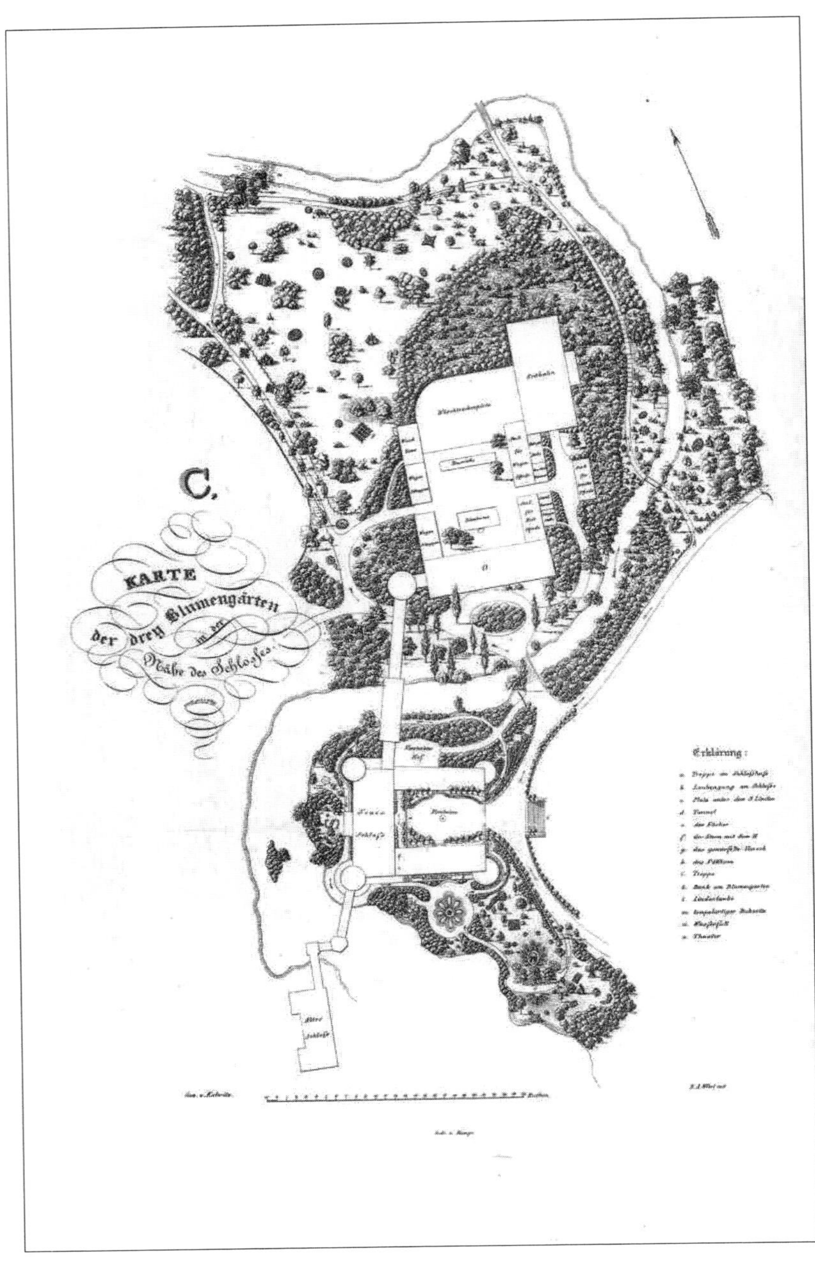
C.
KARTE
der drey Blumengärten
in der
Nähe des Schloßes.
Erklärung:

도면 C

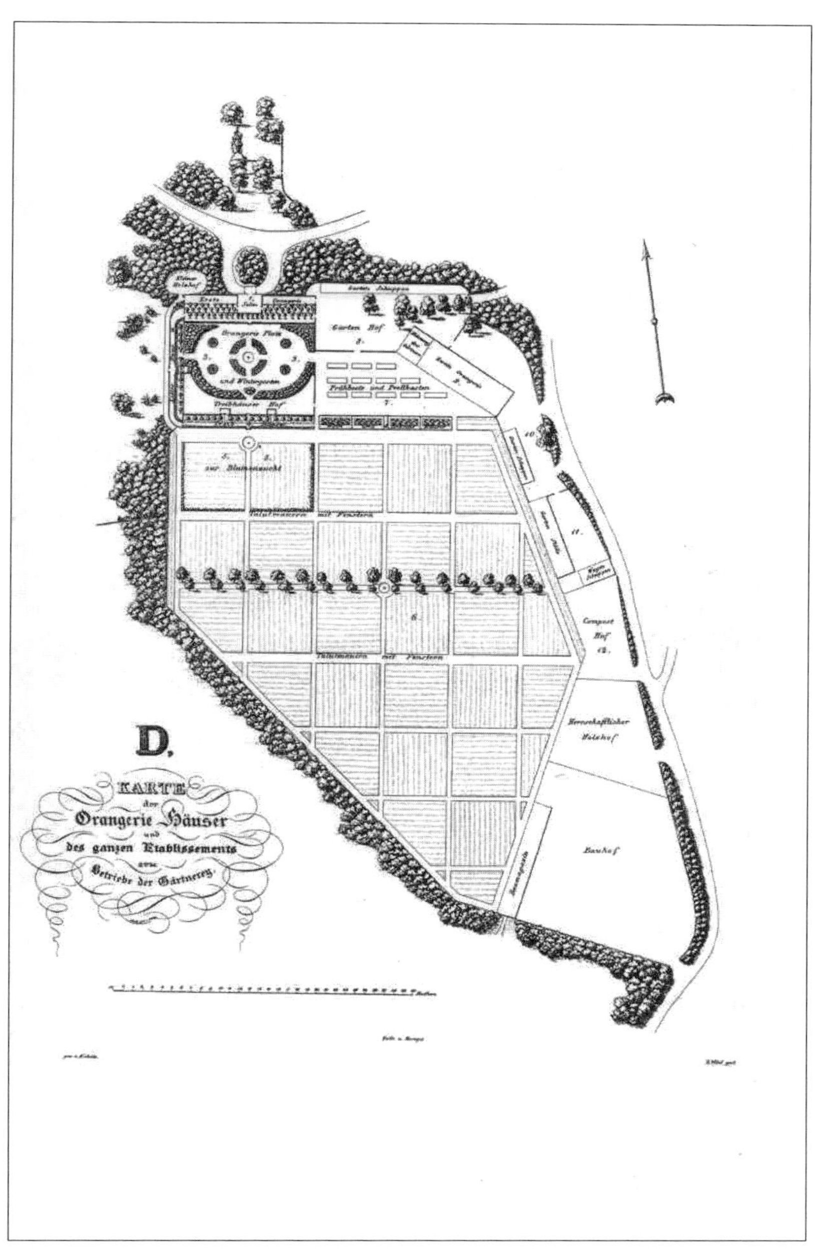
D,
KARTE
der
Orangerie Häuser
und
des ganzen Etablissements
zum
Betriebe der Gärtnerey.

도면 D

• • • 그림해설

그림 II b. 그림에 보이는 말 조각상과 성채는 실현되지 않았다. (잔디밭 가운데의 여인상도 없다: 옮긴이 주)

그림 VII. 퓌클러는 정원의 관수용으로 사용될 펌프시설에 대해 언급하였고, 이 시설은 루시 호수의 섬에 설치되었다고 하는데, 실제 그 곳에 설치되었던 것인지는 추정하기 어렵다.

그림 VIII. 오늘날 헤르만나이세의 카르펜브뤼케 (헤르만 나이세가 루시 호수로 흘러드는 입수부의 다리로 궁성이 잘 보이는 지점: 옮긴이 주) 에서 비슷한 모습을 만날 수 있다.

그림 XI. 새 성의 남쪽 측면에서 루시 호수 너머로 바라본 이 전경은 현재 그 모습을 찾아볼 수 있다. 그림 VIII의 카르펜브뤼케가 보이고, (그 너머의) 시립 개신교 교회는 1945년에 파괴되었다.

그림 XV. 쉉켈의 궁성 설계안은 실현되지 않았다. 볼링그린 (bowling green) 은 슐로스비제 (궁성 앞 넓은 잔디밭: 옮긴이 주) 를 일컬음.

그림 XVII. 아이히 호수의 다리 (다리보다 조금 글로리에테 방향으로 옮겨가는 것이 옳다: 옮긴이 주) 에서 바라본 아이히 호수의 전경은 오늘날에도 잘 보존되어 있다. 어부의 오막살이가 놓였던 자리는 빈터로 남아 있

---

* 엮은이본의 첨부자료에 실린 엮은이의 그림해설에는 그림자료들에 관한 정보와 해설이 더해 있지만, 이 번역서를 이해하는 데 도움이 될 만한 부분을 발췌하고 그 동안 변한 내용이나 첨가할 내용을 옮긴이 주를 붙여 실었다.

어 매년 10월 무스카우 어부축제가 열린다. 배경으로 엥글리쉬하우스와 옛 쾨벨른 마을 교회가 보인다. 옛 쾨벨른과 그보다 한참 남쪽에 있었던 고벨른 부락을 혼동하지 않아야 할 것이다. 옛 쾨벨른은 화재로 완전히 파괴되었다. 퓌클러는 이 마을을 나이세 강 서쪽에 새로 건설하여 오늘날 무스카우에 속한 동네가 되어 있다.

그림 XVIII. 이 그림에 잘 나타나 있는 폴란드 지역에 속한 경관은 오늘날 짙은 숲에 가려 글로리에테에서 나이세 강 동쪽을 이렇게 잘 조망할 수 없게 되어 있다.

그림 XIX. 글로리에테로부터 트렌넨비제(글로리에테와 궁성 간의 넓은 잔디밭을 말함: 옮긴이 주) 너머의 두 궁성의 모습은 오늘날에도 잘 조망할 수 있다. 궁성의 개축이 실현되지 않았던 점을 염두에 두고 보더라도 루크니츠 마을의 조망은 만날 수 없다. 퓌클러 역시 이 지점에서 조망되는 이런 모습을 잘못 이해한 듯하다. 무스카우 시의 외곽부에 속해 있었던 지금의 나이세 강 동쪽 지역이 루크니츠(폴란드의 레크니카)에 속하게 된 것은 1945년 이후의 일이며, 당시의 루크니츠는 나이세 강의 훨씬 남쪽에 자리하고 있었기 때문이다.

그림 XX. 궁성 앞 쪽의 카르펜브뤼케에서 바라본 전경으로, 호수의 섬은 상당히 과장되어 표현된 것으로 보인다.

그림 XXII. 폴란드 지역의 강변에서 바라본 파노라마로 펼쳐진 이 그림의 전경은 이 같은 넓은 시야로 만나볼 수 없다. 궁성이 바라보이는 그림 중앙부의 시야는 이 같은 모습으로 열려 있지만, 오른쪽 방향으로 강변에는 약 20m 정도 폭으로 숲이 우거져 시야가 가려져 있다. 강변에 건립하려 계획했던 불굴의 사원 자리에는 훗날 퓌클러 기념비석이 세워졌다.

그림 XXIV. 폴란드에 속한 지역에 짙은 숲이 우거져 있어 (나이세 강의 동쪽 강변 가까이를 제외하고) 그림에서 보이는 전경은 만날 수 없다. 다리는 짙은 숲에 덮여 있어서 사이로 겨우 그 모습을 추측할 정도가 되어 있다.

그림 XXVI. 전쟁 와중에 크게 손상을 입었고 1945년 이후에는 완전히 철거되었다. 지금은 아주 힘들게나마 그 자리를 추측해 볼 수 있을 정도다.

그림 XXX. 도펠브뤼케는 1945년 폭파되었고, 나이세 강 서편에서는 그 모습을 부분적으로 알아볼 수 있다. (교각만 서 있었지만 지금은 복원되어 자유로이 왕래할 수 있다: 옮긴이 주)

그림 XXXII. 오늘날 베르크파크의 교회폐허 앞마당에서 무스카우 시의 건축물 너머로 인상적인 전경이 바라보이지만 나이세 너머의 모습은 거의 만날 수 없다. 개신교 교회(그림의 오른쪽), 벤트식 교회(왼쪽) 그리고 시청사(왼쪽 끝)는 지금 존재하지 않는다.

그림 XXXIII. 바데파크의 전경은 이대로 실현되지 않았다. 오른쪽의 정자는 대략 쉬타우프 언덕(바데파크 북쪽의 언덕을 말함: 옮긴이 주) 즈음으로 추측된다.

그림 XXXIV. b. 나이세 강 너머로 조망되는 이런 모습은 만날 수 없다.

그림 XXXV. 오른쪽은 실현되지 않았던 성채이며, 중앙의 비아둑테와 그 왼쪽 언덕 위의 가족묘 교회가 보인다. (중앙의 비아둑테는 현재 만날 수 있고 가족묘 교회는 터가 보존되어 있으며 하얀 돌 십자가가 세워져 있다: 옮긴이 주)

그림 XLII. 그림 XLI와 XLII은 바이스바써(무스카우 남쪽의 도시: 옮긴이 주)의 티어가르텐에 있었던 노거수를 일컫는다.

• • • 표본 초화류 목록

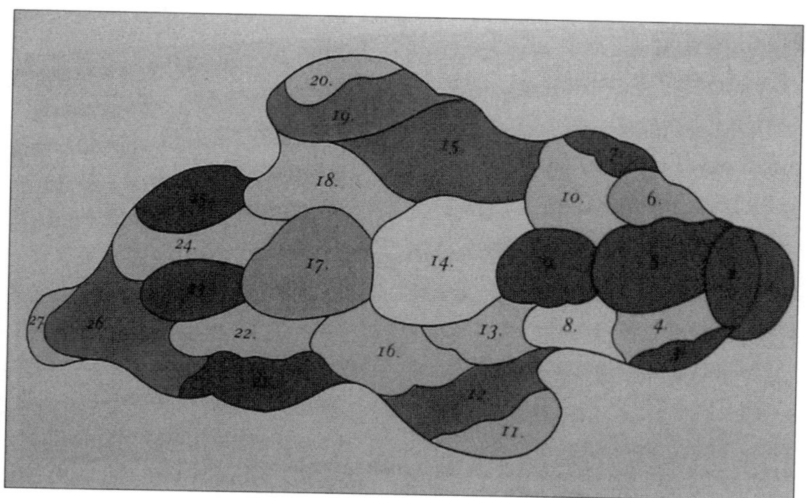

*) 는 학명이 별도로 실려 있지 않는 경우임.

		꽃 색	개화시기
1	동자꽃 *Lychnis vesicaria fl. pleon*	붉은색	늦음
2	페르시아 라일락 *Syringa persica*	lila	이름
3	캄파눌라메디움 *Campanula medium*	암청색	늦음
4	시티수스엘론가투스 *Cytisus elongatus*	노란색	이름
5	라일락 *Syringa vulgaris fl. coeruleo*	청색	이름
6	나리 *Lilium bulbiferum*	오렌지색	이름
7	산딸기 *Rubus odoratus*	붉은색	늦음

8	왜조팝나무 *Spiraea hypericifolia*	흰색	이름
9	분홍괴불나무 *Lonicera tartarica fl. rubro*	붉은색	이름
10	황금 까치밥나무 *Ribus aureum*	노란색	이름
11	루나리아레디비바 *Lunaria rediviva*		이름
12	장미 *Rosa centifolia*	분홍색	늦음
13	중국 라일락 *Syringa chinensis*	blassrot	이름
14	라일락 *Syringa vulgaris fl. albo*	흰색	이름
15	개옻나무 *Rhus cotinus*	갈색	늦음
16	물싸리 *Potentilla fruticosa*	노란색	늦음
17	라일락 *Syringa vulgaris fl. rubro*	blaurot	이름
18	꼬리조팝나무 *Spiraea salicifolia fl. rubro*	blassrot	늦음
19	각종 장미*)	분홍색	늦음
20	튤립*)	-	이름/늦음
21	양귀비 *Papaver bracteata*	붉은색	이름
22	고광나무 *Philadelphus coronarius*	흰색	늦음
23	서양산사나무 *Crataegus oxya cantha fl. pleon*	암청색	늦음
24	콜루테아 아르보레스켄스 *Colutea arborescens*	노란색	늦음
25	양귀비 *Papaver bracteata*	붉은색	이름
26	장미*)	분홍색	늦음
27	튤립*) (나중에 다른 여름 꽃으로 대체시킴)	노란색, 붉은색 다양한 색	이름 늦음

• • • 엮은이 후기

헤르만 폰 퓌클러무스카우는 풍경식 정원에 관한 예시로 조원 지침서를 만들었다. 여기에는 자연과의 조형적 관계 뿐 아니라 무스카우에서 구현한 작품배경에 대한 철학적 사유가 담겨있다. 시대적 경향에 따른 변화요인과 분리하여 생각한다면, 이 책은 19세기에 국한되지 않은 설계의 기본원칙이 되어줄 것이 분명하다.

퓌클러의 설계방식은 인간과 자연 간의 상호관계를 나타내고자 하는 복합적인 기본개념에 기반을 두고 있다. 자신의 영지가 있었다고는 하지만 그와 같은 구상이 실현되기 위해서는 더불어 해결해야 할 것들이 있었다. 자신이 구상한 정원의 기본개념을 실현하기 위해서는 영지 외의 일정 토지를 매입하여야 한다는 사실을 전제하고, 동시에 퓌클러는 설계에 착수했다. 본문과 부록에 충분한 관련 정보가 주어지고 있기 때문에, 지금도 어떤 것을 볼 수 있으며 결정적 변화로 인해 재발견해야 할 것은 또 어떤 것들인지 등등 정원의 이해를 위한 오늘날의 상황을 종합하는 것으로 후기를 대신하고자 한다.

풍경식 정원에 관한 예시(*Andeutung*)이라는 제목은 일면 퓌클러의 의례적인 겸손으로 보이기도 한다. 그러나 그보다는 오히려 아직 완성되지 않은 대상을 두고 정원의 구성을 설명해 나가는 것이 얼마나 어려운가를 분명히 의식하고 있었다는 사실을 솔직히 내 보이고 있다고 볼 수 있다. 퓌클러의 저술들에서 늘 알 수 있듯이 이는 그의 개인적 성격과도 깊이 관련되어 있다. 작품의 목표를 염두에 둔 조심스러운 선정이었음을 알 수 있다. 이런 점과 관련하여 살펴보면, 예시라는 단어는, 풍경식 정원이란 끊임없는 자체 변화의 특성을 지니기에 이를 문자로 서술하기에는 아주 단편적이기는 하지만 오로지 예시하는 방식으로만 가능하다는 일종의 제언으로 이해할 수 있다. 무스카우 정원이 현장에서 직접 만날 수 없이, 문헌으로만 논의되는 것이라면 한낱 허구에 지나지 않는다. 정원이란 다양한 사계절의 모습에서 이해되어야 할 뿐 아니라 전개과정을 통해 역사적 범주를 넘어서 오늘날의 상황에서 체험되고 판단되어야 한다는 의미이다. 전문분야별로 분리하여 본다면, 무스카우 정원은 지리학, 지형학, 역사학, 식물학, 문헌학, 정치학, 철학, 예술학으로 총괄 되는 이런 요소들이 경관예술론의 입장에서 총체적으로 구성됨으로써 그 가치가 재발견된다.

궁성과 무스카우 시는 정원의 중심을 이룬다. 그 가운데 인간의 존재는 분명히 중요하다. 광범위하게 형성된 주변 환경은 중심과의 다양한 관계를 보여준다. 정원의 외곽 경계지역은 자연스럽게 성장한 자연경관으로 서서히 전이되어 간다.

자연의 힘으로 발생된 무스카우 지역의 대지 형상들과 퇴적토양을 통해 나온 자연재료는 퓌클러에 의해 태고의 가치가 재발견되었고, 그에 합당하게 다루어졌다. 다양하게 펼쳐지는 지역성의 인식은 퓌클러의 기본개념을 이루는 근간이 되었다. 무스카우 주변에서 자라온 자생수목이나 약수와 늪지는 이 기본개념에 입각해 철저히 활용되었음을 알 수 있다. 오버라우짓츠 전역에서 전형적으로 나타나는 암석재료를 정원의 도처에서 볼 수 있고 이들은 정원의 전체 인상에 크게 작용된다. 낭만적인 사고는 여기서 논의하지 않기로 한다. 아이히 호(湖) 제방 암석 보(洑) 한가운데에서 발견된 거대한 바위들은 정원의 다른 바위들처럼 가공하지 않은 채 그대로 두었다. 퓌클러는 재료의 선택과 배치를 통해 자연의 소재를 인공소재로서의 "자연"으로의 변환을 손에 잡히듯 구성해 갔다. 바위는 그대로 놓여있지만 그 자체만으로도 가치가 높다. 있는 그대로의 자연 상태에서는 무심코 지나쳤던 일들이 이제 그럴 수 없게 되었다. 예술사적으로 분명히 하나의 양식으로 인식되는 영국식 정원과 무스카우 정원의 차이는, 지역적인 향토역사와 분명하고 의미심장한 관계로 이어지는 디자인 요소를 활용한다는 것이다. 영국 정원사들에게 새 궁성 주변의 개조를 위임하려했던 퓌클러의 시도가 실현되지 못했던 것도 정원사들이 이 지역의 역사적 유래에 대해 아는 바가 없거나 거의 관심 밖이었기 때문이었다. 그런 관계로 높이 평가되어온 영국의 양식은 수용되지 않았다. 정원조성에서 역사적 배경에 따른 상충도 워낙 강해서 조성을 시작한 몇 년 후에는 기본계획을 완전히 수정해 가야 했다.

아이히 호의 암석 보는, 헤르만나이세 강물을 흐르게 해주는 실질적 기능으로서나 순수하게 수경관 조성을 위한 소재가 되어주는 것에서나, 자연에서 인공으로 전이되어가는 전환적 현상이 아니라 정원 이용자들로 하여금 바위의 질료화(質料化) 개념을 직감하게 하는 일이었다. 여기서 미적, 윤리적 감성화는 서로 긴밀하게 연관되어 기본개념의 실질적 이행에 반영된다. 흐르는 물의 힘은 형성된 제방을 통해 강화되고, 바위의 저항력은 독특한 위치로 인해 그 형상을 더욱 두드러져 보이게 한다. 암석 보는 실제 자연재료로 바위를 인식하게 하는 가능성을 내포하고 있지만 관람자에게 이를 강요하지는 않는다. 이처럼 정원관람을 도와주는 가이드라인의 대상들은 늘 다른 모습으로 정원 도처에서 발견된다. 정원의 중심은 사람들이 모여드는 곳에 있다. 무스카우 시와 궁성에서부터 펼쳐져나가는 여러 다양한 통경선(通景線)들은 특정한 목표를 지향하게 하고 있으면서, 방문자로서 정원을 찾는 개개인에게 중요한 방향을 제공한다. 방문자들은 이 첫 번째 결정을 통해, 정원 전체에 대한 첫인상을 받는다. 정원에서의 관심을 지역역사와 연관된 건축물에 한정시켜 볼 수도 있다. 무스카우 도시 외에도 관청과 새 궁성은 출발점으로 첫 방향 잡이가 될 수 있다. 구체적으로 보자면, 시선은 개방된 공간을 따라 성이 있는 서쪽으로 옮아가 무스카우 시 너머 베르크파크에 이른다. 주변에 나무로 둘러싸인 앞마당과 넓은 초지로 조성되어, 훤히 내다보이는 곳에 교회 폐허가 있다. 교회의 폐허와 파묘(破墓) 하여 평탄작업을 해놓은 옛 공동묘지는 퓌클러 시대까지는 정원 영역에 속하지 않았다. 그럼에도 불구하고 퓌클러는 이곳을 중요 지점으로 점찍어 놓았다. 궁성 경사로의 붉은 잎 너도밤나무가 서 있는 지점에서 교회 폐허의 일부가 보인다. — 디자인을 통한 유연한 접근으로 한층 매력적인 경관을 이룰 수 있다는 것이 퓌클러의 설계원칙이다. 정원의 동선체계에서 한눈에 들어오게 해 놓은 길목이 없다는 사실에 주목해 본다. 제시된 수많은 기준점을 통해 정원 이용자는 자신의 위치를 찾아내게 된다. 새 궁성에서 교회 폐허로 가는 길목들에서 새로운 조망들을 만나고, 그로써 다시금 매력적 경관에 다가가게 된다. 이 책의 제 2부의 인문학적 서술에서 퓌클러가 정원 이용자에게 제공하는 가능성들은 관심여하에 따라 유동적이다. 지금에 이르기까지 끊임없이 변해온 정원의 현황에 준하여 정원 탐방로는 새로이 검토되고 이해되어야 한다. 그와 함께 정원의 최근 역사와 연관된 문제들이 제기되기도 한다. 베르크파크(Bergpark)의 교회 폐허가 지난 역사의 한 단면을 환기시켜 주듯, 무스카우 중심지역에 들어선 부적절해 보이는 새 건축들은 60년대와 70년대의 이 정원에 대한 상황을 보여준다.

옛 역사와 최근의 시대적 증거들은 무스카우에서 서로 밀접하게 연관되어 있다. 예를 들어, 바로크 정원의 경우라면 변화를 통해 원형의 의미는 크게 훼손될 것이며, 오직 문화재로서만 온전히 보존할 수 있다. 퓌클러의 풍경식 정원은 그에 반해 근본적으로 변화를 전제로 한다. 인간은 정원에서 함께 일상생활을 영위할 수 있으며 또한 개발을 모색할 수 있다. 정원은 일면 '양식혼합'의 성향을 지니고 있다. 정원의 연속적이면서 독자적인 존재를 나타내고 포괄적 관계 속에서 '양식'을 내포하고 있어, 전체적 괴멸만이 정원의 종말을 의미하기 때문이다.

퓌클러가 최근까지도 근접하지 못하는 경관구성의 최정점을 이끌었다는 논의도 바로 이런 점에 근거한다. 오늘날 정원을 위협하는 가장 큰 위협요인은 인간과 자연이라는 기본개념의 두 출발점과 관련해 보아서도 환경오염이다.

퓌클러의 기본 이념은 요즘의 미술전시회의 개념과도 서로 비교된다.

그의 노력은 수많은 다양한 개별 요소들을 하나의 구성으로 통합하였고, 그렇게 해서 만족할만한 전체적 매력을 이끌어가는 한편, 길을 선택하는 데도 최대한 자유를 부여했다. 장애가 되는 부분이나 전체에 대한 일관성을 단절시키는 부분들은 늘 수정보완 되었다. A에서 B로 가기위해 미리 정해진 길은 없다. 구성 내용들은 다양하며, 과거와 현재에 이르는 모든 것을 제공한다. 정원을 평가하는 척도는 인간이다. 인간은 미술 전시회의 개념을 위한 척도이기도 하며 전시회의 목적은 관람자마다 자신의 관점으로 예술작품들을 만날 수 있도록 해 주는 것이다. 다양한 시대의 전시품목을 다루거나 혹은 그림이나 조각, 그리고 다른 예술품들을 공동으로 전시할 경우 정리에 대한 문제가 제기된다. 전시장의 인테리어는 전시품에 결정적 영향을 줄 수 있다. 이동식 칸막이 벽이나 고정된 문을 통해 전시회 관람객들에게 관람동선의 방향을 제시할 수 있다. 너무 빨리 지나치게 유도되기도 함으로써 그 효과를 기대할 수 없게 되는 경우도 발생한다. 유감스럽게도 전통적인 박물관이나 예술적 잣대를 필요로 하지 않는 정원박람회장 같은 곳에서 곧잘 이런 경우가 생긴다. 요즘 미술 전시회들은 역사적으로 전개되어온 과정을 보여주며 동시에 관람객이 다양한 시대의 예술품에 자유로이 집중할 수 있게 한다는 개념의 배치구성과 유사한 방식을 도입하고 있다. 무스카우 정원의 관람안내는 이런 개념들에 비견할 수 있는 하나의 모범이 된다. 정원 관람자들은 잘 고려된 길을 따라 개별적인 정원 구성요소들로 인도된다. 전시회의 관람자도 역시 제시된 관람동선을 따라 작품으로 안내된다. 세세한 장소까지 안내해가는 방식은 프랑스식 정원에서는 물론 어느 영국식 정원에서도 찾아볼 수 없다. 그런 점에서 퓌클러의 이런 기본개념은 지역상황을 고려한다면 오늘날에도 충분히 활용할 수 있다.

무스카우 정원은 초기 형성 단계에서 이미 보존, 관리, 확장을 위한 기본계획들이 분명히 고정된 형식에 준하지 않고 있다. 퓌클러는 영지를 매각한 후 새로운 일들이 시행되는 것을 보았고, 거기까지 무리 없이 적용되는 기본개념의 안정성에 확신이 갔다. 그래서도 그의 계획방법이 지니는 보다 광범위하고 중요한 양상을 논할 수 있는 것이다.

퓌클러의 관점에서, 기본개념의 핵심 내지는 최소한의 의미를 저해하는 새로운 시도는 분명 수용되지 않는다. 반면, 전체 정원은 영지의 다음 소유자들에게 보다 효과적인 확대의 기회를 넉넉히 제공해준다. 1845년에는 아직 많은 부분들이 완성되지 않았고, 퓌클러의 진보적 기본개념은 구성요소들의 변경 여지를 분명히 제공하고 있었기 때문에, 정원을 평가할 때 그 외형을 퓌클러에게서 비롯된 결과만으로 돌릴 수 없다는 사실을 염두에 두어야 한다. 이 책에 연표자료로 제시해 놓은 범위에서 만으로도 지금의 정원이 있기까지 여러 정원 감독관들의 손을 거쳐 왔던 사실은 중요하게 감안되어야 한다.

1846년에서 1881년 간, 무스카우가 네덜란드 왕자의 영지였을 때 새 궁성 앞 옥외계단의 좌우, 퓌클러가 말 동상을 세우려고 했던 바로 그 자리에 사자상(像)이 세워졌다. 1945년 파괴된 이 사자상은 전체 외관에 잘 결합되어갔다. 퓌클러가 염두에 두고 있던 것은 조각상에 한정되는 것이 아니라 옥외계단이 중요하게 드러나도록 해야 한다는 점이었다. 이곳을 드러내기 위한 선택은 네덜란드 왕자의 문장에 들어있는 동물, 즉 사자상과 같이 서로의 관계를 이루는 의미와 관련된다. 경사로의 복원에서 예상되는 문제는 애초에 계획되었던 말 동상을 세워야 하는지 결정하는 것뿐 아니라, 조각상들을 폐허가 된 현재의 새 궁성에 어떤 연관성으로 결합되도록 할지 역시 검토될 문제다. 변화된 관계들은 정원 역사의 한 부분이 되었고 새 궁성의 폐허를 통해 이런 사실을 인식하게 된다.

구성요소들의 대체에 관한 다른 예로는 1888년 나이세 강 동편에 세워진 가족묘지교회(*Mausoleum*)를 들 수 있다. 이 묘당은 쉥켈의 설계와는 일치하지 않지만 여전히 이 정원의 중요한 구성요소가 되고 있다. 사원 예정지로 꾸준히 제시되었던 자리에 퓌클러 기념비를 세운 것은, 특정한 목적을 만족시키고 정원 전체와 연관해 조화를 이루는 한, 완전히 다른 대상물의 설치도 효과적일 수 있다는 선례가 된다. 건축이나 건축과 유사한 구성요소들은 정원에서 정해진 형식에 종속적이지 않다. 그러나 나무를 다루는 데에 있어서는 사정이 상당히 다르다. 정원형식에 비추어 본질적으로 동 떨어진 수종으로 보식(補植)하는 것은 경관의 질을 떨어뜨릴 수 있다. 이 점에 있어서 시간성(時間性)은 (건축에서와는) 달리 정의되고 해석될 문제다.

무스카우 정원의 역사적 전개, 즉 1945년 이래의 제반 상황은 정원의 성립 국면(1815~1845)과 관리 및 확장 국면(1845~1945)과는 구분되는 것으로, 이차 대전 동안의 커다란 변화는 오늘날까지 곳곳에 눈에 띈다.

무스카우 정원이 당 정책방향과 상반되었던 점은 분명하다. 예술과 정치는 예나 지금이나 권력투쟁 과정에서 서로 대치해왔다. 예술의 존재는, 반대의 경우도 드물게 있었지만, 정치적 측면에 상관되는 경향이 있기에 다분히 정치적으로 흘러가는 경향을 띠기 마련이다.

전쟁 후의 어려운 상황은 무스카우에서 우선 정원의 관리에 대한 공공연한 무관심을 야기했다. 정원의 초지들은 야채와 감자밭으로 이용되었고 나무는 인기 있는 땔감으로 변했다. 그러나 50년대에 들어서 다시 정원 보존의 관심이 촉구되어, 처음에는 지역 자치적 차원에서 다루어지다가 곧 국가 상부기관에 의해 주관되었다. 정원은 폴크스파크(*Volkspark*)로 공표되었다. 이런 명칭은 정원의 기능을 규정한 유형을 나타내는 명칭이라기보다는 새로운 소유관계를 규정한 것이었다. 1960년대와 1970년대에는 이 정원이 지니는 제반 의미들이 동독의 사회질서에 어떻게 조화롭게 수용되어 갈 것인가 하는 점에 관한 다양한 견해들이 지속적으로 논의되었다. 마침내 퓌클러 탄생 200주년 축하행사와 함께 1980년대에는 공식적으로 극히 드물게 무스카우 정원의 기본개념을 중심으로 논의되는 방향으로 전환되었다. 동독에 속해 있던 정원의 관리와 보존은 그때부터 다시 퓌클러의 정원에 대한 생각과 정원감독관들의 다양한 저서에 보다 집중된 관심을 갖게 된다. 이런 노력들은 그때까지 거의 방치되어 온 것을 보충하고 잘못된 것을 개선하면서 정원의 현재의 문제를 해결하는 것이었다. 즉 무스카우 시와 정원은 오랜 역사전개에 부응한 상호발전관계란 명제에 목표를 둔 것이었다. 훼손과 재건과 변형은 정원이라는 예술작품과 연계되어 간다. 정원의 기본개념이야말로 모든 논의를 귀결시켜갈 사고의 닻임이 입증되었다.

아쉽게도 오늘날까지 정원의 폴란드에 속한 지역을 포함시키고자 하는 모든 노력은 실현되지 못하고 있다. 나이세 강 위의 다리들은 특별허가를 받아 통과할 수 있던 포스트브뤼케(Postbrücke)까지 모두 파괴되었다. 1945년 파괴된 약 25미터 폭의 나이세 강의 얕은 하천변에는 교량의 기초 잔해가 남아 있다. 동쪽 강변 둔치에서는 원래의 모습이 남아 흔적을 추정할 수 있다. 포스트브뤼케를 제외하고 경계지역에 관한 것은 아무 것도 남아 있지 않다. 정원 이용자는 나이세 강 서쪽 편에서는 자유로이 거닐 수 있다.

폴란드 지역에 남아있는 정원의 흔적들에 대해 이론적으로 알고 있는 지식은, 전체적으로 통합된 정원을 알고자하는 소원을 갖게 한다. 이런 기대를 채우기 위해서는 무스카우를 떠나 포르스트(Forst)와 괼리츠(Görlitz)를 통과해 폴란드로 들어가야 한다. 포르스트까지 가는 구간은 약 100 킬로미터이고 괼리츠를 통과하여 가는 데는 그 두 배가 넘는다. 국경을 넘나드는 이와 같은 이동은 분단된 정원을 의식적으로 인식하게 한다. 더욱이 이들 분단지역의 동기와 목적이 전체 정원과 서로 연관되어 있다는 사실도 부인할 수 없다. 그만큼 무스카우 정원은 정치적 경계선을 넘어 분명한 매력을 발휘한다. 형성되지 않은 상태의 길 너머 지역으로 우리의 생각을 끌어간다.

무스카우 정원의 현재의 상황을 명료히 하고자 하는 이런 생각들은 역사가 흐르면서, 정원이 지닌 포괄적 연계성들을 이해하기 위한 자극제가 된다. "풍경식 정원에 관한 예시"는 독자와 정원 이용자에게 개인적인 소양계발을 촉진시킬 수 있는 기본적 정보를 제공한다. 교과서적 내용은 풍경식 정원에 관한 초보적 방향제시 역할을 하고, 거기서 비롯되어 학제간 공동연구도 필수적 테마로 떠오르게 한다.

권터 바우펠

I

바트 무스카우는 폴란드와 국경을 이루는 독일의 작은 도시다. 30분 정도면 시내 중심부를 한 번 둘러보기에 충분하다. 퓌클러의 저서에도 무스카우라는 도시명의 유래를 소개한 바 있었지만, 무스카우 시내의 한 홍보 전시물에서 본 무스카우의 어원을 보면, 소르브 어로 야만인(자연인)이란 뜻의 무차크(*Muzak*)에서 유래된다고 한다. 무스카우 시의 문장에서 볼 수 있는, 머리와 허리에 월계관 비슷한 나뭇잎 관을 차고 오른손에는 검을, 왼손에는 가지가 5개 벌어진 사슴뿔을 들고 서 있는 야만인의 모습에서 이를 확인할 수 있다.

《풍경식 정원》이 지니는 매력은 현지를 탐방하면서 저자가 가꾼 정원 풍경을 직접 감상할 수 있다는 점이다. 역자가 처음 무스카우를 찾게 된 것은 통독이 된 지 얼마 되지 않았던 무렵이었다. 지금의 무스카우 정원은 제 2차 세계대전의 피해와 동독시절 제대로 관리되지 못한 상태였던 10여 년 전과는 많이 변해 있었다. 퓌클러가 새 성 앞에 심었던 자신의 나이와 같은 수령의 붉은 너도밤나무는 한쪽 가지가 잘려져 나간 채 고목이 되어 서 있다. 무성하던 잎이 사라진 채 힘겹게 서 있는 모습은 안타까운 변화였지만 그 외에 두드러진 변화는 대부분 매우 긍정적이었다. 독일-폴란드 상호협력이 이루어진 관계인지 양쪽 정원을 자유로이 방문할 수 있게 된 것과 함께 정원 입구의 광장 주변은 물론 공원 내부도 상당히 풍요로워졌다. 그동안 나무들이 무성히 자란 탓도 있겠지만, 많은 정성을 들인 흔적이 곳곳에 보였다. 무스카우 정원이 2005년 세계문화유산으로 지정된 것이 이런 관심의 중요한 근원이 아닐까 싶다. 정원만으로 세계문화유산에 등재된 거의 유일한 사례라고 할 수 있다. 등재사유에는 "세계 인류문화 발전에 기여한 한 개인의 업적"이 확실히 명기되어 있어 퓌클러의 위대한 공로를 새삼 인식하게 된다.

무스카우 정원의 가장 큰 변화를 들자면, 나이세 강 건너편에 있는 폴란드 쪽 정원으로 자유로이 드나들 수 있게 된 것이다. 2차 세계대전을 겪으면서 교각 하나만 앙상하게 남아 있던 도펠브뤼케(Doppelbrücke)가 새로 복원되었다. 도펠브뤼케란 더블브리지란 의미로 나이세 강 사이의 작은 섬에 걸쳐 놓았던 두 개의 다리를 말한다. 이 다리의 복원과 함께 퓌클러가 저술한 대로 나이세 강을 오가면서 산책이 가능하게 된 것이다. 이 점은 이 번역서의 편자가 후기에서 아쉬움으로 토로했던 적이 있다. 10여 년 전만 해도 자유로운 통행이 불가능했기 때문이다.

2007년 여름만 해도 독일과 폴란드 경찰의 합동검문이 있어 비 유럽국가 소속의 사람들은 마음대로 통과할 수 없었지만 이젠 그 검문조차 사라졌다. 마치 지구상의 유일한 분단국으로 남아있는 우리의 현실처럼, 무스카우 정원은 현재 나이세 강을 경계로 독일지역과 폴란드지역으로 분리되어 있지만 이제 두 나라는 풍경식 정원이라는 세계문화유산으로 인해 자유로이 넘나들 수 있게 된 것이다. 퓌클러가 조성한 무스카우 정원으로 인해 국경을 초월하는 계기가 된 듯하다.

풍경식 정원으로 유명해지면서 조금씩 세상에 알려지기 시작한 작은 도시 바트 무스카우는 온 도시가 거대한 자연 속에 둘러싸여 있으며 주택보다 푸른 숲이 더 많은 비중을 차지하고 있다. 독일의 도시에서 바트(*Bad*)

가 붙은 곳은 예로부터 아름다운 자연과 함께 하는 휴양지이자 요양도시를 의미한다. 도시를 둘러싸고 있는 웅장한 자연림을 살리면서 성 앞에 펼쳐져 있는 드넓은 평원, 자연과 어울리게 조성한 정원을 거닐다 보면, 마치 자연의 거대한 품에 안긴 듯 편안하다. 폴란드지역의 공원은 사람의 발길이 거의 닿지 않은 탓인지 태고의 원시림을 연상시키는 숲 사이로 어린 노루들이 뛰어다닌다.

퓌클러가 제 2부에서 제시한 정원의 탐방로를 따라 산책하면서, 실제의 정원과 경관을 그의 이론과 비교해 보는 일은 독자로서 무엇보다 흥미로울 일이 아닐까 싶다.

II

무스카우 정원은 공식적으로 무스카우 파크 혹은 슐로스 파크라 부른다. 작은 광장에 넓게 마련된 주차장을 지나면 슐로스 파크의 입구에 해당하는 옛 성(*Alt Schloss*)이 나온다. 오른쪽으로 조금 들어가면 왼쪽으로 루시제의 호반에 자리 잡고 있는 새 성(*Neu Schloss*)으로 통하는 길이 나온다. 오른쪽 포어베르크(*Vorwerk*)라 불리는 정원의 부속건물들이 모여 있는 곳으로 접어들면, 온실과 오란제리, 그리고 마구간 등이 옛 모습대로 자리하고 있다. 원래 모습대로 복원해 놓은 로자리가 아름다운 자태를 뽐내고 있다. 카페와 기념품점이 있어서 잠시 휴식과 정보를 얻을 수 있다. 여름이면 커다란 나무 아래 자리한 야외카페에서 진한 커피나 시원한 음료, 맛있는 아이스크림으로 망중한을 즐길 수 있어 더욱 좋다.

옛 성과 새 성은 루시제(Luciesee)라는 이름의 작은 호수를 사이에 두고 고요히 자리 잡고 있다. 지붕도 불타고 벽도 헐어 폐허가 되다시피 했던 새 성은 지금 한창 복원공사중인데 머지않아 완공될 듯하다. 새 성은 퓌클러가 베를린의 궁정건축가 쉬켈에게 설계를 의뢰하여 신축할 예정이었으나 슐로스람페(*Schloßrampe*)라 일컫는 경사진 계단을 제외하고는 손을 대지 않아 퓌클러 이전의 옛 모습 그대로다. 계단 가장자리에는 양쪽으로 화분에 한 그루씩 심어놓은 석류나무들이 줄지어 있고 옆 뜰에는 최신형 로자리와 루시 호수가 있어, 한적하게 앉아 시원한 바람을 맞으며 풍경을 감상할 수 있다. 새 성을 지나면 인공수로인 헤르만나이세(Hermanneiße) 위에 파란색의 아름다운 다리가 걸쳐 있는 불라우가르텐(Blaugarten)에 이르고, 유난히 떡갈나무(*Eiche*)가 많은 숲길을 조금 걷다 보면 아이히제(Eichsee)라 불리는 고즈넉한 경관이 펼쳐지는 호수가 나타난다. 호수를 지나면 거대한 자연석으로 보(洑)를 이룬 근처에 헤르만나이세를 가로 지르는 작은 다리가 나오고, 다리를 건너 잠시 거닐다 보면 멀리 글로리에테(Gloriette)가 보인다. 원형을 알 수 없어 임의로 만들어 놓은 것이지만, 약간 높은 언덕에 원래의 글로리에테 자리에 설치해 놓은 정자에서 내다보는 경관은 그지없이 한적하고 아름답다. 푸른 잔디와 나무들 사이로 멀리 숲에 반쯤 가린 채 새 성이 장엄한 모습을 드러내고 있다. 정자 기둥을 따라 포도덩굴이 약 1미터 가량 올라와 있는데, 2~3년 후면 포도덩굴이 무성하게 덮인 매력적인 곳이 되지 않을까.

이런 식으로 정원을 거닐다 조금 지루하다 싶으면 언덕이 나와 아득한 원경을 내다볼 수 있는 점이 산책의 큰 매력인데, 퓌클러의 세심한 배려에서 나온 것이리라. 헤렌가르텐(*Herrengarten*)에 해당되는 이 일대를 거닐면 대략 무스카우 정원의 중심부를 둘러본 게 된다.

또한 바트 무스카우의 도시가 전개된 뒤쪽으로 작은 언덕처럼 보이는 곳에 베르크 마을과 베르크 교회의 폐허가 있고 이곳에서부터 베르크파크(Bergpark)가 이어진다. 교회 폐허가 있는 자리를 지나 숲길을 따라

들어가면 퓌클러가 그로스쉴르흐트(Großschlucht)라 불렀던 깊은 계곡이 나오는데 옛 광산지역이라 깊고 넓은 거대한 계곡이 형성된 것 같다. 이 일대를 베르크파크라 부르는데 사람의 발길이 닿지 않아 낙엽이 그대로 쌓여 있는 울창한 숲은 태고의 신성한 분위기마저 감돈다. 베르크파크의 동쪽 사면 기슭은 온천장 지역인 바데파크(Badepark) 지역이다.

나이세 강 건너편의 폴란드지역에는 가족묘지가 있는 교회며 성모마리아 상을 놓았던 언덕, 그리고 무명용사의 비를 세웠던 곳, 엥글리쉬하우스(Englischhaus)와 고벨른(Gobeln) 마을이 있었지만 대부분 흔적을 찾기가 쉽지 않다. 원래 이곳은 헤렌가르텐과 같이 인위적이 아닌 자연 그대로의 모습으로 계획했던 곳이기도 하지만, 사람의 손길이 자주 닿아 잘 관리된 독일지역의 슐로스파크와는 대조적이다. 나름대로 자연림이 형성되어 있고 인적이 드물어 한적한 태고의 매력이 풍긴다.

퓌클러 무스카우 영주의 가족교회가 있던 자리에는 지금 하얀 십자가가 서 있다. 이곳에서 내려다보면 멀리 새 성과 옛 성이 동시에 보인다. 영주는 옛 성 창밖을 통해 이곳 교회를 바라보면서 메멘토 모리(*Memento Mori*)를 떠올렸을 것이다. 가족교회 자리에서 언덕 중턱을 따라 조금 가면 오른쪽 작은 언덕 위에 돌 의자를 놓아둔 곳이 나온다. 이곳은 성모상을 설치하려했던 곳이다. 계속 숲을 따라가다 보면 짙은 숲 속으로 곧장 나아가는 숲길과 왼쪽으로 내리막길이 나온다. 내리막길로 가다보면 작은 계곡 위에 걸쳐 있는 프린츠브뤼케(Prinzbrücke)가 나오고, 이곳에 이르면 앞이 훤히 트인 열린 공간이 펼쳐진다. 여기서 오른쪽으로 방향을 잡아 계속 나가면 엥글리쉬하우스가 있던 곳이 나오지만 지금은 거의 흔적도 없고, 아담한 정자 하나를 세워놓아 그 자리임을 알려줄 뿐이다. 프린츠브뤼케에서 왼쪽 길로 접어들면 도펠브뤼케로 되돌아가는 길이 되는데, 도펠브뤼케 조금 못 미친 곳, 원래 불굴의 사원을 건립하려던 곳에서 퓌클러 기념비를 만날 수 있다. 거대한 바위에 퓌클러 얼굴이 부조되어 있는 청동판이 부착되어 있다. 여기는 나이세 강 너머 독일지역의 슐로스파크 일대의 파노라마가 전개되는 주요 조망점이기도 하다. 기념비를 지나면 드디어 양국을 잇는 도펠브뤼케를 통과해 독일 땅으로 들어올 수 있다. 나이세 강을 사이에 두고, 똑같은 형태의 다리와 폴란드 국기를 상징하는 붉은색-흰색을 칠해놓은 기둥, 검은색-붉은색-황금색의 독일 국경표시가 매우 인상적이다.

Ⅲ

무스카우 정원 입구를 나와 왼쪽으로 접어들면, 무스카우의 도시간선도로가 포스트브뤼케(Postbrücke)를 통하여 나이세 강 너머로 이어져 간다. 정원내의 도펠브뤼케와 마찬가지로 포스트브뤼케가 있던 곳은 현대식 교량이 걸려있고 이곳을 통하여 수많은 차량과 보행자들이 독일과 폴란드를 오간다. 다리가 시작되는 곳에 위치한 국경초소는 한창 철거작업 중이다. 검문 없이 나이세 강의 다리를 건너면 폴란드의 루크니츠 시가 되고, 바로 우리의 동대문시장을 연상시키는 좁은 상가골목이 이어진다.

바트 무스카우 시내에는 빈집들이 많이 눈에 띄고, 도시는 전체적으로 조용하다. 무스카우 정원 입구를 나와 오른쪽으로 접어들어 조금 올라가다 보면 뾰족한 첨탑의 교회가 보인다. 교회 입구에는 두 그루의 나무 사이에 까만 오석(烏石)으로 된 비석이 서 있고, 진입로 한쪽에 "막부바의 묘"라고 쓰인 화살표시가 된 작은 표지판이 보인다. 조용한 교회마당을 돌아 뒤편으로 돌아들면 옛날의 공동묘지가 나오고 그 끝머리 한쪽에 꽃으로 아름답게 장식된 막부바의 묘가 있다. 어린 나이에 이집트 노예시장에 팔려나온 막부바는 원래 아비시니아 귀족집안의 딸이었으나 전쟁으로 인해 노예로 신분이 전락되었다. 1830년대 퓌클러는 북아프리카 여행길에서 11살의 막부바를 노예로 사게 된다. 오랜 여행길에 퓌클러와 동행을 했던 소녀는 주인과 함께 무스카우로 오지만 16살의 어린 나이에 생을 마감하게 된다. 퓌클러와의 각별한 사이로 추측되며 세인의 주목을 받고 있다.

Ⅳ

무스카우 정원은 바트 무스카우에 있는 퓌클러의 풍경식 정원이라 할 수 있겠지만, 현장에서 보면 무스카우 정원에 바트 무스카우가 속해 있는 듯한 분위기다. 퓌클러의 저서 《풍경식 정원의 예시》는 무스카우 정원이라는 실제 작품과 떼어놓고 생각할 수 없다. 그러므로 이 책은 무스카우 정원을 직접 탐방하면서 만날 수 있는 특별한 사례라고 생각한다.

정원 혹은 조경의 전문가는 아니지만, 바트 무스카우에서 정원과 도시, 그리고 주변의 자연경관뿐 아니라 독일과 폴란드로 분단된 정원이라는 특수한 경우, 그리고 통일 후 지금까지 상당히 많은 변모를 비교해 볼 수 있었던 점이 무엇보다 인상 깊었다. 특히, 퓌클러가 저서를 쓸 당시에는 정원이 완료되지 않았으며 미처 시행되지 못한 곳도 있고, 제 2차 세계대전을 겪는 동안 파괴되거나 동독시절을 거치는 동안 변화되어서 현지에서는 저술의 내용을 직접 확인할 수 없는 부분도 적지 않았다.

자세한 설명이나 안내판 시설이 친절하게 되어 있지 않아 일일이 탐방하기가 쉽지 않았지만, 그때마다 퓌클러의 저서가 좋은 길잡이 역할을 해주었다. 곳곳에 복원과 보수관리가 한창 진행중이라 아직은 조금 산만한 부분도 있으나, 지난 10여 년간의 변화 못지않게 향후 5년 내지 10년이면 더욱 발전된 면모를 볼 수 있지 않을까.

찾아보기

ㅂ·ㅅ

ㅇ·ㅈ·ㅊ

ㅋ·ㅌ·ㅍ·ㅎ

기 타

지은이 약력

헤르만 퓌르스트 폰 퓌클러무스카우 (Hermann Fürst von Pückler-Muskau)

1785년 독일 무스카우에서 태어나 라이프치히대학에서 법학을 전공했다. 1811년 부친의 사망으로 무스카우 영주로 임명되었다. 1815년에 무스카우 시민에게 정원을 조성하고, 1826년에는 영국정원을 연구하기 위해 정원사 레더와 동행하여 3년간 영국을 여행하였다. 1834년에 《풍경식 정원의 예시》를 발간한 후 1840년까지 6년간의 북아프리카와 오리엔트 일대를 여행했다. 1845년에 무스카우의 정원과 영지를 매각하고, 부친으로부터 물려받은 영지 브라니츠로 옮긴 이듬해, 브라니츠에 새로 정원조성을 시작하였다. 1871년에 브라니츠에서 사망하였다.

옮긴이 약력

권 영 경

고려대학교 문과대학 독어독문학과 졸업하고, 동 대학원에서 문학박사학위를 취득하였다. 옮긴 책으로는 《독일인 겐테가 본 신선한 나라 조선 1901》, 《보헤미아의 숲 / 숲속의 오솔길》, 《외로운 노인》, 《위대한 사상가들》, 《웃이 날개》 등이 있으며, 현재 고려대학교에 출강하고 있다.